国防电子信息技术丛书

阵列天线及抗干扰技术

项建弘　高敬鹏　王敏慧　著

電子工業出版社
Publishing House of Electronics Industry
北京·BEIJING

内 容 简 介

本书结合大量应用实例，由浅入深地阐述阵列天线的原理、方法和技术。全书共8章，第1章介绍了阵列天线的研究背景，第2章概述了构成阵列天线的基本单元天线的原理，第3章陈述了阵列天线的基本概念和原理，第4章讲述了阵列天线所用的信号处理方法，第5章阐述了阵列天线的重要应用——自适应波束形成应用技术，第6章叙述了阵列天线的波束形成技术在空域抗干扰中的应用，第7章论述了阵列天线和阵列信号处理在空、时、频等多域中的抗干扰方法，第8章撰述了在阵列天线中应用虚拟天线进行干扰抑制的技术。本书结构紧凑、内容丰富，在介绍理论的同时，采用工程案例进行了仿真实现。

本书适合信息与通信工程、电子信息类专业研究生或高年级本科生使用，也可供从事无线电、通信、雷达、导航、声呐、计算机的广大工程技术人员参考。

图书在版编目（CIP）数据

阵列天线及抗干扰技术 / 项建弘等著. 一北京：电子工业出版社，2022.5
（国防电子信息技术丛书）
ISBN 978-7-121-43422-8

Ⅰ. ①阵…　Ⅱ. ①项…　Ⅲ. ①阵列天线－抗干扰措施　Ⅳ. ①TN82

中国版本图书馆CIP数据核字（2022）第077366号

责任编辑：李　敏
印　　刷：三河市华成印务有限公司
装　　订：三河市华成印务有限公司
出版发行：电子工业出版社
　　　　　北京市海淀区万寿路173信箱　　邮编：100036
开　　本：720×1 000　1/16　印张：12　　字数：192千字
版　　次：2022年5月第1版
印　　次：2024年1月第3次印刷
定　　价：99.00元

凡所购买电子工业出版社图书有缺损问题，请向购买书店调换。若书店售缺，请与本社发行部联系，联系及邮购电话：（010）88254888，88258888。

质量投诉请发邮件至 zlts@phei.com.cn，盗版侵权举报请发邮件至 dbqq@phei.com.cn。

本书咨询联系方式：010-88254753 或 limin@phei.com.cn。

前　言

天线自诞生以来，逐渐成为人类社会不可或缺的部分，任何无线电设备都需要用到天线。随着天线技术的逐步发展，阵列天线应运而生。阵列天线相较于传统天线，拥有更多的优势和更广的应用范围。各种形式的阵列天线在军用领域及民用领域被大量使用，如应用雷达天线、卫星通信天线、反导系统天线、无人机及反无人机系统天线、气象雷达天线等的无线通信系统。但是，无线通信系统在传递消息时，常被环境中的各种因素影响，因此合理地处理阵列天线尤为重要。同时，为了保证无线通信系统传递消息的质量，必须采用抗干扰技术。本书的写作目的是希望读者能够更好地理解阵列天线与抗干扰技术，掌握合理的处理阵列天线的技术，同时学习多种抗干扰技术。

本书是关于阵列天线和阵列信号处理的著作，以阵列天线抗干扰为研究目标，主要研究了基于波束形成理论的抗干扰方法和应用技术。本书具有如下 4 个方面的特色。

（1）知识完备。近年来，国内外出版了多部关于阵列天线和阵列信号处理的优秀著作，但侧重点各有不同。本书不仅讲述了阵列天线及其波束形成技术，还覆盖了构成阵列天线的单元天线知识和基于波束形成的抗干扰应用技术。

（2）注重基础。从长期的教学、科研工作中，作者发现在处于较高阶段的研究生或工程师中，大部分人缺少阵列天线及阵列信号处理的理论基础，因此，在工程实践中难以达到预期效果，对出现的问题难以解释和分析。所以，本书不惜用大量章节阐述了天线原理、阵列天线原理、阵列信号处理方法和波束形成的基本方法。

（3）针对性强。阵列天线和阵列信号处理的应用范围非常广泛，但本书专注于它在抗干扰方面的应用，并列举了大量工程实例。因此，本书的理论部分能够满足广大读者的需求，应用部分则为研究抗干扰技术的读者提供了更加专业的引导。

（4）内容创新。在本书后 3 章中，作者总结了近年来在理论和实践方面的最新技术，并以实例进行展示，期望能够为相关读者提供必要的帮助，并起到抛砖引玉的作用。

全书共 8 章，其中，第 6～8 章由项建弘撰写，第 1 章、第 3～5 章由高敬鹏撰写，第 2 章由王敏慧撰写。本书在撰写过程中，还得到了董春蕾、郭昊、蒋涵宇、李浩源、刘利国、马家辉、乔利国、魏晨、相豪、肖红侠、臧笑、王聪等历届硕士研究生和博士研究生的帮助。

本书的研究工作得到了国家自然科学基金（No.61371172、No.61403093）、电子信息系统复杂电磁环境效应国家重点实验室课题（CEMEE2021G0001）的资助，在此表示感谢。本书在编写过程中参阅的国内外文献和书籍均列于各章的参考文献中，在此向各位作者表示衷心的感谢！另外，感谢电子工业出版社对于本书出版给予的大力支持。

由于作者水平有限，而阵列天线领域研究及应用发展迅速，书中难免存在不当和疏漏之处，敬请读者批评指正。

作　者

2022 年 2 月

目录

第1章 引 言

1.1 阵列天线介绍

天线的基本功能是进行能量转换，以及完成电磁波的定向辐射或接收，任何无线电设备都需要用到天线，而单一天线具有方向性较差、增益较低、主瓣较宽等缺陷，因此衍生出了利用多个天线单元组成的阵列天线。阵列天线是根据电磁波在空间相互干涉的原理，把具有相同结构、相同尺寸的某种基本天线按一定规律排列在一起构成的。阵列天线的辐射电磁场是组成该阵列天线各单元辐射场的总和（矢量和）。由于各单元的位置和馈电电流的振幅和相位均可以独立调整，这就使阵列天线具有各种不同的功能，这些功能是单个天线无法实现的。相对于传统反射面天线，阵列天线具备易实现高增益、窄波束、低副瓣、易电扫、波束赋形[1]等特性，能够有效改善发现并跟踪目标的实时性、可靠性和稳定性。

根据阵列天线中阵元排列方式的不同，可以将阵列天线分为线阵、平面阵及非平面阵[2]，常用的阵列天线有直线阵、圆阵、椭圆阵、圆柱阵。当阵列天线需要安装在某些固定形状的表面时，其所有单元中心并不在同一平面上，而是需要根据载体平台表面进行共形，即阵列为共形阵。例如，安装在飞机、导弹及

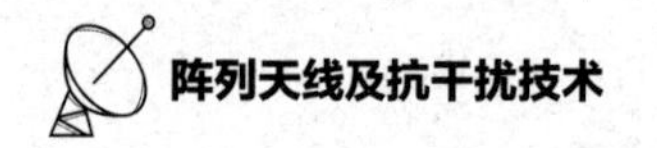

卫星等高速运行的载体平台表面的天线就需要使用共形阵，以保证天线的使用不会破坏载体平台表面的外形结构和空气动力学等特性[3]。

1.2 阵列天线的发展历程

20 世纪 40 年代，阵列天线随着阵列雷达的出现广泛应用于通信、雷达、射电天文等领域。阵列天线在方向图指标、工程适应性等方面的研究逐渐成为研究重点，阵列排布也逐渐向小型化、稀疏排布等领域发展。

由一定数量的小天线组成的阵列天线能够在电性能上与一个简单大天线具有相同水平，比如，波束扫描技术，在用机械方法控制阵列天线各离散辐射元的激励相位的情况下，能使天线的波束在较大空域内扫描。但随着雷达使用频率的提高，要得到精确的小几何尺寸的辐射元比较困难，机械控制相位的变化速率也较慢。因此，阵列天线一度被结构简单的天线，如抛物面天线所代替。后来，电控移相器和开关的出现，解决了快速扫描问题，研究人员再次把注意力转移到阵列天线上。现在，口径激励可以通过控制离散辐射元来调节，以给出电扫描波束。随着固态技术的发展，阵列天线所需的馈电网络也提高了质量、降低了成本，阵列天线再次得到重视。当前，微波段及更高频段的阵列天线已在雷达、卫星通信等系统中得到了广泛应用[4]。

随着集成电路技术和加工工艺的不断发展和成熟，阵列天线向着尺寸更小、集成度更高、频带更宽的方向发展。微带天线由于具有低剖面、小尺寸、轻质量、低制造成本及电路集成简单等优点，被广泛应用于导航系统、天馈系统、雷达系统等[5]。天线小型化技术主要分为曲流方法、加载技术、提高板材介电常数等。

曲流方法的一种实现形式是分形天线。分形结构自身具有空间填充能力，通过增加迭代次数能够充分利用有限空间，并获得更长的电流路径；同时，其自相似形状使天线具有规律性结构，进而简化了设计过程。2011 年，Lizzi L 等人提出了采用 Sierpinski 分形结构的单极子天线，并借助粒子群算法对天线结构进行了优化，与标准 1/4 波长谐振天线相比尺寸缩小了 24%[6]。2015 年，Prajapati

P R 等人将分形技术与缺陷地结构相结合，设计了紧凑型的圆极化微带天线，使得辐射贴片面积缩小了约 44%[7]。

加载技术通过补偿输入电抗改善低频时的阻抗匹配特性，降低了谐振频率。常用的加载方式有短路探针、无源集总元件、有源匹配网络等[8]。2017 年，Boukarkar A 等人通过在辐射贴片边缘加载短路接地过孔的方式，将矩形微带天线的贴片尺寸缩小了约 60%[9]。

1.3 阵列天线的应用

阵列天线作为一种特殊的天线形式，相对于单个天线单元，具有可实现多波束、高增益、低副瓣，以及某个特定波束等特点，能很好地满足特定工作环境下的工作任务需求。因此，作为无线电系统中信号接收/发射的前端，阵列天线在各种无线电系统中以各种形式被越来越多地应用。例如，军用领域中各种用途的雷达天线、无人机测控天线、相控阵天线、卫星通信天线、反导系统天线等；民用领域中的机场雷达天线、民用无人机及反无人机系统天线、气象雷达天线、基站天线等[10]。

在雷达系统中，为了满足雷达对距离、覆盖范围和分辨率的要求，雷达天线需要根据波束形状、波束宽度、副瓣电平和方向性生成不同类型的波束，波束指向期望的方向。相控阵雷达就是由大量相同的辐射单元组成的雷达面阵，每个辐射单元在相位和幅度上受独立波和移相器控制，能得到精确可预测的辐射方向图和波束指向。雷达在工作时，发射机通过馈线网络将功率分配到每个天线单元，并通过大量独立的天线单元将能量辐射出去，以及在空间进行功率合成，形成需要的波束指向[11]。在卫星通信系统空间段中，可利用相控阵天线的多点波束、敏捷波束和空域滤波能力；在用户终端，可利用相控阵矢线的低轮廓、灵活波束形成处理、空域自适应调零滤波、潜在的低成本等特点[12]。

1.4 抗干扰技术

自适应天线（Adaptive Antenna，AA）也被称为调零天线处理器，其是能够自动将阵列天线最大辐射方向对准所需电台，而将天线方向图的波瓣零位对准干扰电台的一种自动抗干扰天线[13]。自适应天线是从空域上反电子对抗的一种有效措施。

自适应处理系统是自适应天线的心脏。它的功能是适应客观环境和需要，随时正确调整加权的控制信息。自适应处理系统有两个重要的问题：一是准则，二是算法。自适应处理系统所追求的目标，以及在什么意义上逼近目标，称为自适应准则[14]。通常可以按以下几种准则逼近目标：最小均方误差（Minimum Mean-Squared Error，MMSE）准则、最大似然（Maximum Likeli-Hood，MLH）准则、最大信噪比（Maximum Signal-Noise Ratio，MSNR）准则等。

自适应过程是一个不断逼近目标的过程。它所遵循的途径以数学模型表示，称为自适应算法。自适应算法通常采用基于梯度的算法，其中 LMS 算法尤为常用[15]。自适应算法可以用硬件（处理电路）或软件（程序控制）两种办法实现。前者依据算法的数学模型设计电路；后者则将算法的数学模型编成程序，并用计算机实现[16]。

阵列天线可通过自适应处理系统给阵列中每个天线单元分配不同的幅度和相位，合成需要的辐射方向图，如实现低副瓣、高增益等。通过对接收干扰信号进行分析，可以判断其来波方向，进而依靠相应的算法在数字端赋予每个单元相应的幅度和相位值，使得合成的辐射方向图刚好在干扰信号来波方向形成一个零点，以屏蔽干扰信号，达到正常接收期望信号的目的。

1.5 本书结构

本书结合大量应用案例，由浅入深地阐述了阵列天线的原理、方法和技术

（见图 1.1）。全书共 8 章。第 1 章介绍了阵列天线的研究背景。第 2、3 章的理论概述为后续章节的学习奠定了重要基础，其中，第 2 章概述了构成阵列天线的基本单元天线的原理，第 3 章阐述了阵列天线的基本概念和原理。第 4 章介绍了阵列天线所用的信号处理方法。第 5 章阐述了阵列天线的重要应用——自适应波束形成应用技术。第 6 章叙述了阵列天线的波束形成技术在传统空域抗干扰中的应用。第 7、8 章介绍了新兴抗干扰技术，其中，第 7 章论述了阵列天线和阵列信号处理在空、时、频等多域中的抗干扰方法，第 8 章介绍了在阵列天线中应用虚拟天线进行干扰抑制的技术。

本书结构紧凑、内容丰富，在介绍理论的同时，采用了工程案例进行仿真实现。

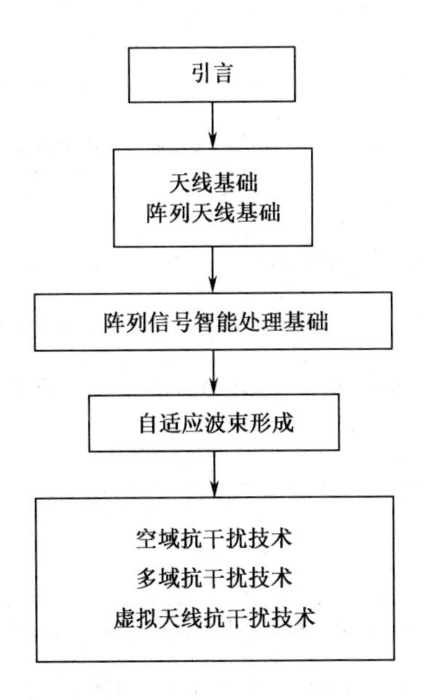

图 1.1 本书逻辑结构

本书为对阵列天线及抗干扰技术感兴趣的读者提供了理论基础，可使读者了解更多相关知识。本书中提供的众多案例，使抽象的理论知识具体化，便于读者理解和学习。希望通过对本书的阅读和学习，读者们更愿意投身到相关领域中。

参考文献

[1] 任高明，李纪鑫，李乔杨，郝文涛. 一种新的稀疏直线阵列波束形成算法[J]. 电子设计工程，2019，27（22）：97-101.

[2] 完璞. 印刷套筒振子单元圆柱共形阵天线的仿真与优化[D]. 西安：西安电子科技大学，2012.

[3] 王红林. 导航抗干扰天线的小型化设计[D]. 西安：西安电子科技大学，2018.

[4] 杨林. 阵列天线综合方法研究[D]. 哈尔滨：哈尔滨工程大学，2006.

[5] 田璐. 宽带小型化微带天线的研究[D]. 西安：西安电子科技大学，2020.

[6] Lizzi l, Massa A. Dual-band printed fractal monopole antenna for LTE applications[J]. IEEE Antennas & Wireless Propagation Letters, 2011, 10: 760-763.

[7] Prajapati P R, Murthy G, Patnaik A, et al. Design and testing of a compact circularly polarised microstrip antenna with fractal defected ground structure for L-band applications[J]. Microwaves Antennas & Propagation Iet, 2015, 9(11): 1179-1185.

[8] 康乐. 智能蒙皮天线与小型化通信天线研究[D]. 西安：西安电子科技大学，2017.

[9] Boukarkar A, Lin X Q, Yuan J, et al. Miniaturized single-feed multiband patch antennas[J]. IEEE Transactions on Antennas & Propagation, 2017, 65(2): 850-854.

[10] 蔺占中. 阵列天线波束赋形技术研究与实现[D]. 成都：电子科技大学，2020.

[11] 夏光滨，方勇，赵伟东. 基于 PIC 单片机串行轮询通信的相控阵雷达发射机监控设计[J]. 科技创新导报，2016，13（17）：74-75.

[12] 李靖，王金海，刘彦刚，张中海，侯睿. 卫星通信中相控阵天线的应用及展望[J]. 无线电工程，2019，49（12）：1076-1084.

[13] 徐松. 自适应天线通信抗干扰的研究[J]. 科研，2016，0（7）：129.

[14] 张彪. 自适应阵列在直扩接收机中的抗干扰研究[D]. 西安:西安电子科技大学，2012.

[15] 中国大百科全书总编辑委员会,《电子学与计算机》编辑委员会，中国大百科全书出版社编辑部. 中国大百科全书电子学与计算机[M]. 2 版. 北京：中国大百科全书出版社，1986.

[16] 李英伟. 基于增量改进 BP 神经网络微波深度干燥模型及应用研究[D]. 昆明：昆明理工大学，2011.

第 2 章

天线基础

天线是一种转换器，其将在传输线上传播的电波信号转换为在自由空间传播的电磁波，或者进行相反的转换。无线电通信、广播、电视、雷达、导航、电子对抗、遥感、射电天文等无线电设备，都要通过无线电波传送信息，这就需要无线电波的发射和接收。在无线电设备中，用来发射和接收无线电波的装置被称为天线。天线提供发射机或接收机与传播无线电波的介质之间所需的耦合[1]。天线的任务是将发射机发射的高频电流能量转换为电磁波进行辐射，或者将空间电波信号转换为高频电流能量传输给接收机。天线和发射机、接收机一样，也是无线电设备的一个重要组成部分，其质量直接影响无线电系统的整体性能。

2.1 天线与电磁波

在传输信息的过程中，只要利用电磁波，就需要依靠天线来工作。电磁波是振荡的粒子波，它们通过同相且相互垂直的电场和磁场在空间中移动。电磁波的传播方向垂直于电场和磁场同时形成的平面，是以波的形式传播的电磁场，所以，电磁波具有波粒二象性。如图 2.1 所示为电磁波传播时电场、磁场、电磁波传播方向的关系。由于电磁波伴随的电场方向、磁场方向及其传播方向相互垂直，因此电磁波是横波。电磁辐射的载体为光子，不需要依靠介质传播。电磁波在真空中传播速度固定，为光速。

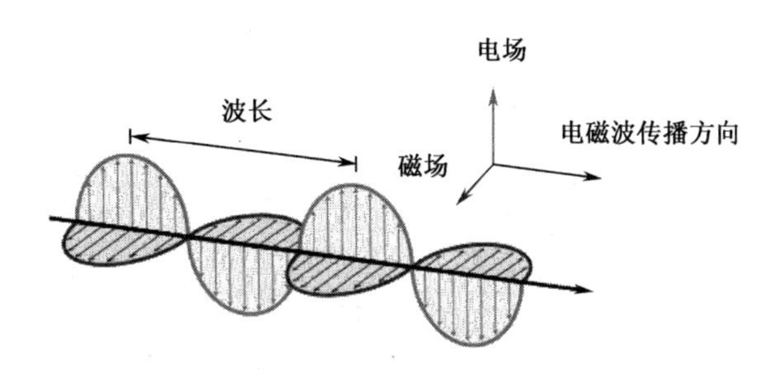

图 2.1　电磁波传播时电场、磁场、电磁波传播方向的关系

电磁波的频率是其重要特性。电磁波可以按照频率进行分类，可以从低频到高频依次排列，这就是电磁波谱。电磁波主要分为工频电磁波、无线电波（分为长波、中波、短波、微波）、红外线、可见光、紫外线、X 射线及γ射线。无线电波的波长较长，宇宙射线（X 射线、γ射线和波长更短的射线）的波长较短。人眼可接收到的电磁波波长为 380～780nm，称为可见光。除电子、原子外，其余几乎都是电磁波，如红外线、紫外线、太阳光、电灯光、WiFi 信号、手机信号、计算机辐射、核辐射等。如图 2.2 所示为各波段的电磁波谱。

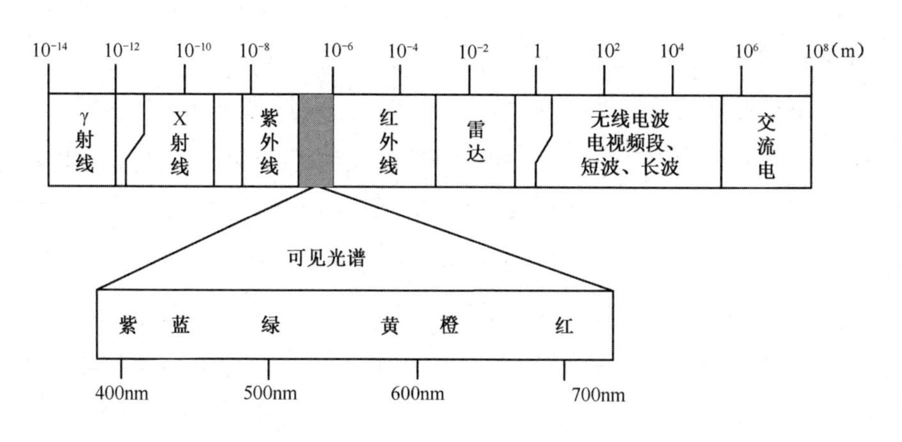

图 2.2　各波段的电磁波谱

由电磁场理论分析可以得到天线所产生的空间电磁场的分布，以及由空间电磁场分布所决定的电特性。对于电磁场来说，空间任何一点的电磁场均满足电磁场方程——麦克斯韦方程，因此，天线问题是时变电磁场问题的一种特殊形

式。电磁辐射、电波传播及电波接收都可以通过麦克斯韦方程来进行解释和分析，麦克斯韦方程如下。

（1）法拉第定律：

$$\nabla \times \boldsymbol{E} = -\frac{\partial \boldsymbol{B}}{\partial t} \tag{2.1}$$

（2）安培定律：

$$\nabla \times \boldsymbol{H} = \frac{\partial \boldsymbol{D}}{\partial t} + \boldsymbol{J} \tag{2.2}$$

（3）高斯定律：

$$\begin{cases} \nabla \cdot \boldsymbol{D} = \rho \\ \nabla \cdot \boldsymbol{B} = 0 \end{cases} \tag{2.3}$$

在式（2.1）～式（2.3）中，$\boldsymbol{E}$ 为电场强度矢量（单位：V/m），$\boldsymbol{D}$ 为电通量密度矢量（单位：$\mathrm{C/m^2}$），$\boldsymbol{H}$ 为磁场强度矢量（单位：A/m），$\boldsymbol{B}$ 为磁通量密度矢量（单位：$\mathrm{W/m^2}$），$\boldsymbol{J}$ 为体电流密度矢量（单位：$\mathrm{A/m^2}$），ρ 为体电荷密度（单位：$\mathrm{C/m^3}$）。

麦克斯韦方程具有一定的物理含义，解释了空间中电场与磁场之间的关系。其表明，变化的电场可以产生磁场，变化的磁场可以产生电场。这就是电磁波可以脱离辐射体在空间存在的物理基础。

电磁波的发射和接收都需要通过天线来实现，两者密不可分。在发射电磁波时，天线有效地将电路中的高频电流或馈电传输线上的传导波转换为极化的空间电磁波，向给定方向释放；当接收电磁波时，天线将来自空间特定方向的一些极化的电磁波有效地转换为电路中的高频电流或传输线上的导行波[2]。天线的发射和接收具有互易性，这就要求天线与发射机或接收机负载的匹配尽可能好。能量转换效率是衡量天线质量的关键。天线还可以进行定向发射或接收，对于发射天线，能量应集中在指定方向，其他方向无辐射或微弱辐射[3]；对于接收天线，应尽量接收指定方向的电磁波，在其他方向接收能力很弱或不接收。因此，一个好的天线应该具有完成某项任务所需的方向性。天线应该发射或接收指定极化的电磁波。例如，一个水平极化的天线，不能接收垂直极化的电磁波，反之亦然；否则会有一定的能量损失。

2.2　天线分类及举例

自天线被发明以来，其在社会生活中的应用和重要性与日俱增。为了适应生活中多种多样的应用方向，天线逐渐发展和演变出了多种形式。本节将简要介绍天线的分类，并列举几种典型的天线[4]。

2.2.1　天线的分类

天线的分类方式有很多，传统的分类方式有：

（1）按照天线的工作性质，可以分为发射天线和接收天线等；

（2）按照天线的方向性，可以分为全向天线和定向天线等；

（3）按照天线的用途，可以分为通信天线、广播天线、电视天线、雷达天线等；

（4）按照天线的结构形式和工作原理，可以分为线天线和面天线等；

（5）按照天线的工作波长，可以分为超长波天线、长波天线、中波天线、短波天线、超短波天线、微波天线等。

这里，作者引用另一种分类方式，如图 2.3 所示。这种天线分类方式依据同轴线和双导线类型，按频带从宽到窄的演化序列编排，帮助读者理解某类天线的发展和演化历程。这些天线可归纳成六大类[4]：

- 基本类型；
- 环形、偶极子和缝隙；
- 反射镜与口径类型；
- 镶板式和栅格阵列；
- 端射与宽频带类型；
- 张开的同轴线、双线和波导。

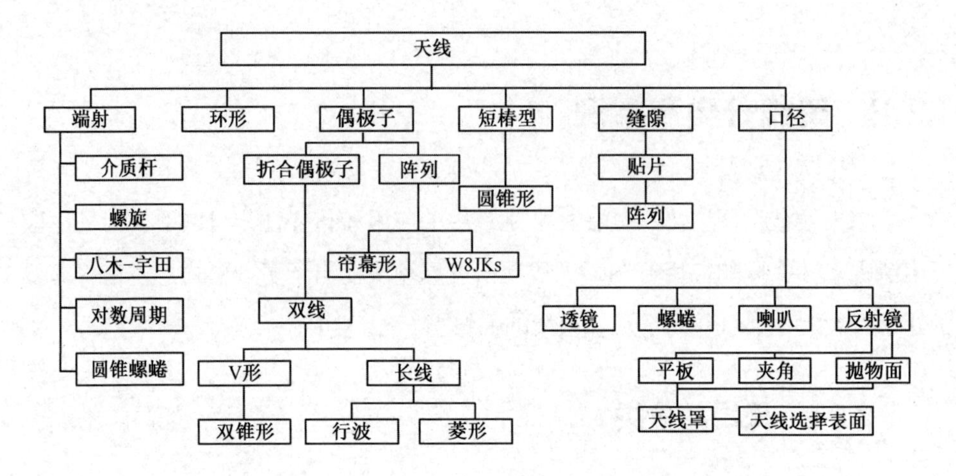

图 2.3 天线的分类

2.2.2 典型天线举例

本节将简单介绍几种天线的特性，包括定向性、频带宽度和场波瓣图。在许多情况下，已知这几个特性参量，按照给定的尺度，就可以构造一种天线，并确定其近似的增益和波束宽度[1]。

1. 环形、偶极子和缝隙天线

如图 2.4（a）所示的水平小环天线可以对应如图 2.4（b）所示的铅垂短偶极子天线，两者具有相同的场波瓣图，但它们的 $\boldsymbol{E}$ 和 $\boldsymbol{H}$ 需要互换。如果从导电屏上割取一条偶极子而留下一条缝隙，如图 2.4（c）所示，称该偶极子与缝隙的结构互补，则两者的场波瓣图相同，而 $\boldsymbol{E}$ 和 $\boldsymbol{H}$ 互换。另外，3 类天线的定向性 D 相同[4]。

2. 张开的同轴线天线

图 2.5（a）～图 2.5（c）为张开的同轴线天线的演化过程，由于各天线形状从光滑渐变过渡至突变结构，导致频带逐渐变窄。所有天线在水平面内都是全向，并且沿铅垂（天顶）方向为零辐射。各天线的定向性 D 均在图 2.5 中明确指出[4]。

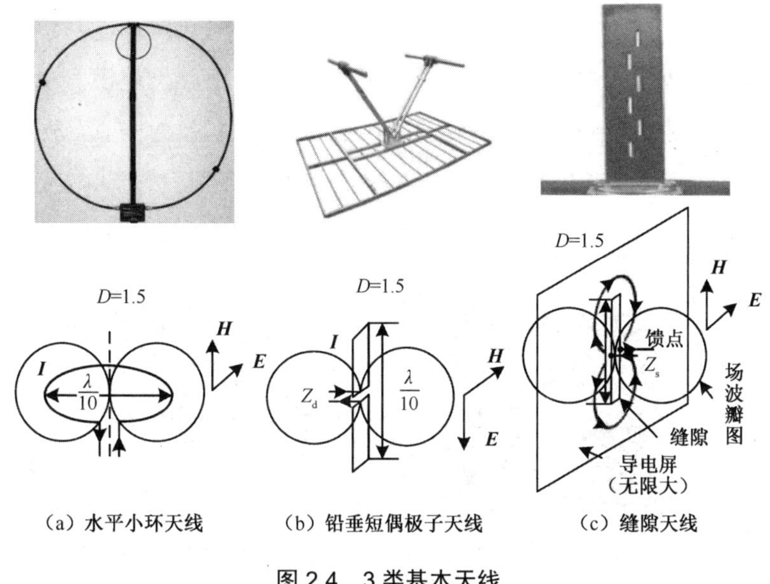

（a）水平小环天线　（b）铅垂短偶极子天线　（c）缝隙天线

图 2.4　3 类基本天线

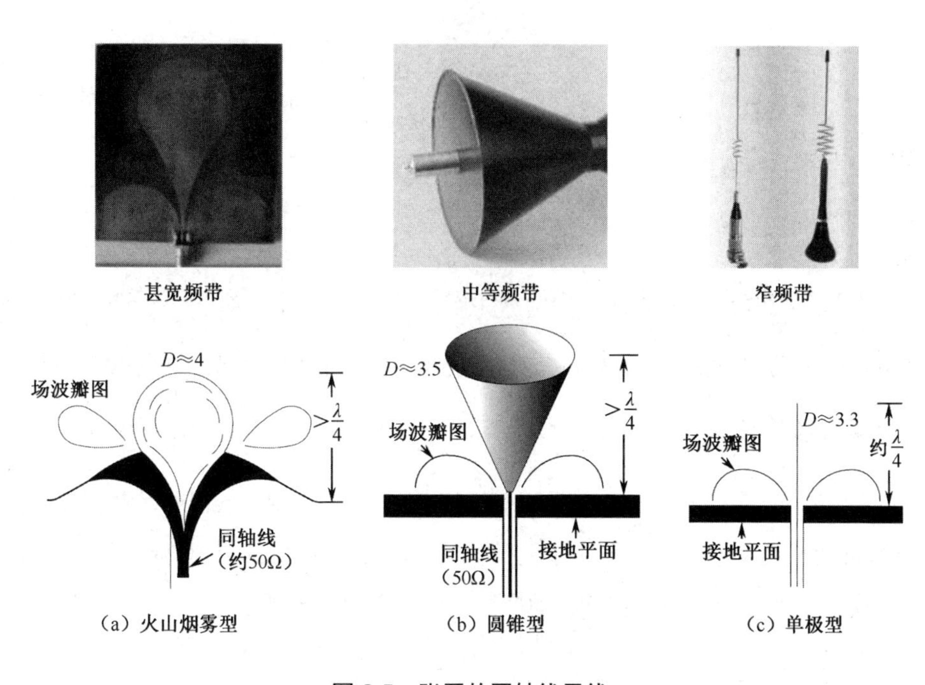

（a）火山烟雾型　（b）圆锥型　（c）单极型

图 2.5　张开的同轴线天线

3. 平板反射器天线

平板反射器天线的定向性 D 较高。如图 2.6 所示，半波偶极子放置于导电平板反射器前方，定向性因此得到提高。如果导电平板反射器前方放置的是双半波偶极子阵列，则可以获得更高的定向性。将平板反射器折成 90° 夹角，能达到更高的定向性。在这 3 种情况下，定向性（几乎）依次成倍增加[4]。

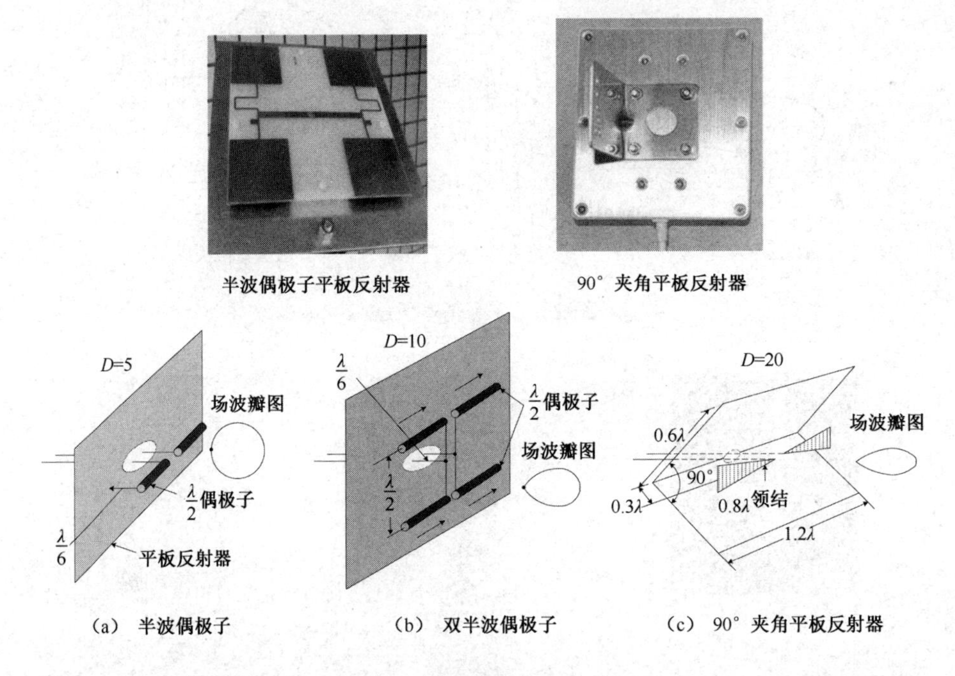

图 2.6 具有 1 个或 2 个半波偶极子的平板反射器天线和 90° 夹角平板反射器天线

4. 端射天线

如图 2.7～图 2.9 所示的 3 类天线都是端射式行波天线。各类天线的定向性 D 都与其长度 L 成正比。在这 3 类天线中，轴向模螺旋天线具有圆极化、宽频带、定向性和临界尺寸等特性，被广泛应用于空间领域[4]。

5. 贴片天线

为了满足装载于飞机和各种车辆的空气动力学要求，人们设计了贴片天线，如图 2.10 所示，箭头表示缝隙电场 $\boldsymbol{E}$ 的方向。贴片天线是一种低增益、低轮廓、窄频带的天线。典型的贴片天线由尺寸约为 $(1\times2\times2)\lambda_0$ 的导电薄片置于底衬接地板的介质基片表面构成[4]。

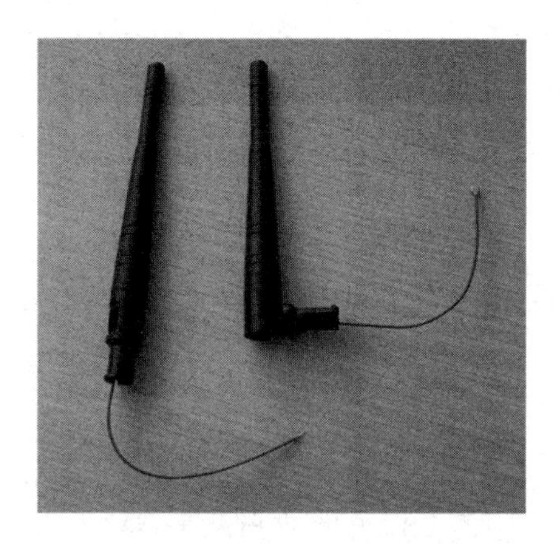

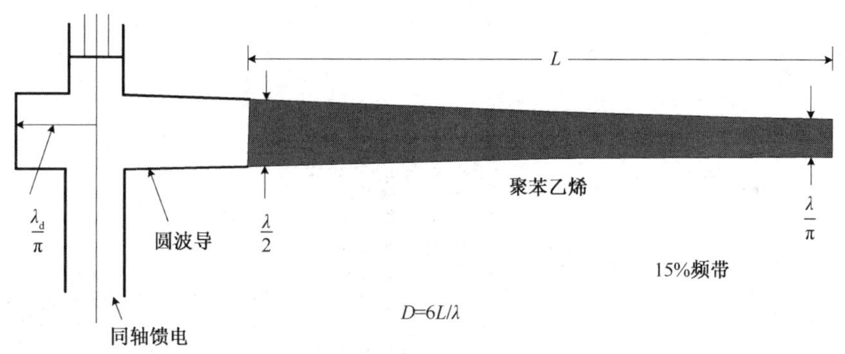

图 2.7 介质杆天线

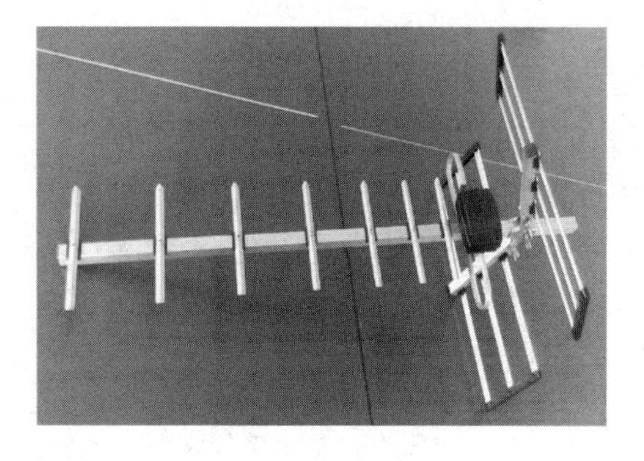

图 2.8 八木-宇田天线

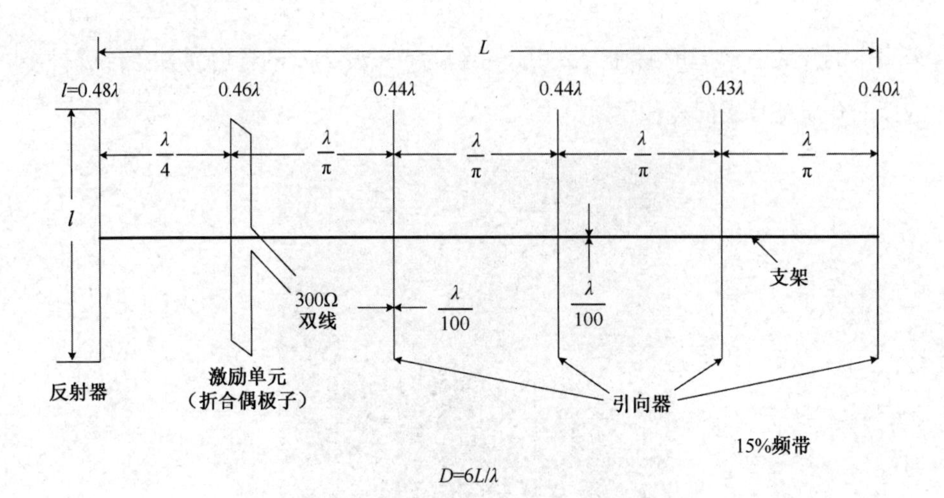

图 2.8　八木-宇田天线（续）

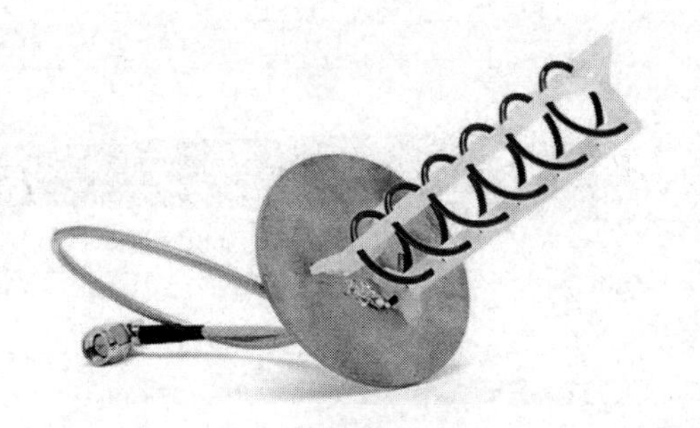

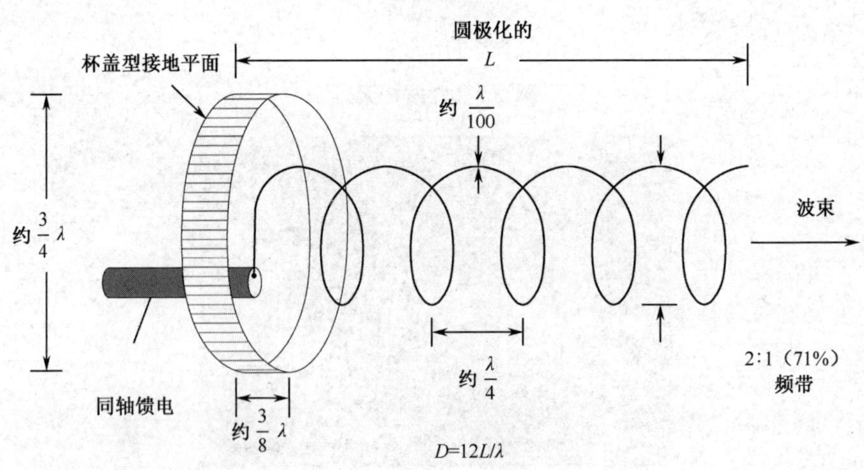

图 2.9　轴向模螺旋天线

（a）微带贴片天线

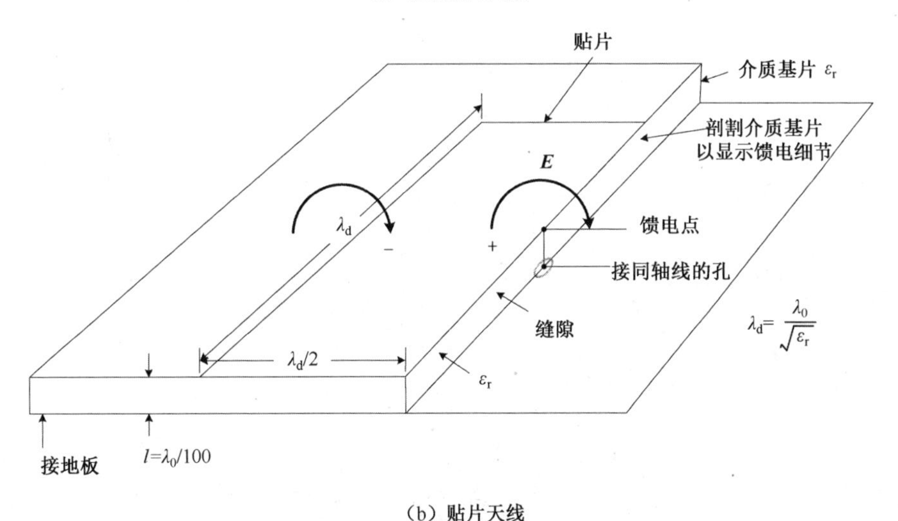

（b）贴片天线

图 2.10　单贴片天线

2.3　天线的场

阵列天线技术需要用到许多不相同的、有一定关联的学科知识。总体来说，阵列天线技术需要有以下的知识储备：随机过程、电磁学、无线电波传播、频谱估计方法、自适应技术、天线基本原理等。阵列天线设计与天线的基础理论知识密切相关，单个天线的性能也与整个系统的匹配情况密切相关。因此，本节的主题与单天线的场相关，重点介绍有关场的理论[5]。

2.3.1 天线场区

无论是接近天线，还是远离天线，都会产生电磁场。但是，并不是所有天线产生的电磁场都会辐射到空中，有一部分电磁场仍然留存于天线附近，称为感应近场。其他电磁场的确因为向远方辐射而能够被检测到，称为远场。如图 2.11 所示，简单偶极子天线有 4 个天线区域[5]。

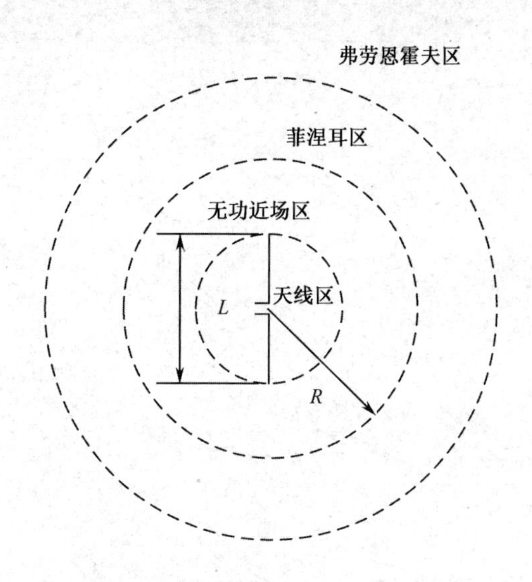

图 2.11 简单偶极子天线的场

在图 2.11 中，区域分界线并不是随意画出来的，而是围绕有限长度天线得到的准确的场。围绕天线的场主要可以划分为两个区域：无功近场区或者菲涅耳区（Fresnel Area）是接近天线的区域，距离天线较远的区域称为远场区或者弗劳恩霍夫区（Farfield Area）。两个区域的分界线可取半径

$$R = \frac{2L^2}{\lambda} \tag{2.4}$$

式中，L 是天线的最大尺寸（单位：m），λ 是波长（单位：m）。

在远场区或弗劳恩霍夫区，被测场分量位于以天线为中心的径向截面中，所有功率流（更准确地说是能量流）都沿径向向外侧。在远场区，场波瓣图的形状不取决于到天线的距离。在近场区或菲涅耳区，电场具有显著的垂直（或径向）分量，但功率流不是完全径向的。在短距离场中，场波瓣图的形状通常取决

于到天线的距离。

如图 2.12 所示，假设用一个球体包裹天线，那么球体两极附近的区域可以被看作一个反射体。另外，在球体赤道地区，当电磁波在垂直于偶极子的方向上传播时，功率流会通过球体泄漏，就好像这个地区是部分透明的一样。这导致天线附近能量的往复振荡，伴随着能量从赤道地区向外流动的情况。天线辐射的功率由流出的功率决定，往复振荡的功率代表像谐振器一样被困在天线附近的无功功率。

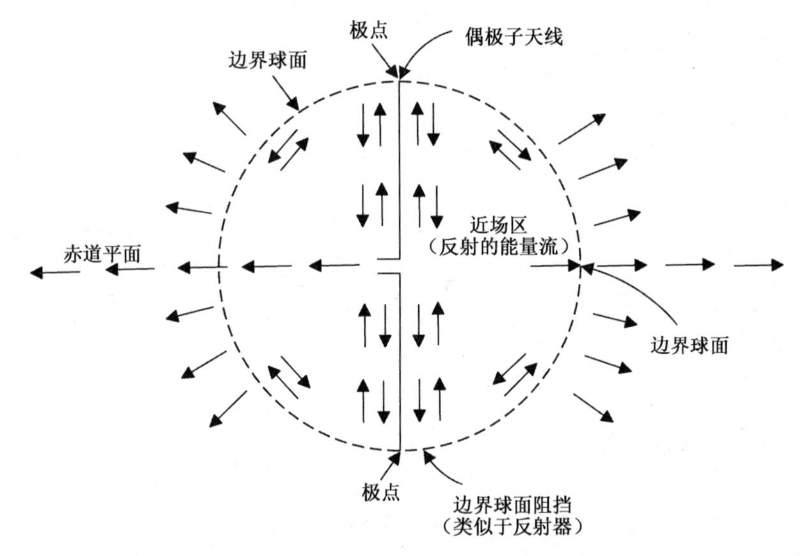

图 2.12　偶极子天线附近的能量流

如图 2.13 所示，对于半波偶极子天线，特定时刻的能量存储在天线末端（或最大电荷区）附近的电场中。半个周期后，能量存储在天线中点（或最大电流区域）附近的磁场中。

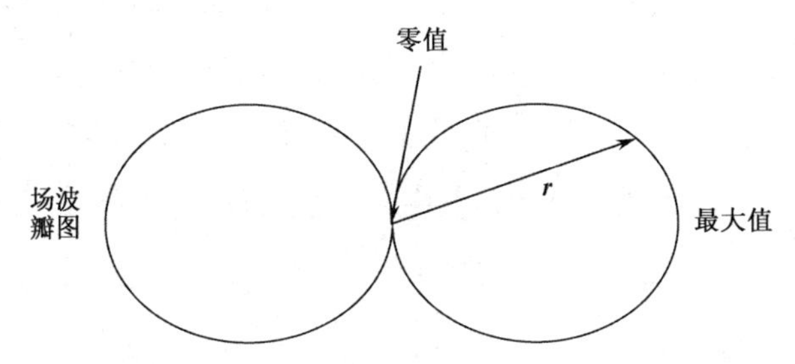

图 2.13　辐射场波瓣图（半径矢量 r 正比于该方向的辐射场）

2.3.2 天线场区分类

如图 2.11 所示，天线周围的场划分为 4 个区域，即天线区、无功近场区、菲涅耳区和弗劳恩霍夫区[5]。射频信号加载到天线上后，能量以电磁波形式向外传播。首先，经过一个非辐射场——无功近场区，无功近场区的能量以磁场和电场的形式相互转换，不会向外传播[5]，并且随着与天线距离的增大而迅速减小。在这个区域，电抗场占优势，所以这个区域也被称为电抗近场区，外面大约一个波长。然后，电磁波超过非辐射场区后进入辐射场区，根据与天线的距离，辐射场区分为辐射近场区（或短程辐射区）和辐射远场区（或长程辐射区），如图 2.14 所示。

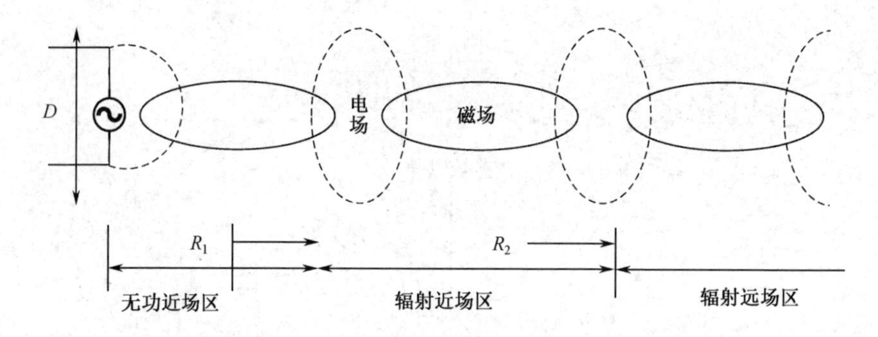

图 2.14 辐射场区

（1）天线区：在物理天线的边界周围，天线区定义为

$$R \leqslant \frac{L}{2} \tag{2.5}$$

（2）无功近场区：该区域包含天线周围的无功能量，即存储在天线附近但未被辐射的能量。因此，该区域出现在天线终端阻抗的虚部。该区域也称为反应性邻近场区，是天线开口附近天线发射场的近场区域。在该区域中，无功能量存储场占主导地位，并且该区域的界限通常距离天线孔径表面 $\lambda/2\pi$ 。从物理上讲，电抗近场区域是无功能量存储场，其中，电场与磁场之间的转换类似于变压器中电场与磁场之间的转换，并且是感应场。该区域定义为

$$R \leqslant 0.62\sqrt{\frac{L^3}{\lambda}} \tag{2.6}$$

（3）辐射近场区（菲涅耳区）：该区域是无功近场区和弗劳恩霍夫区之间的区域，称为菲涅耳区或径向近场区。当电抗近场区超过辐射场区时，辐射场区中的电磁场已超出天线的限制，然后以电磁波的形式进入空间。在辐射近场区，辐射场占主导地位，辐射场的角度分布与距天线开口的距离有关。该区域定义为

$$0.62\sqrt{\frac{L^3}{\lambda}} \leqslant R \leqslant \frac{2L^2}{\lambda} \tag{2.7}$$

（4）辐射远场区（弗劳恩霍夫区）：这个区域在辐射近场区之外，辐射图不随距离变化。弗劳恩霍夫区是大多数单元天线工作的基本区域，定义为

$$R \geqslant \frac{2L^2}{\lambda} \tag{2.8}$$

2.4　天线功率

天线辐射所携带的功率，在天线场远离天线时，远处的接收天线可接收该场，即通信系统中常用的功率[5]。

2.4.1　功率波瓣图

假设有一个代表自由空间中的某种发射天线的点源辐射器，如图 2.15 所示。该天线可沿着径线方向辐射能量流，能量流穿过单位面积存在时变率，即坡印廷矢量或功率密度（单位：$\mathrm{W/m^2}$）[4]。点源或在任意天线远场区的坡印廷矢量 $\boldsymbol{S}$ 只存在径向分量 $\boldsymbol{S}_r$，不存在沿 θ 或 ϕ 方向的分量，即 $\boldsymbol{S}_\theta = \boldsymbol{S}_\phi = 0$。因此，相应的坡印廷矢量的幅度与其径向分量相等，即 $|\boldsymbol{S}| = \boldsymbol{S}_r$。

点源为各向同性源，指沿不同方向均匀地进行能量辐射的源，其存在坡印廷矢量的径向分量 $\boldsymbol{S}_r$，且该分量与 θ 和 ϕ 无关。当半径为常数时，$\boldsymbol{S}_r$ 代表角度函数的曲线，该曲线表示一个坡印廷矢量的波瓣图，即常说的功率波瓣图。各向同性源的三维功率波瓣图可用一个球来表示，而二维功率波瓣图如图 2.16 所示，是一个通过球心的截面圆。

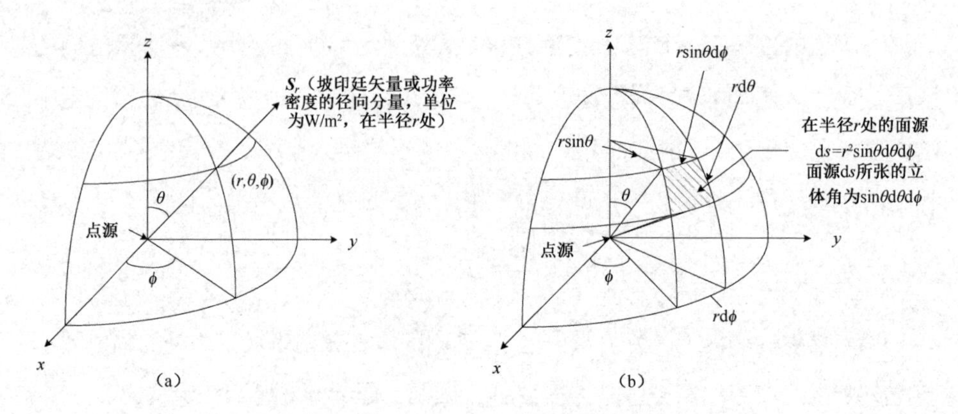

图 2.15　由球坐标系表示的空间内点源辐射器

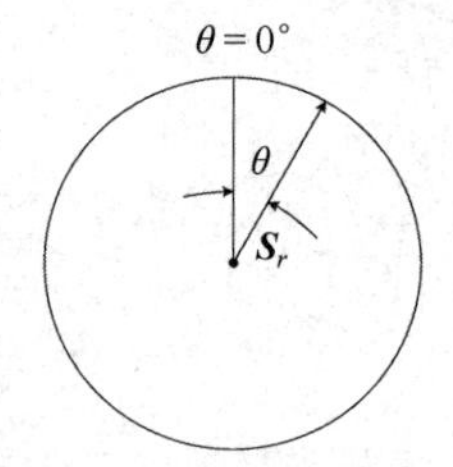

图 2.16　二维功率波瓣图

各向同性源仅适用于理论分析，无法进行物理实现。因为即便最简单的天线，仍然拥有定向性。其沿某些方向辐射的能量会多于沿其他方向辐射的能量，这种发射源称为各向异性源。如图 2.17（a）所示为各向异性源的功率波瓣图，当 $\boldsymbol{S}_r$ 取最大值时可得到如图 2.17 所示的 $\boldsymbol{S}_{rm}$ 。

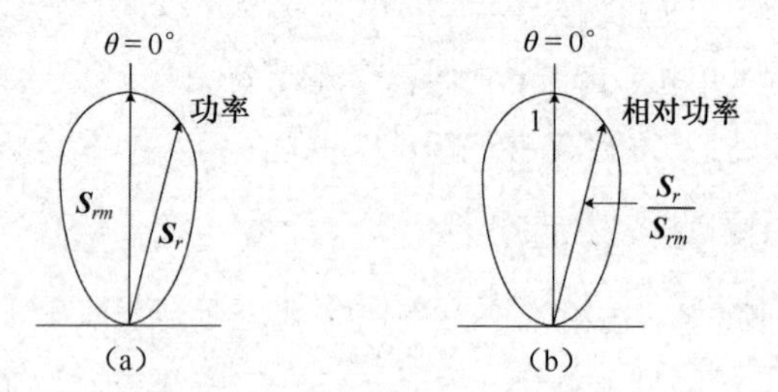

图 2.17　各向异性源的功率波瓣图和相同源的相对功率波瓣图

用每平方米的瓦数表示的 $\boldsymbol{S}_r$ 为绝对功率波瓣图；用某个参考方向的瓦数表示的 $\boldsymbol{S}_r$ 为相对功率波瓣图，通常以 $\boldsymbol{S}_r$ 的最大方向作为参考，功率波瓣图的半径则采用相对功率 $\boldsymbol{S}_r / \boldsymbol{S}_{rm}$ 表示。图 2.17（b）为相同源的相对功率波瓣图。各向异性源的功率波瓣图和相同源的相对功率波瓣图形状一致，并且相对功率波瓣图已经归一化，其最大值为 1。最大值为 1 的功率波瓣图又称为归一化功率波瓣图[4]。

2.4.2　应用于个别各向同性源的功率定理①

设有一个半径为 r 的球面，同时在无耗媒质中存在一个点源，若已知该点源在球面上每处产生的坡印廷矢量，通过式（2.9）可以计算并得到该点源辐射的总功率，即求其平均坡印廷矢量的径向分量 $\boldsymbol{S}_r$ 沿球面的积分，有

$$P=\oint\!\!\oint \boldsymbol{S}\mathrm{d}s=\oint\!\!\oint \boldsymbol{S}_r\mathrm{d}s \tag{2.9}$$

式中，P 代表辐射的功率（单位：W），$\boldsymbol{S}_r$ 代表平均坡印廷矢量的径向分量（单位：$\mathrm{W/m^2}$），$\mathrm{d}s$ 代表球面的微分面元，$\mathrm{d}s=r^2\sin\theta\mathrm{d}\theta\mathrm{d}\phi$（单位：$\mathrm{m^2}$）。因各向同性源的 $\boldsymbol{S}_r$ 与 θ 和 ϕ 无关，则有

$$P=\boldsymbol{S}_r\oint\!\!\oint \mathrm{d}s=\boldsymbol{S}_r\times 4\pi r^2 \quad（单位：W） \tag{2.10}$$

$$\boldsymbol{S}_r=\frac{P}{4\pi r^2} \quad（单位：\mathrm{W/m^2}） \tag{2.11}$$

而根据式（2.11）可以看出，坡印廷矢量的幅度与来自点源辐射器的距离的平方成反比，可以证明“单位面积的功率随距离而变化”。

2.5　天线辐射强度

将天线对某个立体角方向单位内所发射的功率定义为相应的辐射强度，记为 U（单位：W/sr），它是一个远场参数。

$$U(\theta,\phi)=\frac{\mathrm{d}P_r(\theta,\phi)}{\mathrm{d}\Omega} \tag{2.12}$$

式中，$\mathrm{d}\Omega$ 为立体角元。假设一个球体的半径为 r，其球坐标下的面积元为

---

① 功率定理是复功率流通过任何闭合表面的更普遍关系 $P=\frac{1}{2}\oint\!\!\oint(\boldsymbol{E}\times\boldsymbol{H}^*)\mathrm{d}s$ 的一个特例。式中，P 代表总的复功率流，$\boldsymbol{E}$ 代表电场强度矢量，$\boldsymbol{H}^*$ 代表磁场复矢量，$\boldsymbol{H}^*$ 与 $\boldsymbol{H}$ 互为复共轭。同时，平均坡印廷矢量 $\boldsymbol{S}=\frac{1}{2}\mathrm{Re}(\boldsymbol{E}\times\boldsymbol{H}^*)$，因为远场的功率流为实数，因此将 $P=\frac{1}{2}\oint\!\!\oint(\boldsymbol{E}\times\boldsymbol{H}^*)\mathrm{d}s$ 的实部代入 $\boldsymbol{S}=\frac{1}{2}\mathrm{Re}(\boldsymbol{E}\times\boldsymbol{H}^*)$，可得式（2.11）。

$$ds = r^2 \sin\theta d\theta d\phi \quad (2.13)$$

则立体角元为

$$d\Omega = \frac{ds}{r^2} = \sin\theta d\theta d\phi \quad (2.14)$$

辐射强度可以看作距离归一化后的功率密度。与功率密度不同，在定义辐射强度时，去除了$1/r^2$相关项，使其成为与距离无关仅与ϕ和θ有关的参数。因此，式（2.12）也可以表示为

$$U(\theta,\phi) = r^2 |W(r,\theta,\phi)| = r^2 W_r(r,\theta,\phi) \quad (2.15)$$

同时，式（2.15）也可以表示为

$$U(\theta,\phi) = \frac{r^2}{2\eta} |\boldsymbol{E}(r,\theta,\phi)| = \frac{2\eta}{r^2} |\boldsymbol{H}(r,\theta,\phi)|^2 \quad (2.16)$$

式中，η表示介质的本征阻抗，$\boldsymbol{E}$和$\boldsymbol{H}$分别为电场强度矢量和磁场强度矢量。

同时，由式（2.13）可以推导出天线辐射总功率的另一种表达式，即由辐射强度U表示，有

$$P = \int_0^{2\pi}\int_0^{\pi} r^2 W_r(r,\theta,\phi)\sin\theta d\theta d\phi = \int_0^{2\pi}\int_0^{\pi} U(\theta,\phi) d\Omega \quad (2.17)$$

由定义可知，每个方向都可以计算单独的辐射强度，将所有方向的辐射强度集合在一起，并将这个集合在三维坐标系下表示出来，可以得到天线的三维辐射方向图，通常可以直观、清晰地观察到天线辐射方向。如图 2.18 所示是在直角坐标系下天线的三维辐射方向图，理想点源天线的辐射强度与方向无关，而一般天线的辐射强度为非均匀分布，辐射强度最大方向为沿y轴方向。

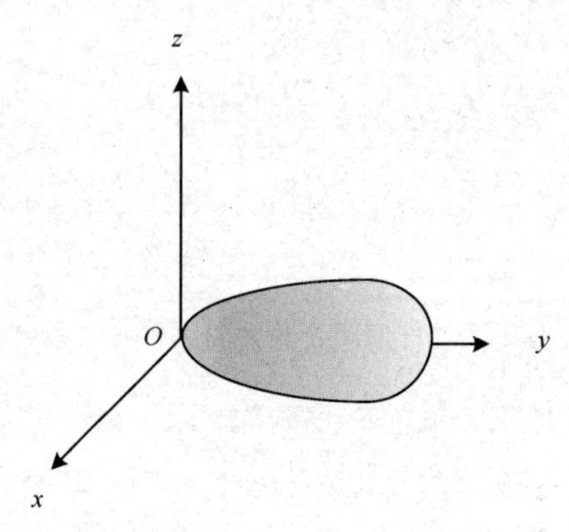

图 2.18　在直角坐标系下天线的三维辐射方向图

2.6 天线波束图

天线在不同的空间方向具有不同的发射或接收电磁波的能力，这就是天线的方向性。波束是指由天线发射出来的不均匀的电磁波在地球表面所形成的形状。这些形状由发射天线所决定，主要包括全球波束、点形波束等。通常，我们利用天线波束图来描述天线的方向性能，它可以分为主瓣、副瓣和后瓣。其中，主瓣（主波束）能够产生最大的期望值，并且一个天线波束通常只含有一个主波束。

当场波束图基于方向代价函数描述电场和磁场时，场波束图被称为场效应图；当场波束图基于辐射强度函数时，则被称为功率方向图。我们可以利用球面坐标系表示场波束图，以电场的 θ 分量作为角度 θ 和 ϕ 的函数 $E_\theta(\theta,\phi)$（单位：V/m），以电场的 ϕ 分量作为角度 θ 和 ϕ 的函数 $E_\phi(\theta,\phi)$（单位：V/m），以及上述场分量的相位函数 $\delta_\theta(\theta,\phi)$ 和 $\delta_\phi(\theta,\phi)$（弧度或度）充分说明其含义[6]，如图 2.19 所示。

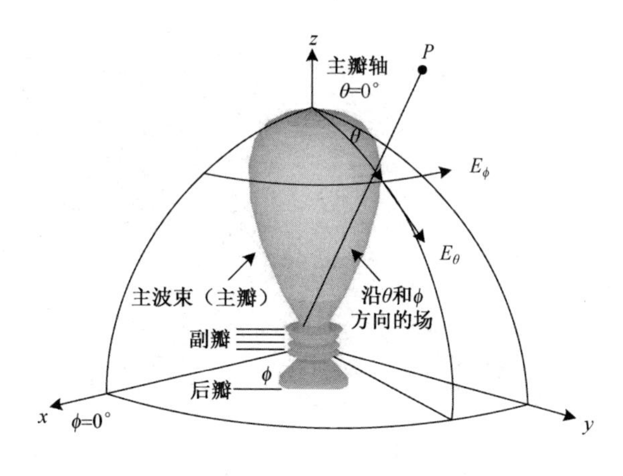

图 2.19 场波瓣图

无量纲的场波束图可以通过场分量除以其最大值得到。需要注意的是，无量纲的场波束图的最大值为 1，即

$$归一化场波束图 = E_\theta(\theta,\phi) = \frac{E_\theta(\theta,\phi)}{E_\theta(\theta,\phi)_{\max}} （无量纲） \quad (2.18)$$

为了便于表示与观察，在天线设计工作中，研究人员通常用二维坐标系进行表示，即使用空间三维球坐标系的主平面来对场波束图进行说明。二维坐标系的表示则分为 $\boldsymbol{E}$ 平面方向图和 $\boldsymbol{H}$ 平面方向图。前者对应三维球坐标系中的 θ 平面，包含电场矢量和最大辐射方向；后者对应 ϕ 平面，包含磁场矢量和最大辐射方向。如图 2.20（a）和图 2.20（b）所示为典型的三维方向图的二维部分。

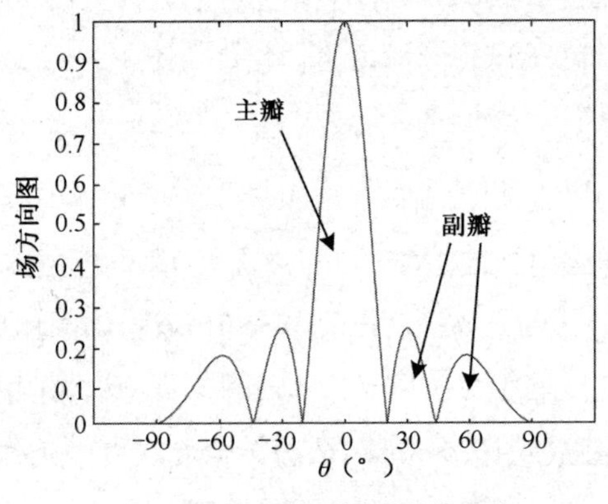

（a）直角坐标系中的场效应图

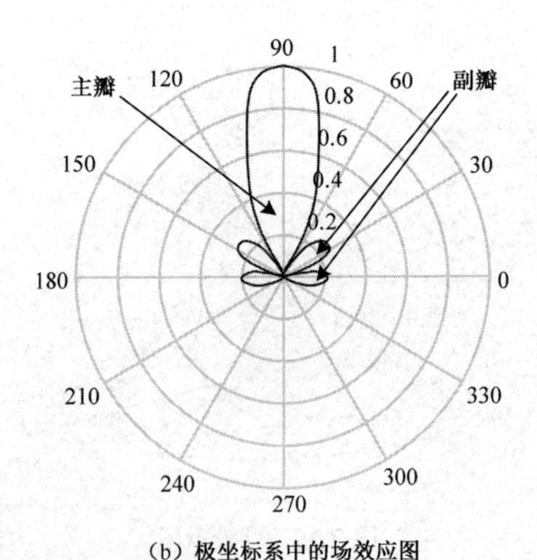

（b）极坐标系中的场效应图

图 2.20　三维方向图的二维部分

2.7　波束宽度

通过前文的学习，读者应该已经对天线波束图有了一定的认知和了解，包括天线波束图如何而来、天线辐射特性怎样表达等问题。本节将继续介绍天线波束图中的一个重要概念：波束宽度。

波束宽度是指，在一个天线发射束中两个特别功率点的夹角。其宽窄与发射天线的扩大系数相关，一般来说，天线放大倍数越大，天线发射束就越小，探测角分辨率就越高。其中最常使用的是，按半功率电平点夹角定义的半功率波束宽度（Half-Power Beam-Width，HPBW）、按主瓣两侧第一个零点夹角定义的第一零点波束宽度（First Nulls Beam-Width，FNBW）[7]。

为了更直观地观察波束宽度在天线波束图中的位置，通常可以采用包含主瓣轴且互相垂直的两个波束剖面图来代替三维波束图，如图 2.21 所示。

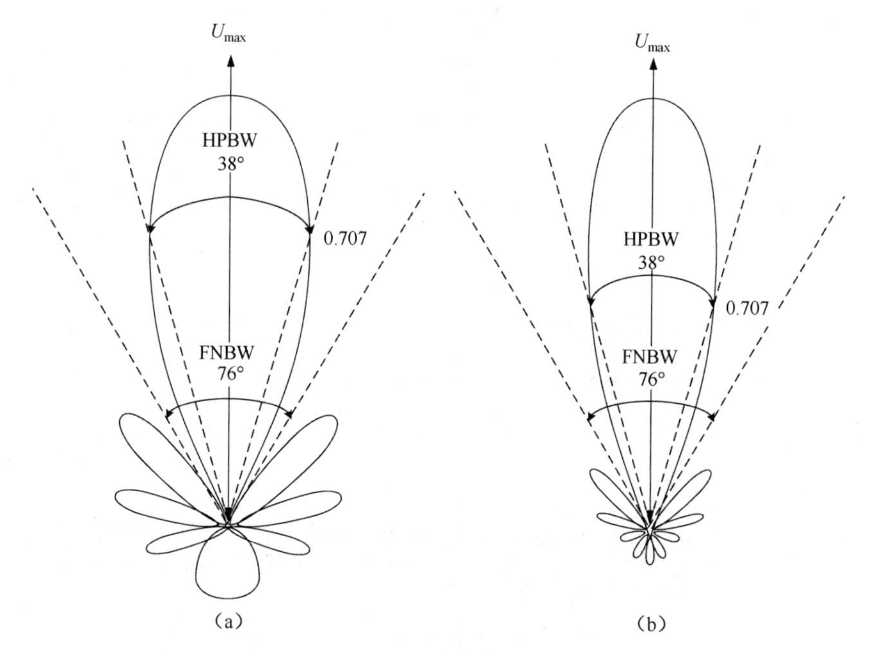

图 2.21　波束剖面图

需要注意的是，图 2.21 为归一化辐射三维方向图的垂直剖面图，而不是功率方向图，所以半功率点在 $P = P_{\max} / \sqrt{2} = 0.707 P_{\max}$ 处。

波束宽度可以初步直观地体现天线远距离传输的方向性。波束宽度越小，有效距离越大，方向性和选择性越好，对噪声的抑制能力越强；反之，波束宽度越大，有效距离越小，方向性和选择性越差，对噪声的抗干扰能力越弱[8]。

2.8 波束方向和增益

根据不同的描述函数或测量结果，天线的方向图可以分为场功率方向图和波束方向图。天线的波束方向图可以直观地描述天线方向性能，波束方向图表现得越尖锐，表明天线辐射的能量越集中。如图 2.19 所示，通常波束方向图的三维形状含有多个叶瓣，其中，最大的叶瓣称为主瓣，代表最大的期望辐射；其余叶瓣称为副瓣，表示不期望的辐射方向。

天线的波束方向图能够定性地反映天线辐射状态，为了定量地描述天线集中辐射程度，引入方向性系数这个概念。方向性系数等于天线最大辐射方向上的辐射功率密度与所有方向上的平均辐射功率密度的比值，方向性系数的表达式为

$$D(\theta,\phi) = \frac{W(\theta,\phi)}{\dfrac{P}{4\pi r^2}} = \frac{4\pi U(\theta,\phi)}{P} \tag{2.19}$$

式（2.19）的意义是，球坐标系的原点选在靠近天线的某点，而辐射功率密度的计算需要在半径 r 足够大的球面上进行计算（场点位于天线辐射远场区）[9]。

因为天线辐射总功率为

$$P = \int_0^{2\pi} \int_0^{\pi} W_r(r) r^2 \sin\theta \mathrm{d}\theta \mathrm{d}\phi = \int_0^{2\pi} \int_0^{\pi} U(\theta, \phi) \mathrm{d}\Omega \tag{2.20}$$

所以，方向性系数也可以写为

$$D(\theta,\phi) = \frac{4\pi U(\theta,\phi)}{\int_0^{2\pi} \int_0^{\pi} U(\theta,\phi) \mathrm{d}\Omega} \tag{2.21}$$

式中，$D(\theta,\phi)$ 是无量纲的，在辐射抑制的方向上小于 1，而在辐射增强的方向上大于 1。当辐射强度 $U(\theta,\phi)$ 最大时，方向性系数达到最大，通常用 D_0（常数）表示，则最大方向性系数可表示为

$$D_0(\theta,\phi)=\frac{4\pi U_{\max}}{\int_0^{2\pi}\int_0^{\pi}U(\theta,\phi)\sin\theta\mathrm{d}\theta\mathrm{d}\phi} \tag{2.22}$$

方向性系数作为天线的重要参数，与天线的辐射强度相比不仅可以说明天线波束方向图，还可以说明天线的增益。

天线的方向性系数是一个理想的参数，用来比较在给定方向上的辐射强度与平均辐射强度。在传播能量时，假设不考虑传输损耗、传输线失配、电解质损失等天线材料中的功率损耗。天线增益则是一个现实的参数，是对方向性系数的修改，将天线材料中的损耗也考虑其中，能够更加准确地反映天线在实际应用中的性能。

天线增益的表达式为

$$G(\theta,\phi)=\frac{W(\theta,\phi)}{\dfrac{P_{\mathrm{t}}}{4\pi r^2}} \tag{2.23}$$

式中，P_{t} 是天线从发射机得到的总功率。因为辐射功率小于发射机发射的总功率，所以方向性系数大于增益，即

$$G(\theta,\phi)<D(\theta,\phi) \tag{2.24}$$

因为天线材料大多都是线性材料，所以有

$$P_{\mathrm{t}}=K_L\int_0^{2\pi}\int_0^{\pi}W_r(r)r^2\sin\theta\mathrm{d}\theta\mathrm{d}\phi=K_L\int_0^{2\pi}\int_0^{\pi}U(\theta,\phi)\mathrm{d}\Omega \tag{2.25}$$

式中，K_L 为稍大于 1 的实常数，将式（2.19）代入得

$$G(\theta,\phi)=\frac{D(\theta,\phi)}{K_L} \tag{2.26}$$

由式（2.26）可以看出，天线增益和方向性系数成正比，并且最大增益与最大方向性系数出现在同一个方向 (θ_0,ϕ_0) 上[9]。

将方向性系数和增益采用对数形式（dB）表示，则有

$$\lg G(\theta,\phi)=\lg D(\theta,\phi)-\lg K_L \tag{2.27}$$

由式（2.27）可以看出，天线在任意方向上的方向性系数比其增益高 $10\lg K_L$（单位：dB），高出的部分代表天线材料中的功率损耗。

2.9 波束立体角

立体角是二维平面角在三维空间中的类比，是某个物体对某个特定点的三维空间的角度，常用字母Ω表示。立体角以球心作为特定观测点，从而构造出一个单位球面，外部任意物体投影到该单位球面上的投影面积，即该物体相对于该观测点的立体角。对于一个特定的观测点来说，一个在该观测点附近的小物体和一个在该观测点远处的大物体可能有相同的立体角。因此，立体角是单位球面上的一块面积，这和“平面角是单位圆上的一段弧长”类似，如图 2.22 所示。

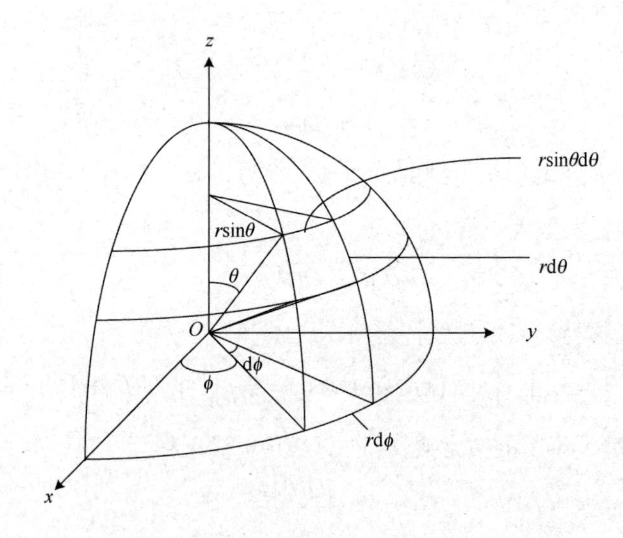

图 2.22　在球坐标系中立体角对应的球面面积

在球坐标系中，球面上任意极小面积的计算式为

$$\mathrm{d}A = (r\sin\theta\mathrm{d}\phi)r\mathrm{d}\theta = r^2\sin\theta\mathrm{d}\theta\mathrm{d}\phi \tag{2.28}$$

$$\text{球面面积} = 2\pi r^2\int_0^{\pi}\sin\theta\mathrm{d}\theta = 4\pi r^2 \tag{2.29}$$

式中，4π 表示完整球面所张的立体角，单位为 sr（立体弧度）。

于是有

$$
\begin{aligned}
1\text{立体弧度} &= 1\text{sr} = (\text{完整球面立体角})/(4\pi) \\
&= 1\text{rad}^2 = \left(\frac{180}{\pi}\right)^2 (\text{deg})^2 = 3282.8064\text{平方度}
\end{aligned}
\tag{2.30}
$$

式中，4π 立体弧度 $= 3282.8064 \times 4\pi = 41252.96$ 平方度=完整球面立体角[4]。

单位立体角的数值等于单位球面面积与球半径的平方之比，所以单位立体角为

$$
\mathrm{d}\Omega = \frac{\mathrm{d}A}{r^2} = \sin\theta \mathrm{d}\theta \mathrm{d}\phi \tag{2.31}
$$

波束立体角（Ω_A）又叫作波束范围，是指将天线所有的辐射功率（P_r）等效地按辐射强度的最大值（$U_{\max}$）均匀流出时的立体角。因此，辐射功率为 $U_{\max}\Omega_A$，波束范围以外的辐射视为零。波束立体角用立体弧度表示，立体弧度被定义为球表面为 r^2 的区域所对应的立体角。因此，在一个球面上有 4π 立体弧度。在通信中，波束立体角是空间形式的等效带宽[5]。

波束立体角可以表示为

$$
\Omega_A = \int_{\phi=0}^{\phi=2\pi} \int_{\theta=0}^{\theta=\pi} \frac{U(\theta,\phi)}{U_{\max}} \sin\theta \mathrm{d}\theta \mathrm{d}\phi \tag{2.32}
$$

$$
\Omega_A = \iint_{4\pi} P_n(\theta,\phi) \mathrm{d}\Omega \tag{2.33}
$$

式（2.33）中，$\mathrm{d}\Omega = \frac{\mathrm{d}A}{r^2} = \sin\theta \mathrm{d}\theta \mathrm{d}\phi$。

天线的波束范围可以近似等效为两个主平面内主瓣半功率波束宽度 θ_{HP} 和 ϕ_{HP} 的乘积，即波束范围约为 $\theta_{\mathrm{HP}}\phi_{\mathrm{HP}}$。在天线中，主瓣范围加上副瓣范围就构成了波束范围（或波束立体角），即

$$
\Omega_A = \Omega_{\mathrm{M}} + \Omega_{\mathrm{m}} \tag{2.34}
$$

式中，Ω_{M} 表示主瓣范围，Ω_{m} 表示副瓣范围，Ω_A 表示波束范围（波束立体角）。

（主）波束效率就是（主）波束发射（或接收）的功率与（总）波束发射（或接收）的功率之比，波束效率 ε_{M} 等于主瓣范围与总波束范围的比值，即

$$
\varepsilon_{\mathrm{M}} = \frac{\Omega_{\mathrm{M}}}{\Omega_A} \tag{2.35}
$$

散杂因子 ε_m 等于副瓣范围与总波束范围的比值，即

$$\varepsilon_m = \frac{\Omega_m}{\Omega_A} \tag{2.36}$$

$$\varepsilon_M + \varepsilon_m = 1 \tag{2.37}$$

2.10　有效口径

口径作为天线的一个重要参数，可用来表示天线接收功率的效率。在定义口径时，首先假设接收天线是置于均匀平面电磁波中的矩形电磁喇叭，用 $\boldsymbol{S}$ 表示平面波的功率密度或坡印廷矢量，喇叭口的实际面积为 A_P [2]。口径被定义为接收天线摄取功率的面积，以喇叭口作为接收天线的口径，则喇叭吸收的总功率为

$$P = \frac{\boldsymbol{E}^2}{Z} A_P = \boldsymbol{S} A_P \tag{2.38}$$

由式（2.38）得，喇叭吸收的总功率与口径的面积成正比。平面波入射到物理口径为 A_P 的矩形电磁喇叭如图 2.23 所示。

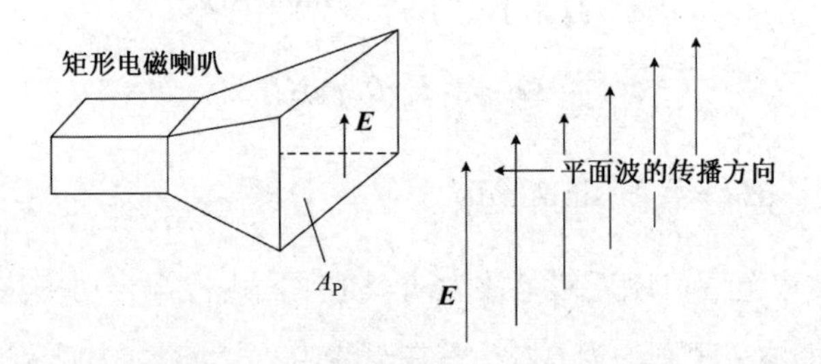

图 2.23　平面波入射到物理口径为 A_P 的矩形电磁喇叭

有效口径 A_e 总是小于物理口径 A_P，因为在实际应用中的喇叭口径对于电磁波来说并非均匀的，需要满足喇叭侧壁电场为零的条件。

若采用图 2.24 来表示天线的发射功率 P_1 和接收功率 P_2，则天线的接收功率为

$$P_2 = A_e W_1 = \frac{A_e D_1(\theta_1, \phi_1)}{4\pi r_1^2} \tag{2.39}$$

式中，r_1、ϕ_1、θ_1是天线 1 的球面坐标参数，表示接收天线接收到了发射功率密度W_1的一部分，并将其发送给天线 2[5]。天线的有效口径与天线从行波中提取能量的能力有关。天线的有效口径A_e是指，当天线与来波极化相匹配时，其负载阻抗上所接收到的功率P_2与入射波功率密度W_1的比值。

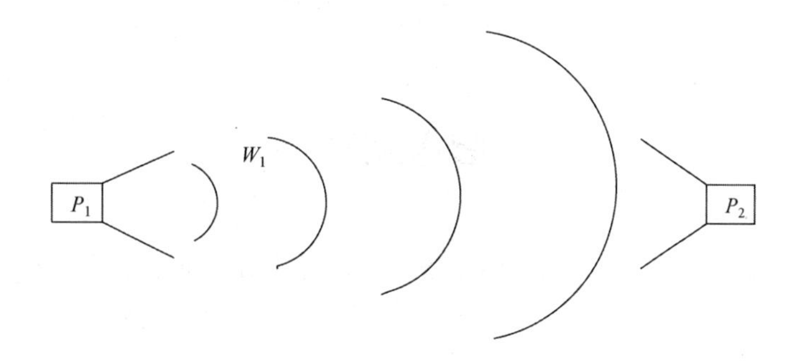

图 2.24 发射天线和接收天线

假设一个天线的有效孔径为A_e，将其全部功率按照波束立体角为Ω_A（单位：sr）的圆锥形波瓣辐射，若媒质的本征阻抗为Z_0，口径上有均匀场$\boldsymbol{E}_a$，则其辐射功率为

$$P=\frac{\boldsymbol{E}_a^2}{Z_0}A_e \tag{2.40}$$

其中，媒质的本征阻抗在空气中或真空中为377Ω。

如果在距离r处存在一个均匀的远场$\boldsymbol{E}_r$，那么辐射功率还可以表示为

$$P=\frac{\boldsymbol{E}_r^2}{Z_0}\Omega_A \tag{2.41}$$

式中，Ω_A为波束范围（波束立体角）。

由于$\boldsymbol{E}_r=\boldsymbol{E}_a A_e/r\lambda$，$\lambda$表示波长，由式（2.40）和式（2.41）可得

$$\lambda^2=A_e\Omega_A \tag{2.42}$$

式（2.42）为天线口径面积和波束范围的关系，所以，在波长λ和天线有效口径A_e确定的情况下，可求得波束范围。

由式（2.39）和式（2.42）得出，天线的有效口径与天线的方向性系数有关，有效口径的定向性系数为

$$D = 4\pi \frac{A_e}{\lambda^2} \tag{2.43}$$

任何天线都有其有效口径，理想化的各向同性天线的定向性系数 $D = 1$[4]，其有效口径为

$$A_e = \frac{D\lambda^2}{4\pi} = \frac{\lambda^2}{4\pi} = 0.0796\lambda^2 \tag{2.44}$$

参考文献

[1] 彭洋. 基于电磁超材料的新型平面天线的研制[D]. 成都：电子科技大学，2016.

[2] 王强. 电磁带隙结构在天线中的应用[D]. 成都：电子科技大学，2012.

[3] 杨校伟. 宽带小型化扼流结构及其天线应用研究[D]. 西安：西安电子科技大学，2013.

[4] 克劳斯 J D（Kraus J D），马赫夫克 R J（Marhefka R J）. 天线 [M]. 3 版. 章文勋，译. 北京：电子工业出版社，2018.

[5] 格罗斯 · 弗兰克（Gross Frank）. 智能天线（MATLAB 版）[M]. 何业军，桂良启，李霞，译. 北京：电子工业出版社，2009.

[6] 马晓宇. 机动式通信系统抛物面天线电磁兼容研究[D]. 西安：西安电子科技大学，2010.

[7] 何金良. 电磁兼容概论[M]. 北京：科学出版社，2010.

[8] 张小飞，汪飞，陈伟华. 阵列信号处理的理论与应用 [M]. 2 版. 北京：国防工业出版社，2013.

[9] 埃利奥特 R S（Elliott Robert S）. 天线理论与设计[M]. 汪茂光，陈顺生，谷深远，译. 北京：国际工业出版社，1992.

第3章

阵列天线基础

阵列天线就是用若干个相同的辐射单元（阵元），也可以看成同性点源，按一定规律排列起来组成的天线系统[1]。相同的辐射单元是指，所有阵元必须结构相同、形状相同、尺寸相同，而且按一定规律排列，并具有相同的方向特性，所以能够用来增强天线的方向性、提高天线的增益系数，或者得到所需的方向特性。

3.1 二元阵的辐射强度

阵列天线根据阵元不同的组合方式可以组成不同的几何形状，通常有直线阵、圆形阵、平面阵、立体阵、共形阵。为了便于理解此部分内容，本节首先研究直线阵。

顾名思义，直线阵由一些等间距且按直线排列的阵元组成，是最简单、最易分析的阵列流型。通过对直线阵的一系列研究学习，我们可以类比理解其他阵列天线的基本特性。其中，长度最短的直线阵为二元阵，即由两个阵元组成的阵列天线。二元阵是最基础的直线阵，它与其他大型的阵列天线有相同的基本特性。在学习二元阵之前，本节先介绍一种特殊的天线——无穷小偶极子。

无穷小偶极子是一根长度 $L \ll r$ 的短线段天线，它沿 z 轴对称放置于 $x-y$

平面上，如图 3.1 所示。

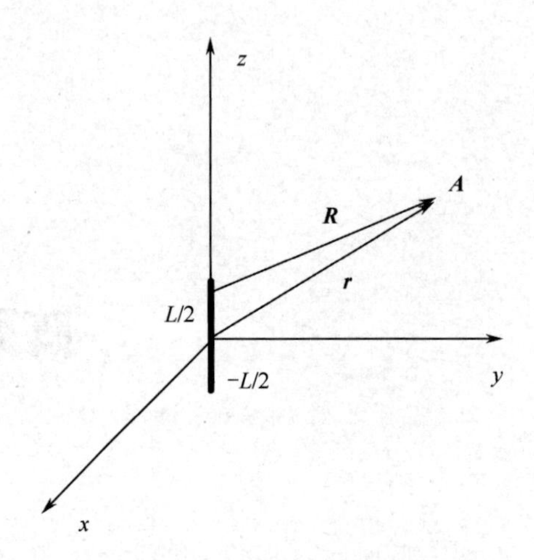

图 3.1　无穷小偶极子

其中，相电流 $\boldsymbol{I}=I_0\boldsymbol{a}_z$，位置矢量 $\boldsymbol{r}=r\boldsymbol{a}_r=x\boldsymbol{a}_x+y\boldsymbol{a}_y+z\boldsymbol{a}_z$，$\boldsymbol{r}'=z'\boldsymbol{a}_z$，距离矢量 $\boldsymbol{R}=x\boldsymbol{a}_x+y\boldsymbol{a}_y+(z-z')\boldsymbol{a}_z$，由此可得磁矢位 $\boldsymbol{A}$ 为

$$\boldsymbol{A}=\frac{\mu_0}{4\pi}\int_{-L/2}^{L/2}I_0\boldsymbol{a}_z\frac{\mathrm{e}^{-\mathrm{j}k\sqrt{x^2+y^2+(z-z')^2}}}{\sqrt{x^2+y^2+(z-z')^2}}\mathrm{d}z' \tag{3.1}$$

又由于无穷小偶极子 $r\gg z'$，即 $R\approx r$，易得

$$\boldsymbol{A}=\frac{\mu_0}{4\pi}\int_{-L/2}^{L/2}I_0\boldsymbol{a}_z\frac{\mathrm{e}^{-\mathrm{j}kr}}{r}\mathrm{d}z'=\frac{\mu_0 I_0 L}{4\pi}\mathrm{e}^{-\mathrm{j}kr}\boldsymbol{a}_z=A_z\boldsymbol{a}_z \tag{3.2}$$

学习过第 2 章的内容后，我们还可以将无穷小偶极子在球坐标系中表示，即以矢量变换或者绘出图形两种方式来确定球坐标系中俯仰角为 θ 的磁矢位 $\boldsymbol{A}$，如图 3.2 所示。

$\boldsymbol{A}_r$ 和 $\boldsymbol{A}_\theta$ 分别是 $\boldsymbol{A}_z$ 在相应坐标轴上的矢量投影，可分别表示为

$$\boldsymbol{A}_r=\boldsymbol{A}_z\cos\theta=\frac{\mu_0 I_0 L\mathrm{e}^{-\mathrm{j}kr}}{4\pi r}\cos\theta \tag{3.3}$$

$$\boldsymbol{A}_\theta=-\boldsymbol{A}_z\sin\theta=-\frac{\mu_0 I_0 L\mathrm{e}^{-\mathrm{j}kr}}{4\pi r}\sin\theta \tag{3.4}$$

又由于

$$\boldsymbol{H}=\frac{1}{\mu}\nabla\times\boldsymbol{A} \tag{3.5}$$

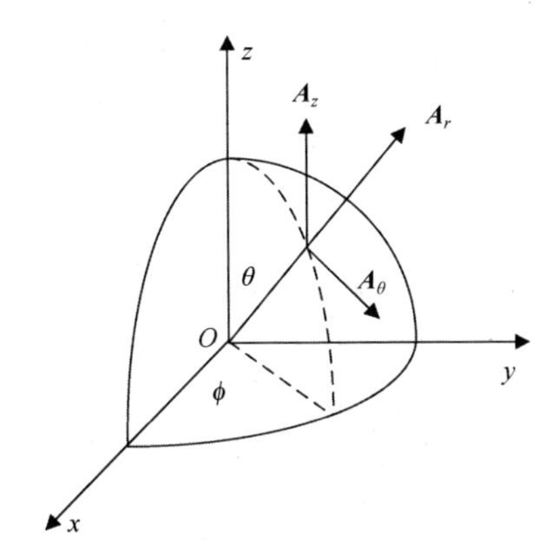

图 3.2 无穷小偶极子的磁矢位

所以，球坐标系中的旋度可以表示为

$$H_\phi = -\frac{\mathrm{j}kI_0L\sin\theta}{4\pi r}\left[1+\frac{1}{\mathrm{j}kr}\right]\mathrm{e}^{-\mathrm{j}kr} \tag{3.6}$$

其中，H_r 和 H_θ 均为 0。将式（3.6）代入式（3.7），即

$$\boldsymbol{E} = \frac{1}{\mathrm{j}\omega\varepsilon}\nabla\times\boldsymbol{H} \tag{3.7}$$

可求得电场的两个分量为

$$E_r = \frac{\eta I_0L\cos\theta}{2\pi r^2}\left[1+\frac{1}{\mathrm{j}kr}\right]\mathrm{e}^{-\mathrm{j}kr} \tag{3.8}$$

$$E_\theta = \frac{\mathrm{j}k\eta I_0L\sin\theta}{4\pi r}\left[1+\frac{1}{\mathrm{j}kr}-\frac{1}{(kr)^2}\right]\mathrm{e}^{-\mathrm{j}kr} \tag{3.9}$$

其中，$E_\phi=0$，η 为介质的本征阻抗，单位为 Ω。又由于天线远场中涉及的 $1/r^2$ 和 $1/r^3$ 等为数学中的高次项，在计算中可以忽略不计，所以式（3.6）和式（3.9）可以化简为

$$H_\phi = \frac{\mathrm{j}kI_0L\sin\theta}{4\pi r}\mathrm{e}^{-\mathrm{j}kr} \tag{3.10}$$

$$E_\theta = \frac{\mathrm{j}k\eta I_0L\sin\theta}{4\pi r}\mathrm{e}^{-\mathrm{j}kr} \tag{3.11}$$

在天线远场内，$E_\theta/H_\phi=\eta$。

下面我们回归本节的主题，学习二元阵的相关内容。本节将通过一幅示意图来具体分析。如图 3.3 所示，沿 y 轴放置了两个以 d 为总距离的垂直极化无穷小偶极子，其中，场点与原点距离为 r，并且满足 $r\gg d$，所以可以假设 r_1、r_2

和 r 三者相互平行，因此，可以近似为式（3.12）和式（3.13）。

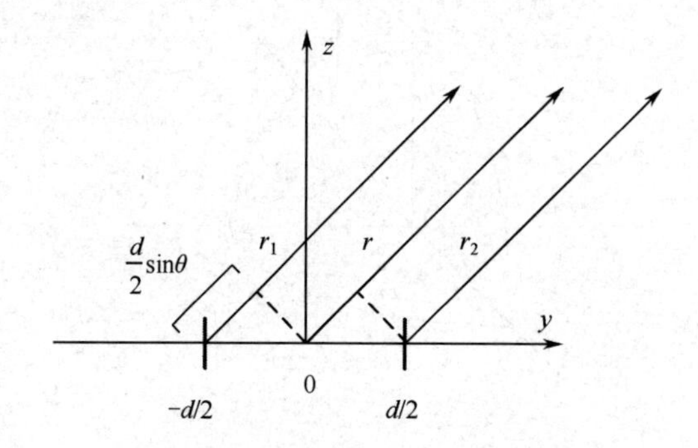

图 3.3　沿 y 轴放置的两个无穷小偶极子

$$r_1 = r + \frac{d}{2}\sin\theta \tag{3.12}$$

$$r_2 = r - \frac{d}{2}\sin\theta \tag{3.13}$$

假设图 3.3 中两个阵元的相位分别为 $-\delta/2$ 和 $+\delta/2$，δ 为两个相邻阵元的相位差，那么两者的相电流分别为 $I_0\mathrm{e}^{-\mathrm{j}\frac{\delta}{2}}$ 和 $I_0\mathrm{e}^{\mathrm{j}\frac{\delta}{2}}$。若对两个无穷小偶极子进行相叠加操作，则可以得到天线远场，即由式（3.11）～式（3.13），并设定前提条件 $r_1 \approx r \approx r_2$，可得到总电场为

$$\begin{aligned} E_\theta &= \frac{\mathrm{j}k\eta I_0\mathrm{e}^{-\mathrm{j}\frac{\delta}{2}}L\sin\theta}{4\pi r_1}\mathrm{e}^{-\mathrm{j}kr_1} + \frac{\mathrm{j}k\eta I_0\mathrm{e}^{\mathrm{j}\frac{\delta}{2}}L\sin\theta}{4\pi r_2}\mathrm{e}^{-\mathrm{j}kr_2} \\ &= \frac{\mathrm{j}k\eta I_0 L\sin\theta}{4\pi r}\mathrm{e}^{-\mathrm{j}kr}\left[\mathrm{e}^{-\mathrm{j}\frac{(kd\sin\theta+\delta)}{2}} + \mathrm{e}^{\mathrm{j}\frac{(kd\sin\theta+\delta)}{2}}\right] \end{aligned} \tag{3.14}$$

进而可以简化为

$$E_\theta = \frac{\mathrm{j}k\eta I_0 L\mathrm{e}^{-\mathrm{j}kr}}{4\pi r}\sin\theta\left(2\cos\left(\frac{kd\sin\theta+\delta}{2}\right)\right) \tag{3.15}$$

将式（3.15）代入式（2.16），可得到归一化的辐射强度为

$$\begin{aligned} U_n(\theta) &= [\sin\theta]^2\left[\cos\left(\frac{kd\sin\theta+\delta}{2}\right)\right]^2 \\ &= [\sin\theta]^2\left[\cos\left(\frac{\pi d}{\lambda}\sin\theta+\frac{\delta}{2}\right)\right]^2 \end{aligned} \tag{3.16}$$

3.2　理想点源方向图

3.1 节以无穷小偶极子为例，分析了阵列天线在天线远场形成的场强幅度方向图。如果不考虑场强幅度大小，其与 θ 有关的部分用 $|f(\theta)|$ 表示，即二元阵列天线的方向函数，可得

$$|f(\theta)|=|f_1(\theta)||f_a(\theta)| \tag{3.17}$$

式中

$$|f_1(\theta)|=\sin\theta \tag{3.18}$$

$$|f_a(\theta)|=2\cos\left(\frac{kd\sin\theta}{2}\right) \tag{3.19}$$

式中，$|f_1(\theta)|$ 称为阵元因子（Element Factor，EF），表示阵元的方向函数；$|f_a(\theta)|$ 称为阵因子（Array Factor，AF），与两个阵元的空间位置有关。从式（3.15）可知，在天线阵元为相同元的条件下，二元阵的方向函数是阵元因子与阵因子的乘积。这就是阵列天线方向函数或方向图乘积定理。

推而广之，可以使用任何第 2 章中介绍的多种天线作为阵列天线的阵元。以下为了方便分析，可以选取理想点源——在空间各个方向的辐射特性均相同，即各向同性天线，并且场强幅度相同。当两个点源的间距与其波长之比为 0.5 时，即当 $d/\lambda=0.5$ 且 $\delta=0$ 时，可进行绘图处理。图 3.4（a）表示理想点源阵元因子的功率方向图，图 3.4（b）表示理想点源阵因子的功率方向图，图 3.4（c）则表示两者的乘积。

一般情况下，在球坐标系中，阵元因子和阵因子不仅是 θ 的函数，还可能是方位角 ϕ 的函数，故阵列天线方向图乘积定理的一般形式为

$$|f(\theta,\phi)|=|f_1(\theta,\phi)||f_a(\theta,\phi)| \tag{3.20}$$

要想求得阵列天线的方向图，必须先求得天线阵元因子的功率方向图和阵因子的功率方向图。阵因子与天线阵元自身的方向性无关，为了更好地理解阵列天线的方向性，在下面的分析中设天线阵元为无方向性的理想点源，即设

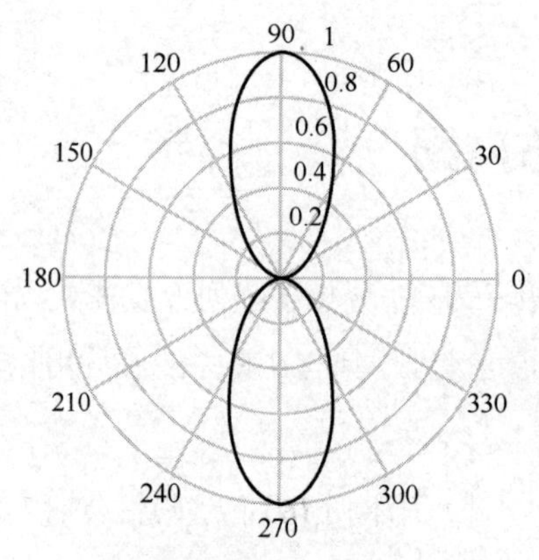

（a）理想点源阵元因子功率方向图

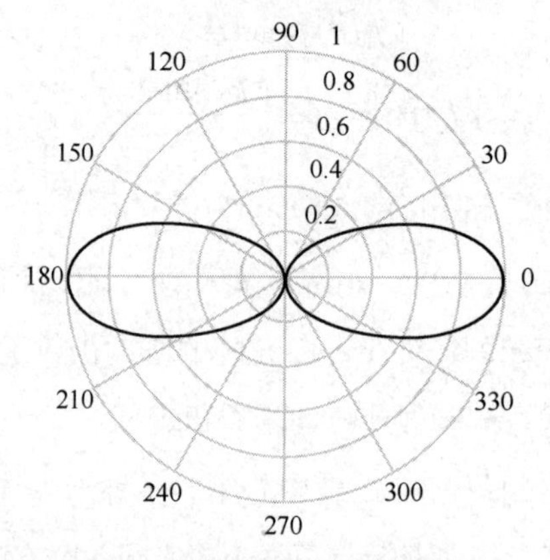

（b）理想点源阵因子功率方向图

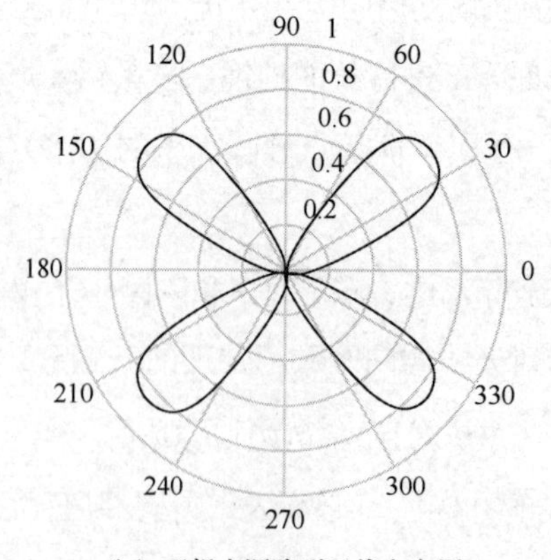

（c）理想点源阵列天线方向图

图 3.4　理想点源功率方向图

$$E_\theta = 2E_0 \cos\left(\frac{kd\sin\theta}{2}\right) \tag{3.21}$$

式中，E_0 不再是方位角的函数，将 $2E_0$ 归一化为 1，此时，在理想点源情况下，由于点源各向同性，场强方向图就是归一化阵列天线方向图，即

$$|f(\theta,\phi)| = |f_a(\theta,\phi)| \tag{3.22}$$

另外，后续章节内容皆在此条件下讨论。

3.3 均匀直线阵列

3.3.1 均匀 *M* 元直线阵

M 元直线阵是更一般的线性数组。这里假设阵元均匀分布，并且具有相同的幅度，本节稍后将讨论阵元幅度没有限制的情况。图 3.5 显示了由各向同性辐射天线阵元组成的线性阵列。假设第 m 个阵元经过 δ 弧度的相位移动就能得到第 $m-1$ 个阵元的相位。通过每个阵元的天线电流相位的改变，就可以轻而易举地实现相位移动[2]。

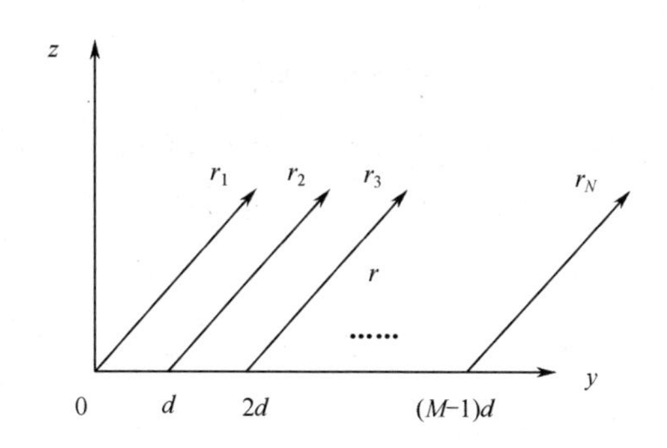

图 3.5　均匀 *M* 元直线阵

假设远场条件 $r \gg d$，可推出直线阵列天线归一化方向图为

$$|f_a(\theta)| = 1 + \mathrm{e}^{\mathrm{j}(kd\sin\theta+\delta)} + \mathrm{e}^{\mathrm{j}2(kd\sin\theta+\delta)} + \cdots + \mathrm{e}^{\mathrm{j}(M-1)(kd\sin\theta+\delta)} \tag{3.23}$$

式中，δ 是阵元之间的相位差。

式（3.23）可以稍加简化，即

$$|f_a(\theta)|=\sum_{m=1}^{M}w_m e^{j(m-1)\varphi\sin\theta} \tag{3.24}$$

式中，$w_m=e^{j(m-1)\delta}$；$\varphi=kd\sin\theta$。φ与阵元的位置、来波的波长和入射角有关，阵元一旦被设置好，φ就被确定了。φ表示了每个阵元的方向特性，从而构成了直线阵列天线固有的方向特性，为此定义它为直线阵列天线的方向矢量，即

$$\boldsymbol{a}(\theta)=\begin{bmatrix}1\\ e^{jkd\sin\theta}\\ \vdots\\ e^{j(M-1)kd\sin\theta}\end{bmatrix}=[1\ \ e^{jkd\sin\theta}\ \ \cdots\ \ e^{j(M-1)kd\sin\theta}]^{T} \tag{3.25}$$

式中，T 表示转置。一般情况下，阵列天线采用各向同性阵元的幅度相同，所以，调整阵元之间的相位差δ的关系，可以改变整个阵列天线的方向图，于是可以定义加权复数$\boldsymbol{w}$对各个阵元进行加权处理，即

$$\boldsymbol{w}=[w_1\ \ w_2\ \ \cdots\ \ w_M] \tag{3.26}$$

在实际应用中，阵元之间的相位δ或加权复数$\boldsymbol{w}$是人为可调的。因为矢量$\boldsymbol{a}(\theta)$的形式为$[1,z,\cdots,z^{(M-1)}]$，所以它是范德蒙矢量。阵列天线方向矢量还可以被称为阵列响应矢量、阵列流行矢量、阵列导向矢量等。因此，各阵列天线方向矢量与加权复数的乘积可以替代式（3.24）中的阵因子[3]，即

$$|f_a(\theta)|=\mathrm{sum}(\boldsymbol{w}\boldsymbol{a}(\theta)) \tag{3.27}$$

设$\psi=kd\sin\theta+\delta$，将式（3.23）等号两边同乘$e^{j\psi}$，可以得到

$$e^{j\psi}|f_a(\theta)|=e^{j\psi}+e^{j2\psi}+\cdots+e^{jM\psi} \tag{3.28}$$

式（3.28）减去式（3.23），得

$$(e^{j\psi}-1)|f_a(\theta)|=(e^{jM\psi}-1) \tag{3.29}$$

因此，可以将阵因子改写为

$$|f_a(\theta)|=\frac{(e^{jM\psi}-1)}{(e^{j\psi}-1)}=\frac{e^{j\frac{M}{2}\psi}\left(e^{j\frac{M}{2}\psi}-e^{-j\frac{M}{2}\psi}\right)}{e^{j\frac{\psi}{2}}\left(e^{j\frac{\psi}{2}}-e^{-j\frac{\psi}{2}}\right)}=e^{j\frac{(M-1)}{2}\psi}\frac{\sin\left(\frac{M}{2}\psi\right)}{\sin\left(\frac{\psi}{2}\right)} \tag{3.30}$$

式中，$e^{j\frac{(M-1)}{2}\psi}$说明阵列天线的物理中心位于$(M-1)d/2$。在阵因子中，阵列天线中心引起的相位移动为$(M-1)\psi/2$。当阵列天线以原点为中心时，其物理中

心位于 0，式（3.30）可以简化为[4]

$$|f_a(\theta)| = \sin\left(\frac{M}{2}\psi\right) \Big/ \sin\left(\frac{\psi}{2}\right) \quad (3.31)$$

当 $\psi = 0$ 时，阵因子最大，此时 $|f_a(\theta)| = M$。可以清楚地看出，M 个阵元的阵列天线增益是单个阵元的 M 倍，所以阵因子可以重新表示为

$$|f_a(\theta)|_m = \frac{1}{M}\frac{\sin\left(\frac{M}{2}\psi\right)}{\sin\left(\frac{\psi}{2}\right)} \quad (3.32)$$

当 $\psi/2$ 非常小时，可以用 $\psi/2$ 替代 $\sin(\psi/2)$，得到的近似表达式为

$$|f_a(\theta)|_m \approx \frac{\sin\left(\frac{M}{2}\psi\right)}{\frac{M}{2}\psi} \quad (3.33)$$

下面开始确定阵因子的零值、最大值和主瓣波束宽度。

1. 零值

由式（3.33）可知，当分子的 $M\psi/2 = \pm n\pi$ 时，出现零值[2]。因此，阵列出现零值的条件是

$$\frac{M}{2}(kd\sin\theta_{\text{null}} + \delta) = \pm n\pi \quad (3.34)$$

或

$$\theta_{\text{null}} = \arcsin\left(\frac{1}{kd}\left(\pm\frac{2n\pi}{M} - \delta\right)\right) \ (n = 1, 2, 3, \cdots) \quad (3.35)$$

2. 最大值

当式（3.33）的分母 $\psi/2 = 0$ 时，主瓣取最大值，有

$$\theta_{\max} = -\arcsin\left(\frac{\delta\lambda}{2\pi d}\right) \quad (3.36)$$

当分子的 $M\psi/2 = \pm(2n+1)\pi/2$ 时，副瓣出现最大值[2]，即当分子取得最大值时，副瓣也近似取得最大值，于是有

$$\begin{aligned}\theta_{\mathrm{S}} &= \arcsin\left(\frac{1}{kd}\left(\pm\frac{(2n+1)\pi}{M}-\delta\right)\right) \\ &= \pm\frac{\pi}{2}+\arccos\left(\frac{1}{kd}\left(\pm\frac{(2n+1)\pi}{M}-\delta\right)\right)\end{aligned} \tag{3.37}$$

3. 主瓣波束宽度

主瓣的半功率点间的角度距离决定了直线阵的波束宽度。由式（3.37）可求得主瓣的最大值。

当$|f_a(\theta)|_m=0.707$时，取得两个半功率点（θ_+和θ_-）。如果使用式（3.33），则可以对波束宽度的计算进行简化。

当$x=\pm1.391$时，$\sin x/x=0.707$。所以，当

$$\frac{M}{2}\left(kd\sin\theta_{\pm}+\delta\right)=\pm1.391 \tag{3.38}$$

时，归一化阵因子处于半功率点，可解得$\theta_{\pm}$，即

$$\theta_{\pm}=\arcsin\left(\frac{1}{kd}\left(\frac{\pm2.782}{M}-\delta\right)\right) \tag{3.39}$$

可求得半功率波束宽度为

$$\mathrm{HPBW}=\left|\theta_+-\theta_-\right| \tag{3.40}$$

而对于大型天线而言，波束宽度很窄，所以HPBW可以近似为

$$\mathrm{HPBW}=2\left|\theta_+-\theta_{\max}\right|=2\left|\theta_{\max}-\theta_-\right| \tag{3.41}$$

其中，$\theta_{\max}$可以由式（3.37）求得，$\theta_{\pm}$可以由式（3.39）求得。

4. 边射直线阵

直线阵最常见的工作模式是边射模式。在这种模式下，$\delta=0$，所有阵元电流同相。如图3.6所示为阵元间距d/λ分别取0.25、0.5和0.75时的四元边射阵的3个极坐标方向图[2]。

5. 端射直线阵

端射是指阵列天线的最大辐射沿阵列元件所在的轴。可以看到，天线的末端是最大辐射所在的位置，其在$\delta=-kd$的情况下获得。

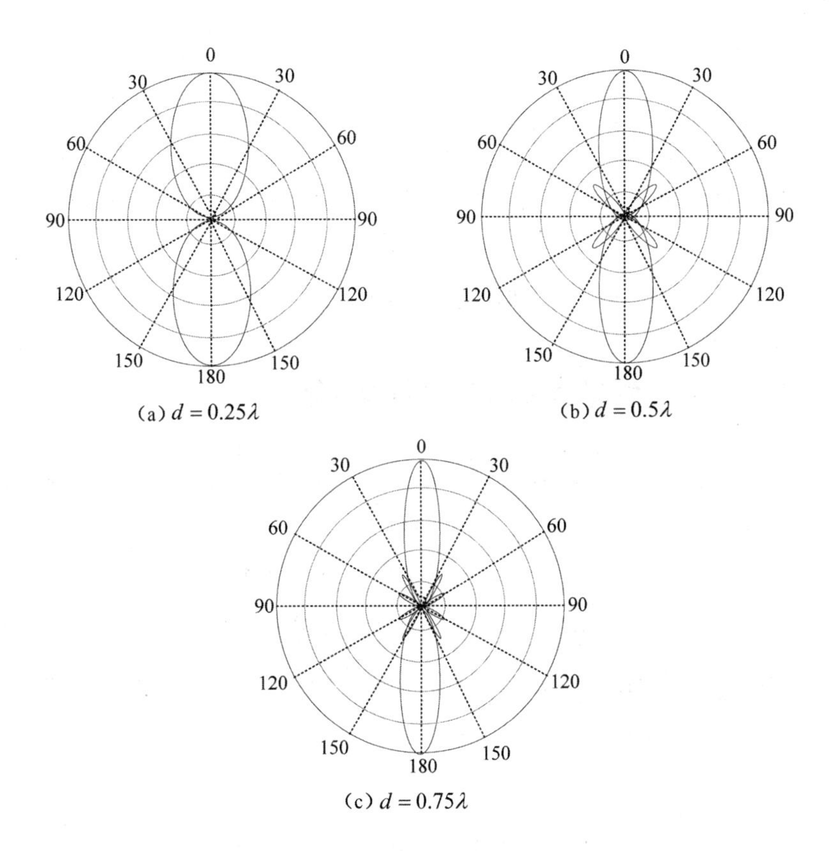

（a）$d=0.25\lambda$　（b）$d=0.5\lambda$　（c）$d=0.75\lambda$

图 3.6　四元边射阵的 3 个极坐标方向图（$\delta=0$，$d=0.25\lambda,0.5\lambda,0.75\lambda$）

应当指出，典型侧射阵列的主瓣波束宽度远小于端射直线阵的主瓣波束宽度。因此，使用常规端射阵列获得的波束宽度效率与使用侧射阵列获得的波束宽度效率不同[2]。

6. 波束调向直线阵

波束控制线阵意味着线阵的相移是可变的，这允许主瓣指向感兴趣用户的任何方向。上述侧射阵列和端射阵列是普通波束控制线阵的特例。满足波束调向的条件为定义相移 $\delta=-kd\sin\theta_0$，根据波束调向可以重写阵因子为

$$|f_a(\theta)|_m=\frac{1}{m}\frac{\sin\left(\dfrac{Mkd}{2}(\sin\theta-\sin\theta_0)\right)}{\sin\left(\dfrac{kd}{2}(\sin\theta-\sin\theta_0)\right)} \tag{3.42}$$

由式（3.39）和式（3.40）可得波束调向直线阵的波束宽度为

$$\theta_{\pm} = \arcsin\left(\pm\frac{2.782}{Mkd} + \sin\theta_0\right) \tag{3.43}$$

式中，$kd = -\delta / \sin\theta_0$，$\theta_0$为调向角。波束调向直线阵的半功率波束宽度可表示为

$$\text{HPBW} = |\theta_+ - \theta_-| \tag{3.44}$$

3.3.2 均匀 *M* 元直线阵的方向性系数

方向性系数是对天线在某些方向上优先辐射能量的能力度量，其表达式为

$$D(\theta,\phi) = \frac{4\pi U(\theta,\phi)}{\int_0^{2\pi}\int_0^{\pi} U(\theta,\phi)\sin\theta \mathrm{d}\theta \mathrm{d}\phi} \tag{3.45}$$

推导上述方向性系数的前提是方向性系数沿水平轴排列。然而，沿水平轴排列的线性阵列不适用于球坐标系对称。为了简化计算，将直线阵沿 z 轴放置，如图 3.7 所示。

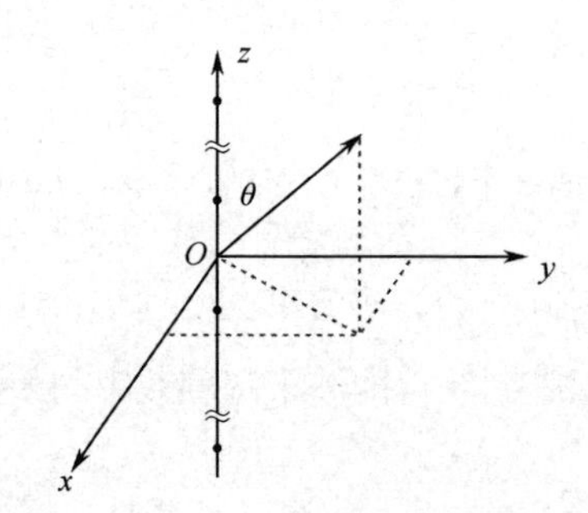

图 3.7　沿 z 轴排列的 M 元直线阵

因为已经将直线阵旋转 90° 与水平轴垂直，则可令$\psi = kd\cos\theta + \delta$。此时，边射角$\theta = 90°$。由于阵因子与信号幅度成正比，但与信号功率不成正比，所以要对阵因子求平方，从而得到直线阵辐射密度$U(\theta)$[5]。将归一化近似值$(|f_a(\theta)|_n)^2$代入式（3.45）中，可得

$$D(\theta,\phi)=\frac{4\pi\left(\dfrac{\sin\left(\dfrac{M}{2}(kd\cos\theta+\delta)\right)}{\dfrac{M}{2}(kd\cos\theta+\delta)}\right)^2}{\int_0^{2\pi}\int_0^{\pi}\left(\dfrac{\sin\left(\dfrac{M}{2}(kd\cos\theta+\delta)\right)}{\dfrac{M}{2}(kd\cos\theta+\delta)}\right)^2\sin\theta\mathrm{d}\theta\mathrm{d}\phi} \tag{3.46}$$

因为归一化阵因子的最大值相同，因此，最大方向性系数为

$$D_0=\frac{4\pi}{\int_0^{2\pi}\int_0^{\pi}\left(\dfrac{\sin\left(\dfrac{M}{2}(kd\cos\theta+\delta)\right)}{\dfrac{M}{2}(kd\cos\theta+\delta)}\right)^2\sin\theta\mathrm{d}\theta\mathrm{d}\phi} \tag{3.47}$$

1. 边射阵的最大方向性系数

如前文所说，边射阵的方向性系数最大的条件为 $\delta=0$，对 ϕ 积分可以化简方向性等式。所以，式（3.47）可以化简为

$$D_0=\frac{2}{\int_0^{\pi}\left(\dfrac{\sin\left(\dfrac{M}{2}(kd\cos\theta-1)\right)}{\dfrac{M}{2}(kd\cos\theta-1)}\right)^2\sin\theta\mathrm{d}\theta} \tag{3.48}$$

令 $x=\dfrac{M}{2}kd\cos\theta$，可得 $\mathrm{d}x=-\dfrac{M}{2}kd\sin\theta\mathrm{d}\theta$。将新的 x 代入式（3.48）中，得

$$D_0=\frac{Mkd}{\int_{-Nkd/2}^{Nkd/2}\left(\dfrac{\sin(x)}{x}\right)^2\mathrm{d}x} \tag{3.49}$$

2. 端射阵的最大方向性系数

产生端射的条件为，阵元间的相位差 $\delta=-kd$。这时，由总相位可得最大方向性系数为

$$D_0 = \frac{2}{\int_0^{\pi} \left(\frac{\sin\left(\frac{M}{2}(kd\cos\theta)\right)}{\frac{M}{2}(kd\cos\theta)} \right)^2 \sin\theta \mathrm{d}\theta} \tag{3.50}$$

再改变，令 $x = \frac{M}{2}kd(\cos\theta - 1)$，则 $\mathrm{d}x = -\frac{M}{2}kd\sin\theta\mathrm{d}\theta$。将新的 x 代入式（3.50）中，得

$$D_0 = \frac{Mkd}{\int_0^{Mkd} \left(\frac{\sin(x)}{x} \right)^2 \mathrm{d}x} \tag{3.51}$$

因为 $Mkd/2 \gg \pi$，所以积分扩展的上限是无限的，但这对结果并没有太大的影响，则

$$D_0 \approx 4M\frac{d}{\lambda} \tag{3.52}$$

由于端射阵只有一个主瓣，而边射阵有两个对称的主瓣，所以端射阵的方向性系数是边射阵的方向性系数的 2 倍。

3. 波束调向阵列天线的最大方向性系数

想要得到阵列天线方向性系数的最一般的情况，就要用调向角 θ_0 来定义阵元间的相移 δ。将 $\delta = -kd\cos\theta_0$ 代入式（3.46）中，可得

$$D(\theta,\theta_0) = \frac{4\pi \left(\frac{\sin\left(\frac{M}{2}(kd(\cos\theta - \cos\theta_0))\right)}{\frac{M}{2}(kd(\cos\theta - \cos\theta_0))} \right)^2}{\int_0^{2\pi}\int_0^{\pi} \left(\frac{\sin\left(\frac{M}{2}(kd(\cos\theta - \cos\theta_0))\right)}{\frac{M}{2}(kd(\cos\theta - \cos\theta_0))} \right)^2 \sin\theta\mathrm{d}\theta\mathrm{d}\phi} \tag{3.53}$$

3.4 阵列天线加权

阵列天线合成的目的是控制激励幅度、相位、阵列位置和副瓣水平，在特定的点上形成特定的零深度，使主瓣满足特定的形状要求。在激励均匀分布的

基础上，为满足更高的要求，如获得更低的副瓣电平、更高的方向性系数，可以对阵元的激励幅度采用不同的加权方式，如切比雪夫综合法、泰勒综合法等。

如图 3.8 所示为具有偶数个阵元的对称线性阵列及各阵元的权重，阵列天线被对称加权。

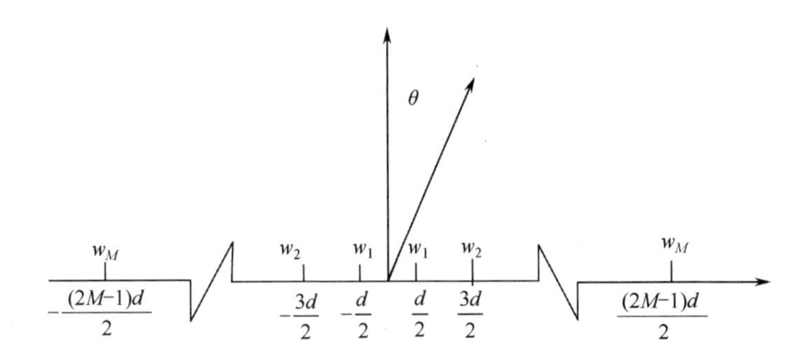

图 3.8 具有偶数个阵元的对称线性阵列及各阵元的权重

其中，各排列阵元的加权输出阵元的阵因子为

$$|f_a(\theta)|_{\text{even}} = w_M \mathrm{e}^{-\mathrm{j}\frac{(2M-1)}{2}kd\sin\theta} + \cdots + w_1 \mathrm{e}^{-\mathrm{j}\frac{1}{2}kd\sin\theta} + w_1 \mathrm{e}^{\mathrm{j}\frac{1}{2}kd\sin\theta} + \cdots + w_M \mathrm{e}^{\mathrm{j}\frac{(2M-1)}{2}kd\sin\theta} \tag{3.54}$$

式中，$2M$ 为总阵元个数，每个相对的指数项形成复共轭。

利用欧拉等式变换将偶数个阵元的阵因子写成余弦函数的形式，即

$$|f_a(\theta)|_{\text{even}} = 2\sum_{m=1}^{M} w_m \cos\left(\frac{2m-1}{2}kd\sin\theta\right) \tag{3.55}$$

式中，$k=2\pi/\lambda$。将式（3.55）中的 2 消去，得到准归一化阵因子为

$$|f_a(\theta)|_{\text{even}} = \sum_{m=1}^{M} w_m \cos\big((2m-1)u\big) \tag{3.56}$$

式中，$u=\dfrac{\pi d}{\lambda}\sin\theta$。

式（3.56）表达的阵因子最简单。由式（3.56）可知，当自变量 $\theta=0$ 时，阵因子最大，最大值是全部阵列天线权重之和。所以，我们可以将 $|f_a(\theta)|_{\text{even}}$ 归一化为[5]

$$|f_a(\theta)|_{\text{even}}=\frac{\sum_{m=1}^{M} w_m \cos((2m-1)u)}{\sum_{m=1}^{M} w_m} \tag{3.57}$$

式（3.57）便于在画图时使用。如图 3.9 所示为含奇数个阵元的对称直线阵，其中心阵元在原点。

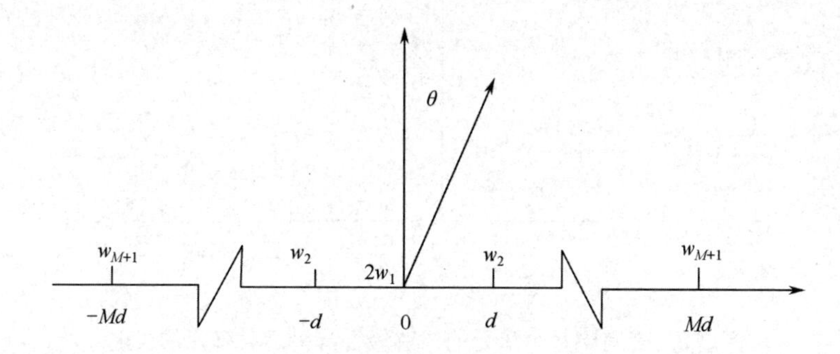

图 3.9　奇数个阵元的对称直线阵及各阵元的权重

将每个阵元的指数项相加，得到准归一化阵因子为

$$|f_a(\theta)|_{\text{even}}=\sum_{m=1}^{M+1} w_m \cos\big((2m-1)u\big) \tag{3.58}$$

其中，阵元总数为 $2M+1$。

为了将式（3.58）完全归一化，必须除以阵列天线权重之和，即

$$|f_a(\theta)|_{\text{even}}=\frac{\sum_{m=1}^{M+1} w_m \cos((2m-1)u)}{\sum_{m=1}^{M+1} w_m} \tag{3.59}$$

利用阵列天线方向矢量，阵因子用矢量形式表示为

$$|f_a(\theta)|=\boldsymbol{w}^{\mathrm{T}}\cdot \boldsymbol{a}(\theta) \tag{3.60}$$

式中，$\boldsymbol{a}(\theta)$ 表示阵列天线方向矢量，$\boldsymbol{w}^{\mathrm{T}}=[w_M\ \ w_{M-1}\cdots w_1\cdots w_{M-1}\ \ w_M]$。

有很多可能的窗函数，如二项式、布莱克曼、高斯等，它们能为直线阵提供权重。

3.5　均匀圆阵列

线性阵列不适用于某些解决方案，因此需要其他形状的阵列天线，圆形阵列就是其中之一。圆形阵列可以提高天线增益和波束控制。如图 3.10 所示为 $x-y$ 平面上的 M 元圆阵天线，其中阵列天线半径为 R[6]。

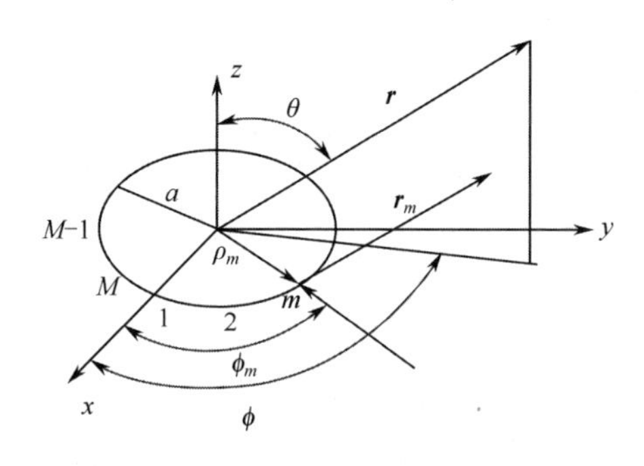

图 3.10　M 个阵元的圆阵天线

第 m 个阵元所在圆环半径为 R 、俯仰角为 θ ，方向角为 ϕ_m。与之前一样，在对圆阵进行处理时，假设阵元处于天线远场，且观察点所处位置矢量 $\boldsymbol{r}$ 与 $\boldsymbol{r}_m$ 平行，俯仰角都是 θ ，则可以对每个阵元 m 方向的单位矢量进行定义，即

$$\boldsymbol{a}_m = \cos\phi_m \boldsymbol{a}_x + \sin\phi_m \boldsymbol{a}_y \tag{3.61}$$

还可以定义场点方向的单位矢量，即

$$\boldsymbol{a}_r = \sin\theta\cos\phi_m \boldsymbol{a}_x + \sin\theta\sin\phi_m \boldsymbol{a}_y + \cos\theta \boldsymbol{a}_z \tag{3.62}$$

当将 $\boldsymbol{a}_m$ 投影到 $\boldsymbol{a}_r$ 上时，$\boldsymbol{r}_m$ 的长度小于 $\boldsymbol{r}$ ，所以有

$$\boldsymbol{r}_m = \boldsymbol{r} - R\boldsymbol{a}_m \cdot \boldsymbol{a}_r \tag{3.63}$$

式中

$$\boldsymbol{a}_m \cdot \boldsymbol{a}_r = \sin\theta\cos\phi\cos\phi_m + \sin\theta\sin\phi\sin\phi_m = \sin\theta\cos(\phi-\phi_m) \tag{3.64}$$

与前文在直线阵中求得阵因子的方式类似，稍加改动后可得

$$|f_a(\theta,\phi)| = \sum_{m=1}^{M} w_m \mathrm{e}^{\mathrm{j}\frac{2\pi R}{\lambda}\boldsymbol{a}_m\cdot\boldsymbol{a}_r} = \sum_{m=1}^{M} w_m \mathrm{e}^{\mathrm{j}\frac{2\pi R}{\lambda}\sin\theta\cos(\phi-\phi_m)} \tag{3.65}$$

式中，$\phi_m = \frac{2\pi}{M}(m-1)$ 是每个阵元所在的角度。

圆形阵列的波束控制与线性阵列的形式相匹配。如果将圆形阵列的波束方向图调整到角度(θ_0, ϕ_0)，就可以设置阵元间的相位角为

$$\delta_m = \frac{2\pi R}{\lambda} \sin\theta_0 \cos(\phi_0 - \phi_m) \tag{3.66}$$

则权重

$$w_m = \mathrm{e}^{\mathrm{j}\delta_m} = \mathrm{e}^{\mathrm{j}\frac{2\pi R}{\lambda}\sin\theta_0 \cos(\phi_0 - \phi_m)} \tag{3.67}$$

所以可将式（3.65）写为

$$\begin{aligned} |f_a(\theta,\phi)| &= \sum_{m=1}^{M} \mathrm{e}^{\mathrm{j}\frac{2\pi R}{\lambda}[\sin\theta\cos(\phi-\phi_m) - \sin\theta_0\cos(\phi_0-\phi_m)]} \\ &= \sum_{m=1}^{M} w_m \mathrm{e}^{\mathrm{j}\frac{2\pi R}{\lambda}[\sin\theta\cos(\phi-\phi_m)]} \end{aligned} \tag{3.68}$$

圆阵的阵因子可以画成二维或三维的波束方向图。在此假设左右阵元的权重是均匀的，阵列的相位角为$\theta_0 = 0^\circ$和$\phi_0 = 0^\circ$。当 M=10 且 R=λ时，可画出在$\phi = 0^\circ$平面上的垂直直方图，如图 3.11 所示。

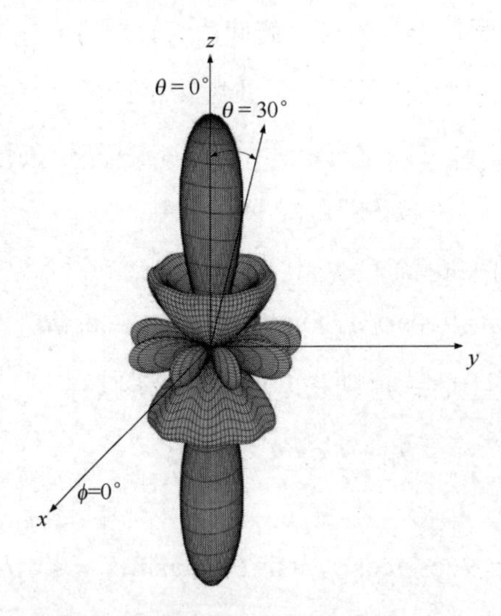

图 3.11　在 $\phi = 0^\circ$ 平面上的垂直直方图

3.6 平面阵列

前文研究了直线阵和圆阵，本节将与读者探讨更加复杂的阵列天线形式——矩形平面阵列[2]。

图 3.12 是一个在 $x-y$ 平面上的矩形平面阵列。设平面阵列的阵元数为 $N\times M$，即 x 轴上有 N 个阵元，y 轴上有 M 个阵元，信源数为 k，θ_k 代表第 k 个信源的仰角，ϕ_k 代表第 k 个信源的方位角，w_{nm} 为第 $n-m$ 个阵元的权值，d_x、d_y 分别代表 x 轴、y 轴上的阵元间距[2]。

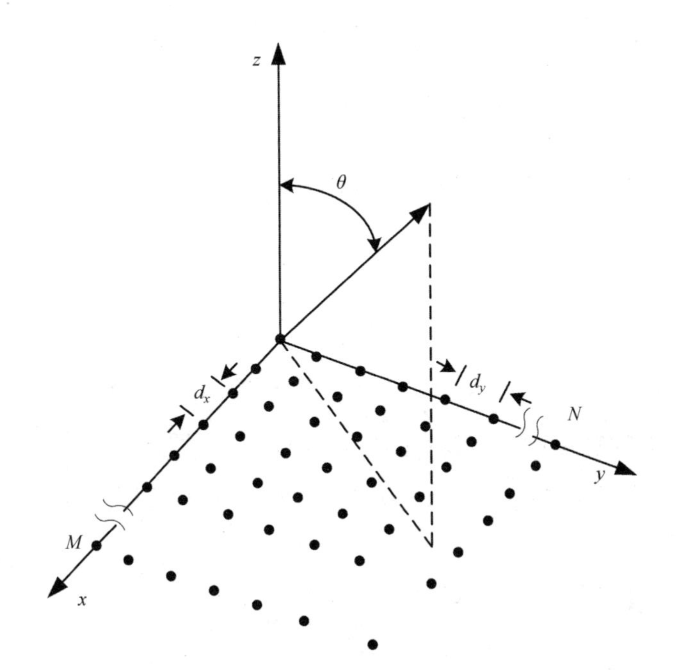

图 3.12 $N\times M$ 元矩形平面阵列

3.3 节介绍了直线阵的阵因子，前文了解了 N 个阵元或 M 个阵元的阵列天线单独作用的阵因子，因此可以将该矩形平面阵列视为 N 个阵元的 M 个直线阵，或 M 个阵元的 N 个直线阵，根据波束方向图乘积原理，就能很容易地得到 $N\times M$ 个阵元的天线波束方向图。由波束方向图乘积原理得

$$
\begin{aligned}
|f_a(\theta)| = |f_a(\theta)|_x |f_a(\theta,\phi)|_y &= \sum_{n=1}^{N}\left(a_n \mathrm{e}^{\mathrm{j}(n-1)\frac{2\pi d_x}{\lambda}\sin\theta\cos\phi}\right)\sum_{m=1}^{M}\left(b_m \mathrm{e}^{\mathrm{j}(m-1)\frac{2\pi d_y}{\lambda}\sin\theta\sin\phi}\right) \\
&= \sum_{n=1}^{N}\sum_{m=1}^{M} w_{nm}\,\mathrm{e}^{\mathrm{j}[(n-1)\frac{2\pi d_x}{\lambda}\sin\theta\cos\phi+(m-1)\frac{2\pi d_y}{\lambda}\sin\theta\sin\phi)]}
\end{aligned}
\tag{3.69}
$$

式中，$w_{nm} = a_n \cdot b_m$，即 w_{nm} 仅为 a_n 与 b_m 的乘积，而权值 a_n 、b_m 可以是均匀的，或者所需要的任何形式，包括二项式权重、高斯权重、凯泽-贝塞尔权重、汉明权重等各种形式。值得注意的是，a_n 的权重与 b_m 的权重不需要一定相同，比如，可以选择 a_n 的权重为高斯权重，选择 b_m 的权重为二项式权重，任何形式的权重组合都是允许的[2]。

如果需要波束调向，则相位延迟 β_x 和 β_y 可表示为

$$
\begin{aligned}
\beta_x &= \frac{2\pi d_x}{\lambda}\sin\theta_0\cos\phi_0 \\
\beta_y &= \frac{2\pi d_y}{\lambda}\sin\theta_0\sin\phi_0
\end{aligned}
\tag{3.70}
$$

则权重可以为

$$
\begin{aligned}
a_n &= \mathrm{e}^{-\mathrm{j}(n-1)\frac{2\pi d_x}{\lambda}\sin\theta_0\cos\phi_0} \\
b_m &= \mathrm{e}^{-\mathrm{j}(m-1)\frac{2\pi d_y}{\lambda}\sin\theta_0\cos\phi_0}
\end{aligned}
\tag{3.71}
$$

那么，就可以得到波束调向后在 (θ_0,ϕ_0) 方向的波束增益为

$$
|f_a(\theta)|_{\max} = MN
$$

3.7 任意阵列

除前面几节介绍的直线阵、圆阵及平面阵以外，阵列天线还存在任意阵列形式。如图 3.13 所示为一个任意阵列。

设其为位于任意三维空间的 M 元阵列，定义阵列中第 m 个阵元为 $r_m = \left(x_m, y_m, z_m\right)$，则其方向矩阵为

$$
\boldsymbol{A} = [\boldsymbol{a}(\theta_1,\phi_1), \boldsymbol{a}(\theta_2,\phi_2), \cdots, \boldsymbol{a}(\theta_k,\phi_k)] \in \mathbb{C}^{M\times K} \tag{3.72}
$$

式中，$\boldsymbol{a}\left(\theta_k,\phi_k\right)$ 为第 k 个信源的方向矢量，可得

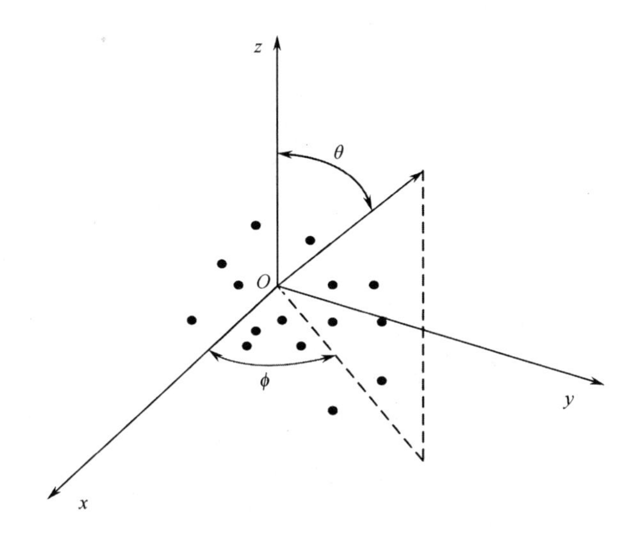

图 3.13　任意阵列

$$a(\theta_k,\phi_k)=\begin{bmatrix}1\\ e^{j2\pi(x_2\sin\theta_k\cos\phi_k+y_2\sin\theta_k\sin\phi_k+z_2\cos\theta_k)/\lambda}\\ \vdots\\ e^{j2\pi(x_M\sin\theta_k\cos\phi_k+y_M\sin\theta k\sin\phi_k+z_M\cos\theta_k)/\lambda}\end{bmatrix}\in\mathbb{C}^{M\times K} \tag{3.73}$$

式中，λ 是波长[7]。其阵因子可表示为各阵列天线方向矢量之和[2]，即

$$|f_a(\theta,\phi)|=\sum(\boldsymbol{wa}(\theta_k,\phi_k)) \tag{3.74}$$

3.8　阵列天线相关矩阵

研究阵列天线相关矩阵，首先需要构建一个阵列天线模型，如图 3.14 所示。假设 M 元阵列天线是由具有任意配置和任意方向性的阵列元素构成的，以坐标原点为参考点，若有一个空间窄带平面波，平面波的中心频率为 ω 、波长为 λ[7]，并从方向 (θ,ϕ) 入射到该阵列。θ 和 ϕ 分别表示这个入射信号的俯仰角和方位角，其中，俯仰角 θ 小于 90° ，方位角 ϕ 小于 360° 。

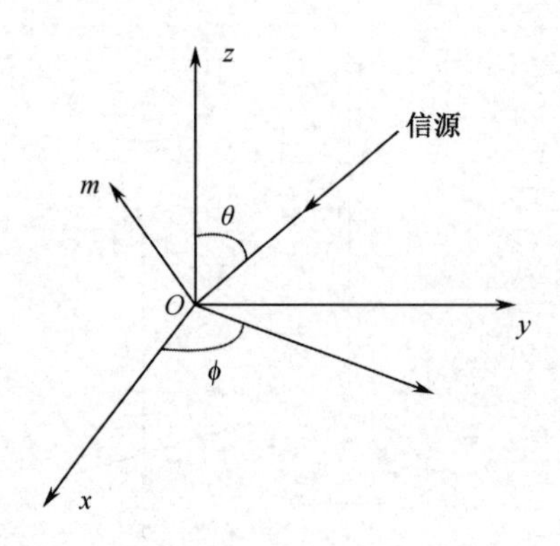

图 3.14　阵列天线模型

在图 3.14 中，m为阵列的第m个阵元，$\boldsymbol{a}_m$为它的方向矢量，则第m个阵元接收到的入射波信号为$x_s(t)=s(t)\mathrm{e}^{\mathrm{j}\omega t}$。式中，$s(t)$为信号的振幅，阵元$m$接收到的信号为

$$x_{sm}(t)=s(t)\mathrm{e}^{\mathrm{j}[\omega t-\varphi_m(\theta,\phi)]} \tag{3.75}$$

式中，$\varphi_m(\theta,\phi)$为阵元m接收到的入射波相对于参考阵元接收到的信号的相位延迟[8]。

3.8.1　阵列天线的信号矢量

式（3.75）可以写为$x_{sm}(t)=s(t)\mathrm{e}^{\mathrm{j}\omega t}\boldsymbol{a}_m(\theta,\phi)$，式中，第$m$个阵元的方向矢量$\boldsymbol{a}_m(\theta,\phi)$的表达式为

$$\boldsymbol{a}_m(\theta,\phi)=\mathrm{e}^{\mathrm{j}\varphi_m(\theta,\phi)} \tag{3.76}$$

此时，复基带信号的表达式为$x_{sm}(t)=s(t)\mathrm{e}^{\mathrm{j}\varphi_m(\theta,\phi)}$，则$M$个阵元接收到的信号可以用矢量表示为

$$\boldsymbol{x}_s(t)=\begin{pmatrix} x_1(t) \\ \vdots \\ x_M(t) \end{pmatrix}=s(t)\begin{pmatrix} \mathrm{e}^{\mathrm{j}\varphi_1(\theta,\phi)} \\ \vdots \\ \mathrm{e}^{\mathrm{j}\varphi_M(\theta,\phi)} \end{pmatrix}=s(t)\boldsymbol{a}(\theta,\phi) \tag{3.77}$$

式中，$\boldsymbol{a}(\theta,\phi)=[\mathrm{e}^{-\mathrm{j}\varphi_1(\theta,\phi)},\cdots,\mathrm{e}^{-\mathrm{j}\varphi_M(\theta,\phi)}]^{\mathrm{T}}$，即阵列天线的方向矢量。

当 L 个中心频率都为 ω 的窄带平面波分别以不同的入射角$(\theta_l,\phi_l)(l=1,\cdots,L)$入射时，参考点的入射信号为$s_l(t)\mathrm{e}^{\mathrm{j}\omega t}(l=1,\cdots,L)$，则相应基

带的阵列天线信号矢量为

$$\begin{aligned} \boldsymbol{x}_s(t) &= \sum_{l=1}^{L} s_l(t)\boldsymbol{a}(\theta_l,\phi_l) \\ &= \boldsymbol{As}(t) \end{aligned} \tag{3.78}$$

式中，$\boldsymbol{A}$ 和 $\boldsymbol{s}(t)$ 分别为阵列天线的方向矢量矩阵和空间无线电信号矢量[8]。

3.8.2 阵列信号矢量

在实际应用中，阵列信号在传输过程中会受到噪声的干扰。若考虑外界环境的噪声和传输信道的噪声，则阵列信号矢量可写成

$$\boldsymbol{x}(t) = \boldsymbol{x}_s(t) + \boldsymbol{n}(t) = \boldsymbol{As}(t) + \boldsymbol{n}(t) \tag{3.79}$$

由式（3.78）可以将阵列信号矢量写为

$$\boldsymbol{x}(t) = \sum_{l=1}^{L} s_l(t)\boldsymbol{a}(\theta_l,\phi_l) + \boldsymbol{n}(t) \tag{3.80}$$

式中，$\boldsymbol{n}(t) = [n_1(t),\cdots,n_M(t)]^{\mathrm{T}}$；$n_1(t)$ 代表均值为 0、方差为 σ^2，并且相互独立的白噪声采样，有

$$\mathrm{E}\{n_i(t)n_j^k(t)\} = \begin{cases} \sigma^2, & i = j \\ 0, & i \neq j \end{cases} \tag{3.81}$$

第 m 个阵元的位置矢量如图 3.15 所示，可以用以下两种方法来表示。

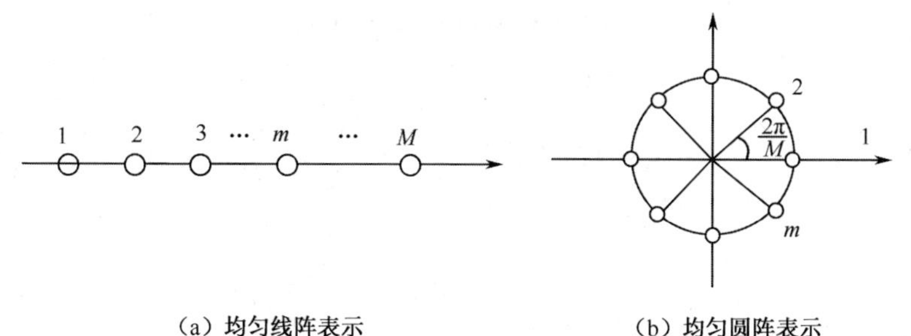

图 3.15 第 m 个阵元的位置矢量

（1）若用均匀线阵表示，取 x 轴为阵列轴线方向，第 1 个阵元为参考点，则可表示为 $r_m = (m-1)d$ 。

（2）若采用均匀圆阵表示，取圆心为参考点，第 1 个阵元在实轴上，并设电波接

收方向在圆阵所在的平面上[8]，则可表示为$\boldsymbol{r}_m = R\left[\cos\frac{2\pi(m-1)}{M}, \sin\frac{2\pi(m-1)}{M}\right]^{\mathrm{T}}$。

对于均匀线阵，有如下讨论。

（1）由式（3.78）得到复基带信号的表达式为

$$\boldsymbol{x}_s(t) = \boldsymbol{A}\boldsymbol{s}(t) = \sum_{l=0}^{L} \boldsymbol{a}_l s_l(t) \tag{3.82}$$

$$\boldsymbol{s}(t) = [s_0(t), s_1(t), \cdots, s_L(t)]^{\mathrm{T}} \tag{3.83}$$

$$\boldsymbol{A} = [\boldsymbol{a}_0, \boldsymbol{a}_1, \cdots, \boldsymbol{a}_L] \tag{3.84}$$

$$\boldsymbol{a}_l = [1, \mathrm{e}^{\mathrm{j}\varphi_l}, \cdots, \mathrm{e}^{\mathrm{j}(m-1)\varphi_l}]^{\mathrm{T}} \quad (l = 0,1,\cdots,L) \tag{3.85}$$

$$\varphi_l = \frac{2\pi d}{\lambda}\sin\theta_l \quad (l = 0,1,\cdots,L) \tag{3.86}$$

在式（3.82）中，$\boldsymbol{a}_l$代表阵列天线的方向矢量，θ_l代表信号电波到达的俯仰角[8]。

（2）由式（3.79）得到带干扰和噪声的阵列信号矢量表达式为

$$\boldsymbol{x}(t) = \boldsymbol{A}\boldsymbol{s}(t) + \boldsymbol{n}(t), \quad \boldsymbol{n}(t) = [n_1(t), \cdots, n_M(t)]^{\mathrm{T}} \tag{3.87}$$

式（3.87）中的阵列信号矢量，如果只有 1 个有用（期望）信号，将其设为$d(t)$，L个信号都为定向干扰信号$\boldsymbol{J}(t)$，则阵列信号矢量可表示为

$$\boldsymbol{x}(t) = \boldsymbol{a}(\theta_0)d(t) + \boldsymbol{A}_J\boldsymbol{J}(t) + \boldsymbol{n}(t) \tag{3.88}$$

$$\boldsymbol{x}(t) = \boldsymbol{a}(\theta_0)d(t) + \sum_{l=1}^{L} J_l(k)\boldsymbol{a}(\theta_l) + \boldsymbol{n}(t) \tag{3.89}$$

$$\boldsymbol{A} = [\boldsymbol{a}(\theta_0), \boldsymbol{a}(\theta_1), \cdots, \boldsymbol{a}(\theta_L)] \tag{3.90}$$

$$\boldsymbol{J}(t) = [J_1(t), \cdots, J_L(t)] \tag{3.91}$$

$$\boldsymbol{s}(t) = [d(t), J_1(t), \cdots, J_L(t)] \tag{3.92}$$

$$\boldsymbol{x}(t) = \sum_{l=0}^{L} s_l(k)\boldsymbol{a}(\theta_l) \tag{3.93}$$

$$\boldsymbol{a}_l = [1, \mathrm{e}^{\mathrm{j}\phi_l}, \cdots, \mathrm{e}^{\mathrm{j}(M-1)\phi_l}]^{\mathrm{T}} \quad (l = 0,1,\cdots,L) \tag{3.94}$$

在式（3.88）～式（3.90）中，$\boldsymbol{a}(\theta_0)$为期望信号$d(n)$的方向矢量；在式（3.90）中，$\boldsymbol{a}(\theta_l)$为第l个定向干扰信号的方向矢量，且有

$$\begin{cases} \phi_d = \dfrac{2\pi d}{\lambda}\sin\theta_0 \\ \phi_l = \dfrac{2\pi d}{\lambda}\sin\theta_l \end{cases} \quad (l = 1,\cdots,L) \tag{3.95}$$

式中，θ_0、θ_l 分别为期望信号的俯仰角、第 l 个干扰信号到达的俯仰角。

3.8.3 阵列信号矢量的相关矩阵

阵列信号矢量的相关矩阵对于我们分析干扰信号起着至关重要的作用。阵列信号矢量 $\boldsymbol{x}(t)$ 的相关矩阵定义为 $\boldsymbol{R}_{xx}(t)=\mathrm{E}\{\boldsymbol{x}(t)\boldsymbol{x}^{\mathrm{H}}(t)\}$。根据式（3.87）中阵列信号矢量的表达式，阵列信号可以分为定向信号（包括所需信号和定向干扰）、各向同性的噪声[8]，则其相关矩阵可以写为

$$\boldsymbol{R}_{xx}=\boldsymbol{R}_{ss}+\boldsymbol{R}_{nn} \tag{3.96}$$

式中，$\boldsymbol{R}_{ss}=\mathrm{E}\{\boldsymbol{A}\boldsymbol{s}(t)\boldsymbol{s}^{\mathrm{H}}(t)\boldsymbol{A}^{\mathrm{H}}\}=\boldsymbol{A}\boldsymbol{S}\boldsymbol{A}^{\mathrm{H}}$，其中 $\boldsymbol{S}=\mathrm{E}\{\boldsymbol{s}(t)\boldsymbol{s}^{\mathrm{H}}(t)\}$。

相关矩阵 $\boldsymbol{R}_{xx}$ 具有以下性质[8]。

（1）埃尔米特性：$\boldsymbol{R}_{xx}^{\mathrm{H}}=\boldsymbol{R}_{xx}$，因为

$$\begin{aligned}\boldsymbol{R}_{xx}^{\mathrm{H}}&=[\mathrm{E}\{\boldsymbol{x}(t)\boldsymbol{x}^{\mathrm{H}}(t)\}]^{\mathrm{H}}\\&=\mathrm{E}\{[\boldsymbol{x}(t)\boldsymbol{x}^{\mathrm{H}}(t)]^{\mathrm{H}}\}\\&=\mathrm{E}\{\boldsymbol{x}(t)\boldsymbol{x}^{\mathrm{H}}(t)\}\\&=\boldsymbol{R}_{xx}\end{aligned} \tag{3.97}$$

（2）非负定性：对任何非零矢量 $\boldsymbol{v}$ 均有 $\boldsymbol{x}^{\mathrm{H}}\boldsymbol{R}_{xx}\boldsymbol{x}\geqslant 0$，实际上有

$$\begin{aligned}\boldsymbol{x}^{\mathrm{H}}\boldsymbol{R}_{xx}\boldsymbol{v}&=\mathrm{E}\{\boldsymbol{v}^{\mathrm{H}}\boldsymbol{x}(t)\boldsymbol{x}^{\mathrm{H}}(t)\boldsymbol{v}\}\\&=\mathrm{E}\{(\boldsymbol{x}^{\mathrm{H}}(t)\boldsymbol{v})^{\mathrm{H}}(\boldsymbol{x}^{\mathrm{H}}(t)\boldsymbol{v})^{\mathrm{H}}\}\\&=\mathrm{E}\{|\boldsymbol{x}^{\mathrm{H}}(t)\boldsymbol{v}|^2\}\geqslant 0\end{aligned} \tag{3.98}$$

同理，相关矩阵 $\boldsymbol{R}_{ss}$、$\boldsymbol{R}_{nn}$、$\boldsymbol{S}$ 也具有埃尔米特性和非负定性[9]。

由于 $\boldsymbol{R}_{ss}$ 具有与 $\boldsymbol{R}_{xx}$ 相同的性质，所以可表示为

$$\boldsymbol{R}_{ss}\boldsymbol{q}_i=\lambda_{si}\boldsymbol{q}_i \quad (i=1,\cdots,M) \tag{3.99}$$

式中，λ_{si} 代表相关矩阵 $\boldsymbol{R}_{ss}$ 的 M 个非负特征值，即 $\lambda_{s1}\geqslant\lambda_{s2}\geqslant\cdots\geqslant\lambda_{sM}\geqslant 0$；$\boldsymbol{q}_i$ 代表对应的归一化特征矢量，且有

$$\boldsymbol{q}_i^{\mathrm{H}}\boldsymbol{q}_j=\begin{cases}1, & i=j\\0, & i\neq j\end{cases} \tag{3.100}$$

表示为酉阵：$\boldsymbol{Q}\boldsymbol{Q}^{\mathrm{H}}=\boldsymbol{Q}^{\mathrm{H}}\boldsymbol{Q}=\boldsymbol{I}=\sum_{i=1}^{M}\boldsymbol{q}_i\boldsymbol{q}_i^{\mathrm{H}}$，其中，$\boldsymbol{Q}=[\boldsymbol{q}_1,\cdots,\boldsymbol{q}_M]$。所以，$\boldsymbol{R}_{ss}$ 可

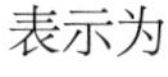

表示为

$$\boldsymbol{R}_{ss}=\boldsymbol{Q}\boldsymbol{\Lambda}\boldsymbol{Q}^{\mathrm{H}} \tag{3.101}$$

式中，$\boldsymbol{\Lambda}=\mathrm{diag}(\lambda_{s1},\cdots,\lambda_{sM})$，则 $\boldsymbol{R}_{ss}$ 也可以写为

$$\boldsymbol{R}_{ss}=\sum_{i=1}^{M}\lambda_{si}\boldsymbol{q}_i\boldsymbol{q}_i^{\mathrm{H}} \tag{3.102}$$

在 M 个特征值中，若有 L 个信号源不相关，并且 $L<M$，则有

$$\boldsymbol{R}_{ss}=\sum_{i=1}^{L}\lambda_{si}\boldsymbol{q}_i\boldsymbol{q}_i^{\mathrm{H}} \tag{3.103}$$

当考虑噪声时，由式（3.87）和酉阵表达式，噪声相关矩阵 $\boldsymbol{R}_{nn}$ 可表示为

$$\boldsymbol{R}_{nn}=\sigma^2\boldsymbol{I}=\sum_{i=1}^{M}\sigma^2\boldsymbol{q}_i\boldsymbol{q}_i^{\mathrm{H}} \tag{3.104}$$

由式（3.104）可得噪声相关矩阵 $\boldsymbol{R}_{nn}$，特征矢量 $\boldsymbol{q}_i$ 对应的特征值为 σ^2。

因为输入的相关矩阵 $\boldsymbol{R}_{xx}=\boldsymbol{R}_{nn}+\boldsymbol{R}_{ss}$，将式（3.103）和式（3.104）代入得

$$\boldsymbol{R}_{xx}=\boldsymbol{R}_{nn}+\boldsymbol{R}_{ss}=\sum_{i=1}^{L}(\lambda_{si}+\sigma^2)\boldsymbol{q}_i\boldsymbol{q}_i^{\mathrm{H}}+\sum_{i=L+1}^{M}\sigma^2\boldsymbol{q}_i\boldsymbol{q}_i^{\mathrm{H}} \tag{3.105}$$

简写为 $\boldsymbol{R}_{xx}=\sum_{i=1}^{M}\lambda_i\boldsymbol{q}_i\boldsymbol{q}_i^{\mathrm{H}}$。相关矩阵 $\boldsymbol{R}_{xx}$ 的特征矢量 $\boldsymbol{q}_i$ 既包含信号对应的特征矢量 $\boldsymbol{q}_1,\cdots,\boldsymbol{q}_L$，也包含噪声对应的特征矢量 $\boldsymbol{q}_{L+1},\cdots,\boldsymbol{q}_M$。子空间展开为对应信号子空间 $\boldsymbol{U}_s=\{\boldsymbol{q}_1,\cdots,\boldsymbol{q}_L\}$ 和噪声子空间 $\boldsymbol{U}_n=\{\boldsymbol{q}_{L+1},\cdots,\boldsymbol{q}_M\}$。所以，$\boldsymbol{R}_{xx}$ 对应的特征值为

$$\lambda_i=\begin{cases}\lambda_{si}+\sigma^2, & i=1,\cdots,L\\ \sigma^2, & i=L+1,\cdots,M\end{cases} \tag{3.106}$$

因为相关矩阵 $\boldsymbol{R}_{xx}$ 的特征矢量是归一化正交的，所以有 $\boldsymbol{U}_s\perp\boldsymbol{U}_n$。

3.9 阵列天线协方差矩阵的特征分解

在实际应用中，信号的时间范围往往较大，在进行信号处理时，一般取有限范围内的信号数据进行分析。在该时间段内，定义阵列信号 $\boldsymbol{x}(t)$ 的协方差矩阵，通常假设空间信号源的包络变化为一个平稳随机过程，则协方差矩阵[7]可表示为

$$\boldsymbol{R}_{xx}=\mathrm{E}\{(\boldsymbol{x}(t)-m_x(t))(\boldsymbol{x}(t)-m_x(t))^{\mathrm{H}}\} \tag{3.107}$$

式中，$m_x(t)=\mathrm{E}[\boldsymbol{x}(t)]$。当 $m_x(t)=0$ 时，协方差矩阵可写为

$$\boldsymbol{R}_{xx}=\mathrm{E}\{\boldsymbol{x}(t)\boldsymbol{x}^{\mathrm{H}}(t)\}=\mathrm{E}\{(\boldsymbol{A}(\theta)\boldsymbol{s}(t)+\boldsymbol{n}(t))(\boldsymbol{A}(\theta)\boldsymbol{s}(t)+\boldsymbol{n}(t))^{\mathrm{H}}\} \tag{3.108}$$

除此之外，协方差矩阵还应该满足以下几个条件[4]。

（1）$M>L$，即阵元个数M要大于空间信号个数L。

（2）对于不同信号的接收角$\theta_l(l=1,2,\cdots,L)$，信号的方向矢量$\boldsymbol{\alpha}(\theta_l)$是线性独立的。

（3）阵列中所叠加的噪声$\boldsymbol{n}(t)$的分布具有高斯分布特性，用σ^2表示噪声功率，则有

$$\mathrm{E}\{\boldsymbol{n}(t)\}=0$$
$$\mathrm{E}\{\boldsymbol{n}(t)\boldsymbol{n}^{\mathrm{H}}(t)\}=\sigma^2\boldsymbol{I}$$
$$\mathrm{E}\{\boldsymbol{n}(t)\boldsymbol{n}^{\mathrm{T}}(t)\}=0$$

（4）空间源信号矢量$\boldsymbol{s}(t)$的协方差矩阵$\boldsymbol{S}=\mathrm{E}\{\boldsymbol{s}(t)\boldsymbol{s}^{\mathrm{H}}(t)\}$是对角非奇异阵，这表明空间源信号是不相干的。

由上述各式可得，相关矩阵$\boldsymbol{R}_{xx}=\boldsymbol{A}(\theta)\boldsymbol{S}\boldsymbol{A}^{\mathrm{H}}(\theta)+\sigma^2\boldsymbol{I}$是非奇异的，并且有$\boldsymbol{R}_{xx}^{\mathrm{H}}=\boldsymbol{R}_{xx}$，所以$\boldsymbol{R}_{xx}$为正定 Hermitian 方阵。利用酉变换实现对角化，类似的对角阵由M个不同的正实数组成，并且对应的特征矢量是线性无关的。固有矩阵$\boldsymbol{R}_{xx}$的特征分解写为[7]

$$\boldsymbol{R}_{xx}=\boldsymbol{U}\boldsymbol{\Sigma}\boldsymbol{U}^{\mathrm{H}}=\sum_{i=1}^{M}\lambda_i\boldsymbol{u}_i\boldsymbol{u}_i^{\mathrm{H}} \tag{3.109}$$

式中，$\boldsymbol{\Sigma}=\mathrm{diag}(\lambda_1,\lambda_2,\cdots,\lambda_M)$可分为两个部分，前$K$个特征值与期望信号有关，且有$\lambda_1\geqslant\lambda_2\geqslant\cdots\geqslant\lambda_K\geqslant\sigma^2$，所对应的特征矢量$u_1,u_2,\cdots,u_K$构成信号子空间$\boldsymbol{U}_s$，记$\boldsymbol{\Sigma}_s$是前$K$个特征值所构成的对角阵；噪声决定后$M-K$个特征值，且有$\lambda_{K+1}=\cdots=\lambda_M=\sigma^2$，所对应的特征矢量构成的空间为噪声子空间$\boldsymbol{U}_n$，记$\boldsymbol{\Sigma}_n$是后$M-K$个特征值所构成的对角阵。所以，协方差矩阵$\boldsymbol{R}_{xx}$可写为

$$\boldsymbol{R}_{xx}=\boldsymbol{U}_s\boldsymbol{\Sigma}_s\boldsymbol{U}_s^{\mathrm{H}}+\boldsymbol{U}_n\boldsymbol{\Sigma}_n\boldsymbol{U}_n^{\mathrm{H}} \tag{3.110}$$

在信号源独立的条件下，特征子空间具有以下性质。

性质 3.9.1 协方差矩阵前K个特征值对应的特征矢量张成的空间与入射信号的导向矢量张成的空间是同一个空间，即$\mathrm{span}\{u_1,u_2,\cdots,u_K\}=\mathrm{span}\{\alpha_1,\alpha_2,\cdots,\alpha_K\}$。

性质 3.9.2 信号子空间$\boldsymbol{U}_s$与噪声子空间$\boldsymbol{U}_n$正交，并且有$\boldsymbol{A}^{\mathrm{H}}\boldsymbol{u}_i=0$（$i=K+1,\cdots,M$）。

性质 3.9.3 信号子空间 $\boldsymbol{U}_s$ 与噪声子空间 $\boldsymbol{U}_n$ 满足

$$\boldsymbol{U}_s\boldsymbol{U}_s^{\mathrm{H}} + \boldsymbol{U}_n\boldsymbol{U}_n^{\mathrm{H}} = \boldsymbol{I}$$
$$\boldsymbol{U}_s^{\mathrm{H}}\boldsymbol{U}_s = \boldsymbol{I}$$
$$\boldsymbol{U}_n^{\mathrm{H}}\boldsymbol{U}_n = \boldsymbol{I}$$

性质 3.9.4 信号子空间 $\boldsymbol{U}_s$ 与噪声子空间 $\boldsymbol{U}_n$、阵列方向矢量矩阵 $\boldsymbol{A}$ 满足

$$\boldsymbol{U}_s\boldsymbol{U}_s^{\mathrm{H}} = \boldsymbol{A}(\boldsymbol{A}^{\mathrm{H}}\boldsymbol{A})^{-1}\boldsymbol{A}^{\mathrm{H}}$$
$$\boldsymbol{U}_n\boldsymbol{U}_n^{\mathrm{H}} = \boldsymbol{I} - \boldsymbol{A}(\boldsymbol{A}^{\mathrm{H}}\boldsymbol{A})^{-1}\boldsymbol{A}^{\mathrm{H}}$$

性质 3.9.5 定义 $\boldsymbol{\Sigma}' = \boldsymbol{\Sigma}_s - \sigma^2\boldsymbol{I}$，则有 $\boldsymbol{A}\boldsymbol{R}_s\boldsymbol{A}^{\mathrm{H}}\boldsymbol{U}_s = \boldsymbol{U}_s\boldsymbol{\Sigma}'$。

性质 3.9.6 定义 $\boldsymbol{C} = \boldsymbol{R}_s\boldsymbol{A}^{\mathrm{H}}\boldsymbol{U}_s\boldsymbol{\Sigma}'^{-1}$，则有 $\boldsymbol{U}_s = \boldsymbol{A}\boldsymbol{C}$，$\boldsymbol{C}^{-1} = \boldsymbol{U}_s^{\mathrm{H}}\boldsymbol{A}$。

性质 3.9.7 定义 $\boldsymbol{Z} = \boldsymbol{U}_s\boldsymbol{\Sigma}'^{-1}\boldsymbol{U}_s^{\mathrm{H}}\boldsymbol{A}$，则有

$$\boldsymbol{Z} = \boldsymbol{A}(\boldsymbol{A}^{\mathrm{H}}\boldsymbol{A})^{-1}\boldsymbol{R}_s^{-1}$$
$$\boldsymbol{A}^{\mathrm{H}}\boldsymbol{Z} = \boldsymbol{R}_s^{-1}$$
$$\boldsymbol{R}_{ss}^{-1}(\boldsymbol{A}^{\mathrm{H}}\boldsymbol{A})^{-1}\boldsymbol{R}_s^{-1} = \boldsymbol{A}^{\mathrm{H}}\boldsymbol{U}_s\boldsymbol{\Sigma}'^{-2}\boldsymbol{U}_s^{\mathrm{H}}\boldsymbol{A}$$

性质 3.9.8 信号协方差矩阵 $\boldsymbol{R}_{ss}$ 满足

$$\boldsymbol{R}_{ss} = \boldsymbol{A}^{+}\boldsymbol{U}_s\boldsymbol{\Sigma}'\boldsymbol{U}_s^{\mathrm{H}}(\boldsymbol{A}^{+})^{\mathrm{H}}$$
$$\boldsymbol{R}_{ss} + \sigma^2(\boldsymbol{A}^{\mathrm{H}}\boldsymbol{A})^{-1} = \boldsymbol{A}^{+}\boldsymbol{U}_s\boldsymbol{\Sigma}_s\boldsymbol{U}_s^{\mathrm{H}}(\boldsymbol{A}^{+})^{\mathrm{H}}$$

参考文献

[1] 许学梅，杨延嵩. 天线技术[M]. 西安：西安电子科技大学出版社，2009.

[2] 格罗斯·弗兰克（Gross Frank）. 智能天线（MATLAB 版）[M]. 何业军，桂良启，李霞，译. 北京：电子工业出版社，2009.

[3] 薛凯. 大规模 MIMO 波束赋形的研究及其在高铁场景下的应用[D]. 成都：西南交通大学，2020.

[4] 张清泉，吉安平，行小帅，李莎莎. 基于 MATLAB 的均匀 *N* 元直线阵性能仿真分析[J]. 山西师范大学学报（自然科学版），2011，4：50-53.

[5] 倪洋. 一维均匀线阵的方向图综合技术研究[D]. 长春：吉林大学，2008.

[6] 邵华君. 智能天线波束形成算法及波达估计算法的研究与性能仿真[D]. 沈阳：东北大学，2013.

[7] 埃利奥特 R S（Elliott R S）. 天线理论与设计[M]. 汪茂光，陈顺生，谷深远，译. 北京：国防工业出版社，1992.

[8] 张小飞，陈华伟. 阵列信号处理及 MATLAB 实现[M]. 北京：电子工业出版社，2015.

[9] 龚耀寰. 自适应滤波——时域自适应滤波和智能天线 [M]. 2 版. 北京：电子工业出版社，2003.

第 4 章

阵列信号智能处理基础

通过前面章节内容可以看到，各个阵元能够被加权处理，加权处理将为阵列天线带来预期的波束方向图和天线阵增益。此外，加权处理还可以用来对干扰信号进行抑制，对信号的空间谱进行分析，对信号来波方向进行估计，等等。实际上，阵列信号在到达阵元时已经是确定的；随着阵元位置的确定，阵列天线的方向矢量也确定了。所以，只有加权矢量是人为可控制的。在一般情况下，信号的信息是未知的，特别是方向信息，只有对阵列天线的先验信息进行分析和处理才能得到。分析和处理所采用的方法被称为智能处理或自适应处理。

4.1 阵列信号智能处理的内涵

4.1.1 最优处理

自适应是指，在对阵列天线信号处理和分析过程中，对于被处理的数据特征自动进行处理方式、处理顺序、处理参数、边界条件（或约束条件）的调整。这种调整可以在面对未知变化时，使系统处理数据的统计分布特性、结构特征相适应，以便获得最佳的处理效果。自适应是一个不断逼近目标的过程，数学模型可以将其处理方式表达出来，以达到最佳的、最优的处理效果[1]。

最优化是应用数学的一个分支，主要是指在一定条件限制下，选择一定的

研究分析流程来优化目标的方法。最优化问题在当今军事、工程、管理等领域有广泛的应用。最优化可以由以下数学公式来解释，即

$$g_i(\boldsymbol{w})\leqslant 0 \quad (i=1,2,\cdots,m) \tag{4.1}$$

$$l_j(\boldsymbol{w})=0 \quad (j=m+1,m+2,\cdots,p) \tag{4.2}$$

计算出加权矢量的最佳值，使函数 ξ 达到最小值（T 表示转置），即

$$\boldsymbol{w}=[w_1 \quad w_2 \quad \cdots \quad w_M]^{\mathrm{T}} \tag{4.3}$$

$$\xi = f(\boldsymbol{w}) \tag{4.4}$$

这种方式称为最优化问题的最小化问题，表示为

$$\min_{\boldsymbol{w}} \xi = f(\boldsymbol{w}) \tag{4.5}$$

$$\text{s.t.} \quad g_i(\boldsymbol{w})\leqslant 0 \quad (i=1,2,\cdots,m) \tag{4.6}$$

$$l_j(\boldsymbol{w})=0 \quad (j=m+1,m+2,\cdots,p) \tag{4.7}$$

式（4.1）称为不等式限制，式（4.2）称为等式限制。加权矢量的维数、不等式个数和等式个数之间不一定有关系。无条件限制下的最优化问题称为无条件最优化问题；有条件限制下的最优化问题称为条件最优化问题。

当 $f(\boldsymbol{w})$ 是 $\boldsymbol{w}$ 的线性对应函数时，我们将这种问题叫作线性最优化问题。相比之下，若两者之间是非线性函数时，我们将其称为非线性最优化问题。

讨论代价函数与滤波器之间的关系，可以表述为：求解滤波器的最优化问题就相应转化为，在一定约束条件下求解代价函数的最小值或最大值问题。代价函数获得“最佳”的条件是，代价函数达到最小值或最大值（有条件和无条件均可）。因此，使代价函数获得“最佳”及伴随的条件就称为“最佳准则”。最佳准则因不同的条件和不同的代价函数相应不同。

最小均方误差（Minimum Mean-Squared Error，MMSE）准则、线性约束最小方差（Linearly Constrained Minimum Variance，LCMV）准则、最大信噪比准则、统计检测准则、最小二乘（Least Square，LS）准则等是自适应算法经常采用的最佳准则。其中，最小均方误差准则和最小二乘准则是目前较为流行的自适应算法最佳准则。

4.1.2 最优加权矢量

将各个阵元的信号加权求和，则得到阵列输出信号矢量为 $\boldsymbol{x}(t)$，令加权矢量为 $\boldsymbol{w}=[w_1,w_2\cdots,w_M]^{\mathrm{T}}$，则输出可以表示为

$$y(t)=\boldsymbol{w}^{\mathrm{H}}\boldsymbol{x}(t)=\sum_{m=1}^{M}\boldsymbol{w}_m^*\boldsymbol{x}_m(t) \tag{4.8}$$

对于不同的加权矢量，表达式（4.8）对来自各个方向的信号响应不同，因此会形成不同方向的空间波束。一般而言，采用移相器进行加权，即只调整信号相位、不改变信号幅度，因此假设每个阵元均为理想点源，阵元幅度在任何时刻都是相同的。在空间中若只存在一个来自 θ 方向的信号，方向矢量可以表示为 $\boldsymbol{a}(\theta)$。当加权矢量 $\boldsymbol{w}$ 取 $\boldsymbol{a}^{\mathrm{H}}(\theta)$ 时，输出值达到最大，表示为 $y(t)=\boldsymbol{a}^{\mathrm{H}}(\theta)\boldsymbol{a}(\theta)=M$，如此就实现了波束的指向作用。此时，各路信号加权后的信号为相干叠加，分析得到的结果称为空间匹配滤波。

当白噪声作为背景时，空间匹配滤波是最佳的。但是，若背景中存在干扰信号，则需要考虑更为复杂的情况。在不同的复杂背景下，波束形成相对也不同。例如，空间有一个远场的信号 $d(t)$（期望信号），信号到达方向为 θ_0，空间有 l 个干扰信号 $J_l(t)$（$l=1,\cdots,L$），其到达方向为 θ_l。第 m 个阵元上的加性白噪声为 $n_m(t)$，方差为 σ^2。在这些要求满足的条件下，第 m 个阵元上的接收信号可以表示为

$$x_m(t)=a_m(\theta_0)d(t)+\sum_{l=1}^{L}a_m(\theta_l)J_l(t)+n_m(t) \tag{4.9}$$

式（4.9）中，等号右侧 3 项分别表示信号、干扰、噪声。阵列天线的信号矢量形式为

$$\begin{bmatrix} x_1(t) \\ x_2(t) \\ \vdots \\ x_M(t) \end{bmatrix}=\left[\boldsymbol{a}(\theta_0),\boldsymbol{a}(\theta_1),\cdots,\boldsymbol{a}(\theta_L)\right]\begin{bmatrix} d(t) \\ J_1(t) \\ \vdots \\ J_L(t) \end{bmatrix}+\begin{bmatrix} n_1(t) \\ n_2(t) \\ \vdots \\ n_M(t) \end{bmatrix} \tag{4.10}$$

或简写为

$$\boldsymbol{x}(t)=\boldsymbol{A}\boldsymbol{s}(t)+\boldsymbol{n}(t)=\boldsymbol{a}(\theta_0)d(t)+\sum_{l=1}^{L}\boldsymbol{a}(\theta_l)J_l(t)+\boldsymbol{n}(t) \tag{4.11}$$

式中，$\boldsymbol{a}(\theta_l)=[a_1(\theta_l),\cdots,a_M(\theta_l)]^{\mathrm{T}}$ 表示来自方向 $\theta_l(l=0,1,2,\cdots,L)$ 发射信源的方向矢量。N 个快拍的波束形成器的输出 $y(t)=\boldsymbol{w}^{\mathrm{H}}\boldsymbol{x}(t)$（$t=1,\cdots,N$）的平均功率为

$$P(\boldsymbol{w})=\frac{1}{N}\sum_{i=1}^{N}\left|y(t)\right|^2=\frac{1}{N}\sum_{i=1}^{N}\left|\boldsymbol{w}^{\mathrm{H}}\boldsymbol{x}(t)\right|^2$$
$$=\left|\boldsymbol{w}^{\mathrm{H}}\boldsymbol{a}(\theta_0)\right|^2\frac{1}{N}\sum_{i=1}^{N}\left|d(t)\right|^2+\sum_{l=1}^{L}\left[\frac{1}{N}\sum_{i=1}^{N}\left|J_l(t)\right|^2\right]\left|\boldsymbol{w}^{\mathrm{H}}\boldsymbol{a}(\theta_l)\right|^2+\frac{1}{N}\left\|\boldsymbol{w}\right\|^2\sum_{i=1}^{N}\left\|\boldsymbol{n}(t)\right\|^2 \tag{4.12}$$

式（4.12）中没有标明不同信号之间的相互作用项，也就是交叉项 $d(t)J_l^*(t)$、$J_l(t)J_k^*(t)$ 等。当 $N\to\infty$ 时，式（4.12）可以写为

$$P(\boldsymbol{w})=\mathrm{E}\left[\left|y(t)\right|^2\right]=\boldsymbol{w}^{\mathrm{H}}\mathrm{E}\left[\boldsymbol{x}(t)\boldsymbol{x}^{\mathrm{H}}(t)\right]\boldsymbol{w}=\boldsymbol{w}^{\mathrm{H}}\boldsymbol{R}\boldsymbol{w} \tag{4.13}$$

式中，$\boldsymbol{R}=\mathrm{E}\left[\boldsymbol{x}(t)\boldsymbol{x}^{\mathrm{H}}(t)\right]$ 为阵列输出的协方差矩阵。

另外，当 $N\to\infty$ 时，式（4.12）还可以表示为

$$P(\boldsymbol{w})=\mathrm{E}\left[\left|d(t)\right|^2\right]\left|\boldsymbol{w}^{\mathrm{H}}\boldsymbol{a}(\theta_0)\right|^2+\sum_{l=1}^{L}\mathrm{E}\left[\left|J_l(t)\right|^2\right]\left|\boldsymbol{w}^{\mathrm{H}}\boldsymbol{a}(\theta_l)\right|+\sigma_n^2\left\|\boldsymbol{w}\right\|^2 \tag{4.14}$$

在获得式（4.14）的过程中，我们假设各加性噪声具有相同的方差 σ_n^2。

为了保证来自方向 θ_0 的期望信号可精准、正确地接收，并且完全抑制其他干扰信号 $\boldsymbol{J}$，我们可以根据式（4.14）得到加权矢量的约束条件，即

$$\begin{aligned}\boldsymbol{w}^{\mathrm{H}}\boldsymbol{a}(\theta_0)&=1\\ \boldsymbol{w}^{\mathrm{H}}\boldsymbol{a}(\theta_l)&=0\end{aligned} \tag{4.15}$$

约束条件式（4.15）称为波束的“置零条件”，因为它强迫接收阵列波束方向图的“零点”指向 J 个干扰信号。在上述两个约束条件下，式（4.14）简化为 $P(\boldsymbol{w})=\mathrm{E}\left[\left|d(t)^2\right|\right]+\sigma_n^2\left\|\boldsymbol{w}\right\|^2$。

从提高信噪比的角度看，以上的干扰置零并不是最优的。由于选定的权值可使干扰输出为零，但可能会导致噪声的输出增大，因此，抑制干扰和噪声应该同时考虑。由此，波束形成器最佳加权矢量可以表示为，在约束条件式（4.15）的约束下，求满足式（4.16）的加权矢量 $\boldsymbol{w}$，得到

$$\min_{\boldsymbol{w}}\mathrm{E}\left[\left|y(t)^2\right|\right]=\min_{\boldsymbol{w}}\left\{\boldsymbol{w}^{\mathrm{H}}\hat{\boldsymbol{R}}\boldsymbol{w}\right\} \tag{4.16}$$

应用拉格朗日乘子法求解，令代价函数为

$$\xi(\boldsymbol{w})=\boldsymbol{w}^{\mathrm{H}}\hat{\boldsymbol{R}}\boldsymbol{w}+\lambda\left[\boldsymbol{w}^{\mathrm{H}}\boldsymbol{a}(\theta_0)-1\right] \tag{4.17}$$

根据线性代数基本理论，代价函数 $\xi(\boldsymbol{w})$ 对复矢量 $\boldsymbol{w}=[w_0,w_1\cdots,w_{M-1}]^{\mathrm{T}}$（$w_m=a_m+\mathrm{j}b_m$）的偏导数定义为

$$\frac{\partial}{\partial\boldsymbol{w}}\xi(\boldsymbol{w})=\begin{bmatrix}\dfrac{\partial}{\partial a_0}\xi(\boldsymbol{w})\\ \vdots\\ \dfrac{\partial}{\partial a_{M-1}}\xi(\boldsymbol{w})\end{bmatrix}+\mathrm{j}\begin{bmatrix}\dfrac{\partial}{\partial b_0}\xi(\boldsymbol{w})\\ \vdots\\ \dfrac{\partial}{\partial b_{M-1}}\xi(\boldsymbol{w})\end{bmatrix} \tag{4.18}$$

利用式（4.18）所示定义，可以得到

$$\frac{\partial(\boldsymbol{w}^{\mathrm{H}}\boldsymbol{A}\boldsymbol{w})}{\partial\boldsymbol{w}}=2\boldsymbol{A}\boldsymbol{w},\qquad\frac{\partial(\boldsymbol{w}^{\mathrm{H}}c)}{\partial\boldsymbol{w}}=c \tag{4.19}$$

由式（4.17）和式（4.19）可知，$\partial\xi(\boldsymbol{w})/\partial\boldsymbol{w}=0$ 的结果为 $2\boldsymbol{R}_{xx}\boldsymbol{w}+\lambda\boldsymbol{a}(\theta_0)=0$，得到接收来自方向 θ_0 的期望信号 $d(t)$ 的波束形成器的最佳加权矢量为

$$\boldsymbol{w}_{\mathrm{opt}}=\mu\boldsymbol{R}_{xx}^{-1}\boldsymbol{a}(\theta_d) \tag{4.20a}$$

式中，μ 为比例常数；θ_0 是期望信号的波达方向。这样就可以决定 $J+1$ 个发射信号的波束形成的最佳加权矢量。此时，波束形成器只接收来自方向 θ_0 的信号，并抑制所有来自其他波达方向的信号。

注意到：约束条件 $\boldsymbol{w}^{\mathrm{H}}\boldsymbol{a}(\theta_0)=1$ 可以等价地写为 $\boldsymbol{a}^{\mathrm{H}}(\theta_0)\boldsymbol{w}=1$，在式（4.20a）中，两边同时乘以 $\boldsymbol{a}^{\mathrm{H}}(\theta_0)$，并与等价约束条件相比较，可以得到式（4.20a）中的比例常数 μ 满足

$$\mu=\frac{1}{\boldsymbol{a}^{\mathrm{H}}(\theta_0)\boldsymbol{R}_{xx}^{-1}\boldsymbol{a}(\theta_0)} \tag{4.20b}$$

从上面介绍的阵列信号处理的基本问题可以得出，空域处理与时域处理的任务是不相同的。传统的时域处理主要提取信号的包络信息，当载体的载波完成传输任务之后，则不再有作用。在传统的空域处理中，为了区分波达方向，关键是利用不同阵元之间载波的相位差，包络信息起不到任何作用。另外，可以使每个阵元中窄带信号复包络的延迟忽略不计来简化相关计算。

如式（4.20a）和式（4.20b）所示的波束形成器的最佳加权矢量 $\boldsymbol{w}$ 取决于阵列方向矢量 $\boldsymbol{a}(\theta_l)$。在移动通信中，用户的方向矢量一般是不清楚的，并且需要估计（称为 DOA 估计）。因此，在使用式（4.20a）和式（4.20b）计算波束形成

的最优加权矢量之前，必须在知道阵列几何结构的前提下首先估计期望信号的波达方向。该波束形成器可称为最小方差无畸变响应（MVDR）[2]。

4.2　最优准则

4.2.1　最小均方误差准则

在实际应用中，在阵列协方差矩阵中通常会含有期望信号。基于这种情况，最小均方误差准则被提出，使得阵列输出与某期望信号的均方误差最小，并且不需要知道期望信号的波达方向，这也是此准则最突出的优势所在[2]。

最小均方误差准则是一种优化准则，在波形估计和信号检测等信号处理中广泛应用。对于滤波器而言，最优准则是判断其是否为最佳滤波器的标准，最小均方误差准则认为滤波器输出与基本信号之差的均方误差最小为最佳。维纳于 1949 年首先将这一准则应用于最佳线性滤波器，为最佳滤波器判断奠定了理论基础。为了纪念维纳的成就，人们将根据最小均方误差准则建立的最佳线性滤波器称为维纳滤波器。1960 年，卡尔曼也基于最小均方误差准则提出针对时变信号和动态系统的递推式最佳滤波器，称为卡尔曼滤波器[2]。

顾名思义，最小均方误差准则就是使估计误差 $y(t)-d(t)$ 的均方误差最小化，即代价函数为

$$\xi(\boldsymbol{w})=\mathrm{E}[|\boldsymbol{w}^{\mathrm{H}}\boldsymbol{x}(t)-d(t)|^2] \tag{4.21}$$

式中，$\boldsymbol{x}(t)=[x_1(t),x_2(t),\cdots,x_M(t)]^{\mathrm{T}}$。代价函数为阵列信号与这个期望信号在时刻 t 的期望形式之间的均方误差的数学期望值。式（4.21）可以展开成

$$\begin{aligned}\xi(\boldsymbol{w})=\boldsymbol{w}^{\mathrm{H}}\mathrm{E}[\boldsymbol{x}(t)\boldsymbol{x}^{\mathrm{H}}(t)]\boldsymbol{w}-\mathrm{E}[d(t)\boldsymbol{x}^{\mathrm{H}}(t)]\boldsymbol{w}-\\ \boldsymbol{w}^{\mathrm{H}}\mathrm{E}[\boldsymbol{x}(t)d^*(t)]+\mathrm{E}[d(t)d^*(t)]\end{aligned} \tag{4.22}$$

由式（4.22）可以求得

$$\frac{\partial}{\partial \boldsymbol{w}}\xi(\boldsymbol{w})=2\mathrm{E}[\boldsymbol{x}(t)\boldsymbol{x}^{\mathrm{H}}(t)]\boldsymbol{w}-2\mathrm{E}[\boldsymbol{x}(t)d^*(t)]=2\boldsymbol{R}_{xx}\boldsymbol{w}-2\boldsymbol{r}_{xd} \tag{4.23}$$

式中，$\boldsymbol{R}_{xx}$ 是输入信号矢量 $\boldsymbol{x}(t)$ 的自相关矩阵，即

$$\boldsymbol{R}_{xx}=\mathrm{E}[\boldsymbol{x}(t)\boldsymbol{x}^{\mathrm{H}}(t)] \tag{4.24}$$

而$\boldsymbol{r}_{xd}$是输入信号矢量$\boldsymbol{x}(t)$与期望信号$d(t)$的互相关矢量，即

$$\boldsymbol{r}_{xd} = \mathrm{E}[\boldsymbol{x}(t)d^*(t)] \tag{4.25}$$

令$\frac{\partial}{\partial \boldsymbol{w}}\xi(\boldsymbol{w}) = 0$，则有

$$\boldsymbol{w} = \boldsymbol{R}_{xx}^{-1}\boldsymbol{r}_{xd} \tag{4.26}$$

这就是在最小均方误差意义下的最佳阵列加权矢量，即维纳滤波理论中最佳滤波器的标准形式。

4.2.2 最小方差准则

最小方差（MV）准则[3]有时称为最小噪声方差性能准则[4]或最小方差无失真响应准则[5]。使用“无失真”一词，是由于采用了阵列天线加权矢量后，期望接收到的信号未失真。最小方差（MV）准则的目的是使阵列天线输出噪声方差最小。假设期望信号$d(t)$以方位角θ_0入射，并且非期望信号$\boldsymbol{J}(t) = [J_1(t), J_2(t), \cdots, J_L(t)]$具有零均值，使用如图 4.1 所示的阵列天线结构，加权后得阵列天线输出为[6]

$$y(t) = \boldsymbol{w}^{\mathrm{H}}\boldsymbol{x}(t) = \boldsymbol{w}^{\mathrm{H}}\boldsymbol{a}(\theta_0)d(t) + \boldsymbol{w}^{\mathrm{H}}\boldsymbol{u}(t) \tag{4.27}$$

式中

$$\boldsymbol{u}(t) = \boldsymbol{J}(t) + \boldsymbol{n}(t) \tag{4.28}$$

为了确保无失真响应，必须加入约束条件

$$\boldsymbol{w}^{\mathrm{H}}\boldsymbol{a}(\theta_0) = 1 \tag{4.29}$$

将约束条件应用到式（4.27）中，阵列天线信号输出为

$$y(t) = d(t) + \boldsymbol{w}^{\mathrm{H}}\boldsymbol{u}(t) \tag{4.30}$$

另外，如果非期望信号的均值为零，则阵列天线输出信号的期望值为

$$\mathrm{E}[y(t)] = d(t) \tag{4.31}$$

下面计算y的方差，得

$$\sigma_{\mathrm{MV}}^2 = \mathrm{E}[|\boldsymbol{w}^{\mathrm{H}}\boldsymbol{x}|^2] = \mathrm{E}[|d(t) + \boldsymbol{w}^{\mathrm{H}}\boldsymbol{u}|^2] = \boldsymbol{w}^{\mathrm{H}}\boldsymbol{R}_{uu}\boldsymbol{w} \tag{4.32}$$

式中，$\boldsymbol{R}_{uu} = \boldsymbol{R}_{JJ} + \boldsymbol{R}_{nn}$。

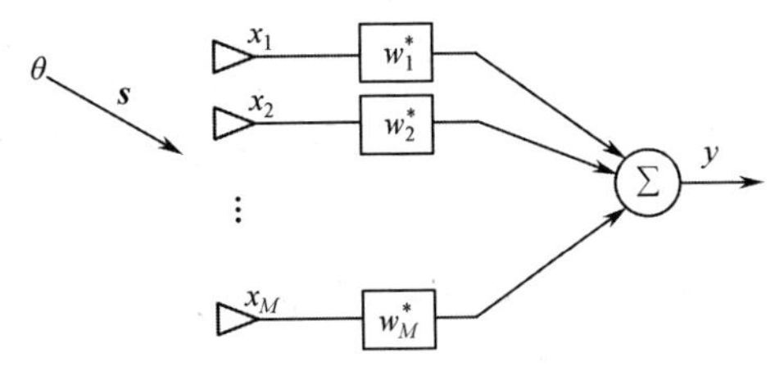

图 4.1　传统阵列天线

另外，可以使用拉格朗日法求方差的最小值。由于所有阵列天线的加权矢量互相独立，将式（4.29）的约束条件合并，以便定义修改的性能准则或代价函数。它是方差和约束条件的线性组合，即

$$\xi(\boldsymbol{w})=\frac{\sigma_{\mathrm{MV}}^2}{2}+\lambda(1-\boldsymbol{w}^{\mathrm{H}}\boldsymbol{a}(\theta_0))=\frac{\boldsymbol{w}^{\mathrm{H}}\boldsymbol{R}_{uu}\boldsymbol{w}}{2}+\lambda(1-\boldsymbol{w}^{\mathrm{H}}\boldsymbol{a}(\theta_0)) \tag{4.33}$$

式中，λ是拉格朗日乘数，$\xi(\boldsymbol{w})$是代价函数。

代价函数是二次函数，令其梯度等于零可以求代价函数的最小值，因而有

$$\nabla_{\boldsymbol{w}}\xi(\boldsymbol{w})=\boldsymbol{R}_{uu}\boldsymbol{w}_{\mathrm{MV}}-\lambda\boldsymbol{a}(\theta_0)=0 \tag{4.34}$$

求加权矢量得

$$\boldsymbol{w}_{\mathrm{opt}}=\lambda\boldsymbol{R}_{uu}^{-1}\boldsymbol{a}(\theta_0) \tag{4.35}$$

为了求拉格朗日乘数λ，可以将式（4.29）代入式（4.35），因而有

$$\lambda=\frac{1}{\boldsymbol{a}^{\mathrm{H}}\boldsymbol{R}_{uu}^{-1}\boldsymbol{a}(\theta_0)} \tag{4.36}$$

将式（4.36）代入式（4.35），可得最小方差的最优加权矢量为

$$\boldsymbol{w}_{\mathrm{opt}}=\frac{\boldsymbol{R}_{uu}^{-1}\boldsymbol{a}(\theta_0)}{\boldsymbol{a}(\theta_0)^{\mathrm{H}}\boldsymbol{R}_{uu}^{-1}\boldsymbol{a}(\theta_0)} \tag{4.37}$$

注意，最小方差准则与最大似然准则在形式上是一样的。这两种准则唯一的区别在于，在最小方差准则中，接收信号包括期望信号和非期望方向到达的干扰及噪声；然而，最大似然准则要求所有合并后的非期望信号是零均值的，并且需要服从高斯分布。因此，最小方差准则应用更为普遍。

4.2.3　最小二乘准则

假设一组输入信号的矢量为

$$\boldsymbol{x}(t)=[x_1(t),x_2(t),\cdots,x_M(t)]^{\mathrm{T}} \tag{4.38}$$

仍采用如图 4.1 所示的滤波器对期望信号 $d(t)$ 进行估计，并取滤波器的输出 $y(t)$ 为 $d(t)$ 的估计值 $\hat{d}(t)$，即

$$\hat{d}(t)=y(t)=\boldsymbol{w}^{\mathrm{H}}\boldsymbol{x}(t)=\boldsymbol{x}^{\mathrm{T}}(t)\boldsymbol{w}^* \tag{4.39}$$

式中，$\boldsymbol{w}=[w_1,w_2,\cdots,w_M]^{\mathrm{T}}$ 为加权矢量，相应的估计误差为

$$\varepsilon(t)=d(t)-\hat{d}(t)=d(t)-\boldsymbol{x}^{\mathrm{T}}(t)\boldsymbol{w}^* \tag{4.40}$$

或

$$\varepsilon^*(t)=d^*(t)-\boldsymbol{x}^{\mathrm{H}}(t)\boldsymbol{w} \tag{4.41}$$

最小二乘准则在于选择加权矢量 $\boldsymbol{w}$，使加权平方误差累计和代价函数

$$\xi(\boldsymbol{w})=\sum|\varepsilon(t)|^2 \tag{4.42}$$

最小。为了降低距当前时刻 t 的阵列信号矢量 $\boldsymbol{x}(t)$ 及相应误差 $\varepsilon(t)$ 对代价函数 $\xi(\boldsymbol{w})$ 的影响，在式（4.42）中引入遗忘因子 λ，且有 $0\leqslant\lambda\leqslant1$。最小二乘准则可表示为[7]

$$\min_{\boldsymbol{w}}\xi(\boldsymbol{w})=\sum_{t=0}^{T}|\varepsilon(t)|^2 \tag{4.43}$$

式（4.41）可以详细写为 $0\sim T$ 时刻采样的表达式，即

$$\varepsilon^*(0)=d^*(0)-\boldsymbol{x}^{\mathrm{H}}(0)\boldsymbol{w} \tag{4.44}$$

$$\varepsilon^*(t_1)=d^*(t_1)-\boldsymbol{x}^{\mathrm{H}}(t_1)\boldsymbol{w} \tag{4.45}$$

$$\varepsilon^*(t_2)=d^*(t_2)-\boldsymbol{x}^{\mathrm{H}}(t_2)\boldsymbol{w} \tag{4.46}$$

依次类推，有

$$\varepsilon^*(T)=d^*(T)-\boldsymbol{x}^{\mathrm{H}}(T)\boldsymbol{w} \tag{4.47}$$

令

$$\boldsymbol{\varepsilon}(t)=[\varepsilon(0),\varepsilon(t_1),\cdots,\varepsilon(T)]^{\mathrm{H}} \tag{4.48}$$

$$\boldsymbol{d}(t)=[d(0),d(t_1),\cdots,d(T)]^{\mathrm{H}} \tag{4.49}$$

$$\boldsymbol{X}(t)=\begin{bmatrix}\boldsymbol{x}^{\mathrm{H}}(0)\\ \boldsymbol{x}^{\mathrm{H}}(t_1)\\ \vdots\\ \boldsymbol{x}^{\mathrm{H}}(T)\end{bmatrix}=\begin{bmatrix}x_1^*(0) & x_2^*(0) & \cdots & x_M^*(0)\\ x_1^*(t_1) & x_2^*(t_1) & \cdots & x_M^*(t_1)\\ \vdots & \vdots & \ddots & \vdots\\ x_1^*(T) & x_2^*(T) & \cdots & x_M^*(T)\end{bmatrix} \tag{4.50}$$

可将式（4.43）写成最小二乘代价函数，即

$$\xi(\boldsymbol{w})=\sum_{t=0}^{T}\left|\varepsilon(t)\right|^2=\sum_{t=0}^{T}\left|d(t)-\boldsymbol{x}^{\mathrm{H}}(t)\boldsymbol{w}\right|^2 \tag{4.51}$$

则可以求其梯度为

$$\nabla\xi(\boldsymbol{w})=\frac{\partial}{\partial\boldsymbol{w}}\xi(\boldsymbol{w})=2\sum_{m=1}^{M}\sum_{t=0}^{T}\boldsymbol{x}(m)\boldsymbol{x}^{\mathrm{H}}(t)\boldsymbol{w}-2\sum_{m=1}^{M}\sum_{t=0}^{T}\boldsymbol{x}(m)d(t) \tag{4.52}$$

令 $\nabla_{\boldsymbol{w}}\xi=0$，可以得到

$$\boldsymbol{w}_{\mathrm{opt}}=\left(\boldsymbol{X}^{\mathrm{H}}\boldsymbol{X}\right)^{-1}\boldsymbol{X}^{\mathrm{H}}d(t) \tag{4.53}$$

这就是在最小二乘准则约束下对期望信号 $d(t)$的波束形成器的最佳加权矢量。

上面介绍的最小均方误差方法和最小方差方法的核心问题是，在对第 q 个用户进行波束形成时，需要在接收端使用该信源的期望响应。为了提供这个期望响应，就必须周期性地发送对于发射端和接收端皆为已知的训练序列。训练序列占用了通信系统宝贵的频谱资源，这是最小均方误差方法和最小方差方法均存在的主要缺陷。一种可以代替训练序列的方法是采用决策指向更新对期望响应进行学习。在决策指向更新中，期望信号样本的估计根据阵列输出和信号解调器的输出重构。由于期望信号是在接收端产生的，并不需要发射数据的知识，因此不需要训练序列。

4.2.4　最大似然准则

最大似然（MLH）准则是指，在期望信号具有完全先验性，并且参考信号无法进行设置时，利用期望信号的最大似然估计来实现在具有干扰和噪声环境下的一种寻求最优权集的方法。下面我们同样通过引入一个滤波器的案例来讲解 MLH 准则的相关内容[2]。

假设一个自适应处理器的阵列信号矢量为

$$\begin{aligned}\boldsymbol{x}(t)&=\boldsymbol{x}_d(t)+\boldsymbol{x}_{\boldsymbol{J}}(t)+\boldsymbol{n}(t)\\&=\boldsymbol{a}(\theta_0)d(t)+\boldsymbol{A}_{\boldsymbol{J}}\boldsymbol{J}(t)+\boldsymbol{n}(t)\end{aligned} \tag{4.54}$$

式中，$d(t)$ 为一个期望信号，$\boldsymbol{J}(t)$ 为 l 个干扰信号矢量，$\boldsymbol{n}(t)$ 为噪声信号矢量。似然函数意味着，在给定的期望信号下，阵列信号矢量出现的条件概率为

$$P[\boldsymbol{x}(t)|\boldsymbol{x}_d(t)] \tag{4.55}$$

或者其对数形式

$$\ln P[\boldsymbol{x}(t)|\boldsymbol{x}_d(t)] \tag{4.56}$$

上述条件概率即最大似然准则的代价函数，在研究中通常以对数似然函数的形式表示，因此也被称为似然函数。最大似然准则可以写成

$$\max_{d(t)} \xi = \ln P[\boldsymbol{x}(t)|\boldsymbol{x}_d(t)] \tag{4.57}$$

将干扰信号矢量和噪声信号矢量相加，得到

$$\boldsymbol{u}(t) = \boldsymbol{J}(t) + \boldsymbol{n}(t)$$

其自相关矩阵为 $\boldsymbol{R}_{uu}$，假设噪声 $\boldsymbol{n}(t)$ 为零均值平稳高斯随机过程，$\boldsymbol{x}_d(t)$ 为已知信号，可以将其表示为

$$\boldsymbol{x}_d(t) = \boldsymbol{a}(\theta_0)d(t) \tag{4.58}$$

式中，$\boldsymbol{a}(\theta_0)$ 为已知期望信号的方向矢量，则似然函数可以表示为

$$\xi = \left[\boldsymbol{x}(t) - \boldsymbol{a}(\theta_0)d(t)\right]^{\mathrm{H}} \boldsymbol{R}_{uu}^{-1} \left[\boldsymbol{x}(t) - \boldsymbol{a}(\theta_0)d(t)\right] \tag{4.59}$$

接下来，我们基于图 4.2 中滤波器的 $\boldsymbol{x}(t)$ 对期望信号 $d(t)$ 进行估计。

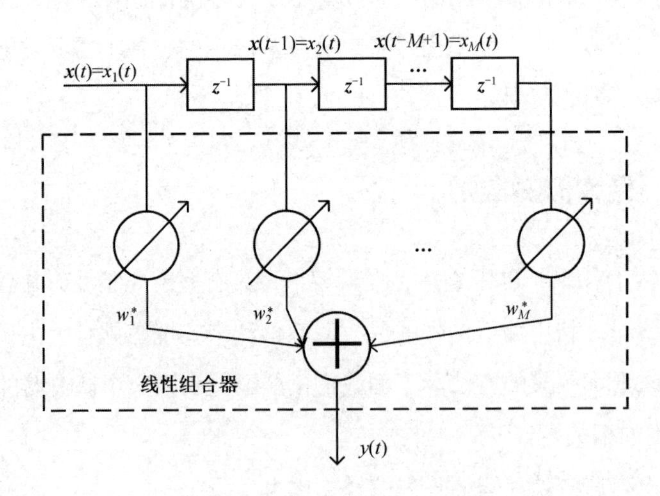

图 4.2　时域 FIR 横式滤波器

定义期望信号的估计 $\hat{d}(t)$，即求对数似然函数的最大值，对 $d(t)$ 求偏导，并令

$$\nabla_d \xi = 0 \tag{4.60}$$

即可求ξ的最大值。将式（4.59）代入式（4.60），可得

$$\nabla_d \xi = -2\boldsymbol{a}(\theta_0)^{\mathrm{H}} \boldsymbol{R}_{uu}^{-1} \boldsymbol{x}(t) + 2\hat{d}(t)\boldsymbol{a}(\theta_0)^{\mathrm{H}} \boldsymbol{R}_{uu}^{-1} \boldsymbol{a}(\theta_0) = 0 \tag{4.61}$$

从而有

$$\hat{d}(t)\boldsymbol{a}(\theta_0)^{\mathrm{H}} \boldsymbol{R}_{uu}^{-1} \boldsymbol{a}(\theta_0) = \boldsymbol{a}(\theta_0)^{\mathrm{H}} \boldsymbol{R}_{uu}^{-1} \boldsymbol{x}(t) \tag{4.62}$$

由于$\boldsymbol{a}(\theta_0)^{\mathrm{H}} \boldsymbol{R}_{uu}^{-1} \boldsymbol{a}(\theta_0)$为实数值，所以最佳滤波器的输出为

$$\hat{d}(t) = \frac{\boldsymbol{a}(\theta_0)^{\mathrm{H}} \boldsymbol{R}_{uu}^{-1}}{\boldsymbol{a}(\theta_0)^{\mathrm{H}} \boldsymbol{R}_{uu}^{-1} \boldsymbol{a}(\theta_0)} \boldsymbol{x}(t) = \boldsymbol{w}_{\mathrm{opt}}^{\mathrm{H}} \boldsymbol{x}(t) \tag{4.63}$$

式中，$\boldsymbol{R}_{uu}$和$\boldsymbol{R}_{uu}^{-1}$均为 Hermitian 矩阵。根据式（4.63）可知，在此情况下最大似然滤波器的最佳加权矢量为

$$\boldsymbol{w}_{\mathrm{opt}} = \frac{\boldsymbol{R}_{uu}^{-1} \boldsymbol{a}(\theta_0)}{\boldsymbol{a}(\theta_0)^{\mathrm{H}} \boldsymbol{R}_{uu}^{-1} \boldsymbol{a}(\theta_0)} \tag{4.64}$$

或

$$\boldsymbol{w}_{\mathrm{opt}} = \alpha \boldsymbol{R}_{uu}^{-1} \boldsymbol{a}(\theta_0) \tag{4.65}$$

式中，$\alpha = \dfrac{1}{\boldsymbol{a}(\theta_0)^{\mathrm{H}} \boldsymbol{R}_{uu}^{-1} \boldsymbol{a}(\theta_0)}$为实数。

4.3　最优算法

在信号智能处理或自适应处理中，优化算法一直是研究人员追求的目标。具体的算法优化可以描述为：为了减小代价函数ξ，而在阵列信号中寻找一组可变的参数，如前面提到的加权矢量$\boldsymbol{w}$。通常，代价函数可以用$\boldsymbol{w}$表示为

$$\xi(\boldsymbol{w}) = \mathrm{E}_{(x,y)\sim\hat{p}_{\mathrm{data}}} l(f(\boldsymbol{x},\boldsymbol{w}), y) \tag{4.66}$$

式中，l是关于阵列信号的损失函数，$f(\boldsymbol{x},\boldsymbol{w})$是输入信号矢量$\boldsymbol{x}$时预测的输出，$\hat{p}_{\mathrm{data}}$是经验分布。在有先验条件时，$y$是算法的期望输出信号。我们通常使用的方法是，在一段时间内对阵列天线进行多次信号采样，并根据最优准则来进行优化求解，因为空间电信号的分布$p_{\mathrm{data}}(x,y)$实际上并不知道。由式（4.66）可知，阵列信号智能处理可以理解为一个代价函数$\xi(\boldsymbol{w})$的无约束优化问题，下面将介绍一些经典的优化算法。

4.3.1 梯度下降法

梯度下降法（Gradient Descent）自从提出就得到了广泛的应用，如今在神经网络训练中仍然是一类最常使用的优化算法。梯度下降法沿梯度下降方向求解极小值或极大值。若函数 $f(\boldsymbol{w})$ 在 $\boldsymbol{w}_0$ 处可微且有定义，那么函数 $f(\boldsymbol{w})$ 在 $\boldsymbol{w}_0$ 点沿着梯度相反的方向 $-\nabla f(\boldsymbol{w}_0)$ 下降最快。对函数进行泰勒展开，得

$$f(\boldsymbol{w}) \approx f(\boldsymbol{w}_0) + \nabla f(\boldsymbol{w}_0)^{\mathrm{H}}(\boldsymbol{w} - \boldsymbol{w}_0) \tag{4.67}$$

我们希望寻找下一个迭代参数 $\boldsymbol{w}$ 使得 $f(\boldsymbol{w}) \leqslant f(\boldsymbol{w}_0)$，则

$$f(\boldsymbol{w}) - f(\boldsymbol{w}_0) \approx \nabla f(\boldsymbol{w}_0)^{\mathrm{H}}(\boldsymbol{w} - \boldsymbol{w}_0) \leqslant 0 \tag{4.68}$$

在式（4.68）中，$\nabla f(\boldsymbol{w}_0)^{\mathrm{H}}(\boldsymbol{w} - \boldsymbol{w}_0) \leqslant 0$ 为内积，可表示为 $\left\langle \nabla f(\boldsymbol{w}_0)^{\mathrm{H}}, (\boldsymbol{w} - \boldsymbol{w}_0) \right\rangle \leqslant 0$，参数的更新方向为 $\boldsymbol{D} = \boldsymbol{w} - \boldsymbol{w}_0$，则当 $\boldsymbol{D}$ 的方向与梯度的方向相反时，内积达到最小，即沿着当前梯度的反方向可以得到最小化代价函数。

另外，我们在确定了参数更新的方向之后，需要考虑在该方向更新多大步长的问题，步长选择太大会使得迭代过程振荡不能收敛，步长选择太小会使得算法的收敛速度太慢。梯度算法中步长的选择要依据通常的经验，或者让步长随着迭代次数的增加而不断减小。当步长 μ 确定之后，梯度下降的迭代公式可以表示为

$$\boldsymbol{w}_{n+1} = \boldsymbol{w}_n - \mu \nabla f(\boldsymbol{w}_n) \tag{4.69}$$

式中，$\boldsymbol{w}_n$ 是当前的参数值，$\boldsymbol{w}_{n+1}$ 是更新后的参数值。

尽管梯度下降法在阵列信号处理中有独特的优势，但是以下缺陷限制了其广泛应用：步长的选择要依据经验，这使得其在实际应用中存在麻烦；参数的更新速度会随着迭代次数的增加而减慢，因为当靠近极小值时，函数的梯度会变小；梯度下降法仅对代价函数的局部线性近似进行优化，所以参数的更新方向不可能是当前代价函数的最优更新方向，更新过程可能呈现“之”字形。

4.3.2 最陡下降法

针对梯度下降法中步长选择的缺陷，本节提出一种改进的算法：将式（4.69）视为更新步长 μ 的一元函数，在这个函数上利用一维搜索求解深度学习中的优

化问题，得到更新步长 μ_n 。

$$\mu_n = \arg\min_{\mu \geqslant 0} f(\boldsymbol{w}_n - \mu \nabla f(\boldsymbol{w}_n)) \tag{4.70}$$

式（4.70）解决了在梯度下降法中沿着负梯度方向进行参数更新时因为步长过大使得更新后的参数值跳出函数值下降范围的问题。在确定迭代方向之后，可以通过式（4.70）求出使得代价函数最小的迭代步长。对于梯度下降法中的方向振荡问题，动态梯度下降法通过对之前的所有更新方向进行指数级衰减平均，在一定程度上减小了更新方向的振荡。

4.3.3　共轭梯度法

共轭梯度法最早是由 Hestenes 和 Stiefle 在 1952 年提出来的，共轭梯度法的特点是：不仅收敛性能好、所需要的存储量小、稳定性高，而且不需要任何外部参数。共轭梯度法解决了最陡下降法收敛速度慢的缺点，其性能优于最陡下降法。共轭梯度法起初应用于求解大型线性方程组，是最优化、最有效的算法之一。由于共轭梯度法在各方面都具有优点，因此其现在已经广泛地应用于各种实际问题的求解中。

为了克服最陡下降法在应用过程中的缺点，共轭梯度法最初是用来解决如下无约束二次规划问题的，即

$$\min_{x \in \mathbb{R}^n} \frac{1}{2} \boldsymbol{w}^{\mathrm{H}} \boldsymbol{R} \boldsymbol{w} - \boldsymbol{a}_0^{\mathrm{H}} \boldsymbol{w} \tag{4.71}$$

式中，$\boldsymbol{w}$ 表示待优化的矢量，$\boldsymbol{R}$ 表示对称正定矩阵，$\boldsymbol{a}_0$ 表示已知矢量。对式（4.71）求导，并令导数等于零，可得

$$\boldsymbol{R}\boldsymbol{w} = \boldsymbol{a}_0, \quad \boldsymbol{w} \in \mathbb{R}^n \tag{4.72}$$

求解上述线性方程组的一般方法是高斯消元方法，但是高斯消元方法的计算复杂度比较高。共轭梯度法可以通过 n 步迭代来求解这个问题。

定义：记 $\boldsymbol{Q} \in \mathbb{R}^{n \times n}$ 为一个对称矩阵，$\boldsymbol{d}_1, \boldsymbol{d}_2, \cdots, \boldsymbol{d}_m \in \mathbb{R}^n$，若对于任意的 $i, j = 1, 2, \cdots, m$，有 $\boldsymbol{d}_i^{\mathrm{T}} \boldsymbol{Q} \boldsymbol{d}_j = 0 (i \neq j)$，则称 $\boldsymbol{d}_1, \boldsymbol{d}_2, \cdots, \boldsymbol{d}_m$ 关于矩阵 $\boldsymbol{Q}$ 共轭，$\boldsymbol{d}_1, \boldsymbol{d}_2, \cdots, \boldsymbol{d}_m$ 称为 $\boldsymbol{Q}$ 的共轭方向组。

在实际应用中，我们通常认为矩阵 $\boldsymbol{Q}$ 是正定矩阵，但是在基本的定义中并

没有对 $\boldsymbol{Q}$ 进行这一约束。当 $\boldsymbol{Q}=0$ 时，任何两个矢量都是共轭的；当 $\boldsymbol{Q}$ 为单位矩阵时，矢量的共轭性等价于传统的矢量正交性。

定理 4.3.1：记 $\boldsymbol{Q}$ 是一个对称正定矩阵，如果一组矢量 $\{\boldsymbol{d}_1,\boldsymbol{d}_2,\cdots,\boldsymbol{d}_m\}$ 是 $\boldsymbol{Q}$ 的共轭矢量，则这组矢量是线性无关的。

我们可以记 $\boldsymbol{w}=\boldsymbol{w}_{\text{opt}}+\boldsymbol{\varepsilon}$，其中，$\boldsymbol{w}_{\text{opt}}$ 是对问题进行优化的最优解，而 $\boldsymbol{\varepsilon}$ 是想要减小的误差，于是可以减小下面的残量 $\boldsymbol{r}$，这样误差项 $\boldsymbol{\varepsilon}$ 就可以通过迭代过程不断减小，即

$$\boldsymbol{r}=\boldsymbol{a}_0-\boldsymbol{R}\boldsymbol{w}=\boldsymbol{a}_0-\boldsymbol{R}\boldsymbol{w}_{\text{opt}}-\boldsymbol{R}\boldsymbol{\varepsilon}=-\boldsymbol{R}\boldsymbol{\varepsilon} \tag{4.73}$$

对于上述无约束二次规划问题式（4.71），由于矩阵 $\boldsymbol{R}$ 是对称正定的，因此可以充当矢量 $\boldsymbol{Q}$ 的一组共轭矩阵。记 $\boldsymbol{w}_{\text{opt}}$ 为优化问题的最优解，$\{\boldsymbol{d}_1,\boldsymbol{d}_2,\cdots,\boldsymbol{d}_m\}$ 是 $\boldsymbol{R}$ 的共轭矩阵，那么由定理 4.3.1 可得

$$\boldsymbol{w}_{\text{opt}}-\boldsymbol{w}_0=\mu_0\boldsymbol{d}_0+\cdots+\mu_{n-1}\boldsymbol{d}_{n-1} \tag{4.74}$$

式中，$\boldsymbol{w}_0$ 为迭代的初始点。基于此，有 $\boldsymbol{d}_i^{\text{H}}\boldsymbol{R}\left(\boldsymbol{w}_{\text{opt}}-\boldsymbol{w}_0\right)=\boldsymbol{d}_i^{\text{T}}\boldsymbol{R}\left(\mu_0\boldsymbol{d}_0+\cdots+\mu_{n-1}\boldsymbol{d}_{n-1}\right)$（$i=1,2,\cdots,n$），因此，能得到每次迭代的更新步长，即

$$\begin{aligned}
\mu_i&=\frac{\boldsymbol{d}_i^{\text{H}}\boldsymbol{R}\left(\boldsymbol{w}_{\text{opt}}-\boldsymbol{w}_0\right)}{\boldsymbol{d}_i^{\text{T}}\boldsymbol{R}\boldsymbol{d}_i}\\
&=\frac{\boldsymbol{d}_i^{\text{T}}\boldsymbol{R}\left(\boldsymbol{w}_{\text{opt}}-\boldsymbol{w}_i+\boldsymbol{w}_i-\boldsymbol{w}_0\right)}{\boldsymbol{d}_i^{\text{T}}\boldsymbol{R}\boldsymbol{d}_i}\\
&=\frac{\boldsymbol{d}_i^{\text{T}}\boldsymbol{R}\left(\boldsymbol{w}_{\text{opt}}-\boldsymbol{w}_i\right)}{\boldsymbol{d}_i^{\text{T}}\boldsymbol{R}\boldsymbol{d}_i}+\frac{\boldsymbol{d}_i^{\text{T}}\boldsymbol{R}\left(\boldsymbol{w}_i-\boldsymbol{w}_0\right)}{\boldsymbol{d}_i^{\text{T}}\boldsymbol{R}\boldsymbol{d}_i}\\
&=\frac{\boldsymbol{d}_i^{\text{T}}\boldsymbol{R}\left(\boldsymbol{w}_{\text{opt}}-\boldsymbol{w}_i\right)}{\boldsymbol{d}_i^{\text{T}}\boldsymbol{R}\boldsymbol{d}_i}+0\\
&=-\frac{\boldsymbol{d}_i^{\text{T}}\boldsymbol{R}\left(\boldsymbol{w}_{\text{opt}}-\boldsymbol{w}_i\right)}{\boldsymbol{d}_i^{\text{T}}\boldsymbol{R}\boldsymbol{d}_i}\\
&=-\frac{\boldsymbol{d}_i^{\text{T}}\left(\boldsymbol{R}\boldsymbol{w}_i-\boldsymbol{a}_0\right)}{\boldsymbol{d}_i^{\text{T}}\boldsymbol{R}\boldsymbol{d}_i}\\
&=-\frac{\boldsymbol{d}_i^{\text{T}}\boldsymbol{g}_i}{\boldsymbol{d}_i^{\text{T}}\boldsymbol{R}\boldsymbol{d}_i}
\end{aligned}$$

于是便可以得到迭代更新公式，有

$$\boldsymbol{w}_{i+1}=\boldsymbol{w}_i-\frac{\boldsymbol{d}_i^{\mathrm{T}}\boldsymbol{g}_i}{\boldsymbol{d}_i^{\mathrm{T}}\boldsymbol{R}\boldsymbol{d}_i}\boldsymbol{d}_i \tag{4.75}$$

上述推导可以整理为如下共轭方向定理。

定理 4.3.2（共轭方向定理）：记矢量$\{\boldsymbol{d}_0,\boldsymbol{d}_1,\cdots,\boldsymbol{d}_{n-1}\}$是$\boldsymbol{R}$的共轭，$\boldsymbol{w}_0\in\mathbb{R}^n$是任意的一个$n$维矢量，则按照$\boldsymbol{w}_{i+1}=\boldsymbol{w}_i+\mu_i\boldsymbol{d}_i$，$\boldsymbol{g}_i=\boldsymbol{R}\boldsymbol{w}_i-\boldsymbol{a}_0$，$\mu_i=-\dfrac{\boldsymbol{d}_i^{\mathrm{H}}\boldsymbol{g}_i}{\boldsymbol{d}_i^{\mathrm{T}}\boldsymbol{R}\boldsymbol{d}_i}$的迭代格式进行$n$步迭代，就能得到$\boldsymbol{w}_n=\boldsymbol{w}_{\mathrm{opt}}$。

上述共轭梯度法需要事先提供一组$\boldsymbol{Q}$共轭的矢量，我们能否在计算过程中不断生成一组共轭矢量呢？本节介绍的共轭梯度法就可以基于当前数据和历史数据生成当前的共轭矢量。

同样考虑式（4.71）的无约束二次规划问题，选取最陡下降法的更新方向作为第一次迭代的更新方向，即

$$\boldsymbol{d}_0=-\boldsymbol{g}_0 \tag{4.76}$$

从而有

$$\boldsymbol{w}_1=\boldsymbol{w}_0-\frac{\boldsymbol{g}_0^{\mathrm{H}}\boldsymbol{d}_0}{\boldsymbol{d}_0^{\mathrm{T}}\boldsymbol{R}\boldsymbol{d}_0}\boldsymbol{d}_0 \tag{4.77}$$

下一步利用$\boldsymbol{g}_1$和$\boldsymbol{d}_0$的线性组合来构造与$\boldsymbol{d}_0$共轭的矢量$\boldsymbol{d}_1$，即$\boldsymbol{d}_1=-\boldsymbol{g}_1+\lambda_0\boldsymbol{d}_0$，一般来说，有

$$\boldsymbol{d}_{i+1}=-\boldsymbol{g}_{i+1}+\lambda_i\boldsymbol{d}_i \tag{4.78}$$

通过共轭约束求解可得

$$\beta_i=\frac{\boldsymbol{g}_{i+1}^{\mathrm{T}}\boldsymbol{R}\boldsymbol{d}_{i+1}}{\boldsymbol{d}_i^{\mathrm{T}}\boldsymbol{R}\boldsymbol{d}_i} \tag{4.79}$$

这样便计算得到了更新方向，将更新方向和更新步长代入迭代更新公式，就能得到共轭梯度。

在第i步迭代过程中，我们考虑含有i个矢量的矩阵$\boldsymbol{V}_i=[\boldsymbol{d}_0,\boldsymbol{d}_1,\cdots,\boldsymbol{d}_i]$，记新的迭代目标点是当前点与所有之前迭代方向的线性组合的叠加，即$\boldsymbol{w}_{i+1}=\boldsymbol{w}_i+\boldsymbol{V}_i\boldsymbol{y}$，其中$\boldsymbol{y}=[y_1,y_2,\cdots,y_n]^{\mathrm{H}}$是组合系数，可以写为

$$\boldsymbol{V}_i\boldsymbol{y}=\sum_{k=1}^{i}y_k\boldsymbol{d}_k \tag{4.80}$$

为了最小化 $f\left(\boldsymbol{w}_{i+1}\right)$，我们需要 $\nabla_{y} f\left(\boldsymbol{w}_{i+1}\right)=0$，于是有

$$\begin{aligned}\nabla_{y} f\left(\boldsymbol{w}_{i+1}\right) &=\nabla_{y}\left\{\frac{1}{2}\left(\boldsymbol{w}_{i}+\boldsymbol{V}_{i} \boldsymbol{y}\right)^{\mathrm{H}} \boldsymbol{R}\left(\boldsymbol{w}_{i}+\boldsymbol{V}_{i} \boldsymbol{y}\right)-\boldsymbol{a}_{0}^{\mathrm{H}}\left(\boldsymbol{w}_{i}+\boldsymbol{V}_{i} \boldsymbol{y}\right)\right\} \\ &=\boldsymbol{V}_{i}^{\mathrm{H}} \boldsymbol{R} \boldsymbol{V}_{i} \boldsymbol{y}+\boldsymbol{V}_{i}^{\mathrm{H}} \boldsymbol{R} \boldsymbol{w}_{i}-\boldsymbol{V}_{i}^{\mathrm{H}} \boldsymbol{a}_{0} \\ &=\boldsymbol{V}_{i}^{\mathrm{H}} \boldsymbol{R} \boldsymbol{V}_{i} \boldsymbol{y}-\boldsymbol{V}_{i}^{\mathrm{H}} \boldsymbol{r}_{i} \\ &=0\end{aligned} \tag{4.81}$$

从而可以得到

$$\boldsymbol{y}=\left(\boldsymbol{V}_{i}^{\mathrm{H}} \boldsymbol{R} \boldsymbol{V}_{i}\right)^{-1} \boldsymbol{V}_{i}^{\mathrm{H}} \boldsymbol{r}_{i} \tag{4.82}$$

进而能够得到更新后的函数为

$$\begin{aligned}f\left(\boldsymbol{w}_{i+1}\right) &=f\left(\boldsymbol{w}_{i}\right)+\frac{1}{2} \boldsymbol{y}^{\mathrm{H}} \boldsymbol{V}_{i}^{\mathrm{H}} \boldsymbol{R} \boldsymbol{V}_{i} \boldsymbol{y}+\boldsymbol{y}^{\mathrm{H}} \boldsymbol{V}_{i}^{\mathrm{H}}\left(\boldsymbol{R} \boldsymbol{w}-\boldsymbol{a}_{0}\right) \\ &=f\left(\boldsymbol{w}_{i}\right)-\frac{1}{2} \boldsymbol{r}_{i}^{\mathrm{H}} \boldsymbol{V}_{i}\left(\boldsymbol{V}_{i}^{\mathrm{H}} \boldsymbol{R} \boldsymbol{V}\right)^{-1} \boldsymbol{V}_{i}^{\mathrm{H}} \boldsymbol{r}_{i}\end{aligned} \tag{4.83}$$

更新后的残量为

$$\begin{aligned}\boldsymbol{r}_{i+1} &=\boldsymbol{a}_{0}-\boldsymbol{R} \boldsymbol{w}_{i+1} \\ &=\boldsymbol{a}_{0}-\boldsymbol{R}\left(\boldsymbol{w}_{i}+\boldsymbol{V}_{i}\left(\boldsymbol{V}_{i}^{\mathrm{H}} \boldsymbol{R} \boldsymbol{V}_{i}\right)^{-1} \boldsymbol{V}_{i}^{\mathrm{H}} \boldsymbol{r}_{i}\right) \\ &=\left(\boldsymbol{I}-\boldsymbol{R} \boldsymbol{V}_{i}\left(\boldsymbol{V}_{i}^{\mathrm{H}} \boldsymbol{R} \boldsymbol{V}_{i}\right)^{-1} \boldsymbol{V}_{i}^{\mathrm{H}}\right) \boldsymbol{r}_{i}\end{aligned} \tag{4.84}$$

还可以得到

$$\begin{aligned}\boldsymbol{V}_{i}^{\mathrm{H}} \boldsymbol{r}_{i+1} &=\boldsymbol{V}_{i}^{\mathrm{H}}\left(\boldsymbol{I}-\boldsymbol{R} \boldsymbol{V}_{i}\left(\boldsymbol{V}_{i}^{\mathrm{H}} \boldsymbol{R} \boldsymbol{V}_{i}\right)^{-1} \boldsymbol{V}_{i}^{\mathrm{H}}\right) \boldsymbol{r}_{i} \\ &=\left(\boldsymbol{V}_{i}^{\mathrm{H}}-\boldsymbol{V}_{i}^{\mathrm{H}}\right) \boldsymbol{r}_{i} \\ &=0\end{aligned} \tag{4.85}$$

即 $\boldsymbol{V}_{i}^{\mathrm{H}} \boldsymbol{r}_{i+1}=0$，又由于 $\boldsymbol{V}_{i-1}^{\mathrm{H}} \boldsymbol{r}_{i}=0$，于是可以得到 $\boldsymbol{V}_{i}^{\mathrm{H}} \boldsymbol{r}_{i}=\left[0,0,\cdots 0, \boldsymbol{V}_{i}^{\mathrm{H}} \boldsymbol{r}_{i}\right]^{\mathrm{T}}$。

参考文献

[1] 龚耀寰. 自适应滤波——时域自适应滤波和智能天线（第二版）[M]. 北京：电子工业出版社，2003.

[2] 张小飞，陈华伟. 阵列信号处理及 MATLAB 实现[M]. 北京：电子工业出版社，2015.

[3] Litva, J and T Kowk-Yeung Lo. Digitial Beamforming in Wireless Communications[M]. Artech House, 1996.

[4] Monzingo, R and Miller T. Intorduction to Adaptive Arrays[M]. New York: Wiley Interscience, John Wiley & Sons, 1980.

[5] Haykin, S, Justice H, Owaley N, et al. Array Signal Processing[M]. New York: Prentice Hall, 1985.

[6] 弗兰克・格罗斯（Frank Gross）. 智能天线（MATLAB 版）[M]. 何业军，桂良启，李霞，译. 北京：电子工业出版社，2009.

[7] 项建弘. 基于空时自适应处理的 GPS 调零技术应用研究[D]. 哈尔滨：哈尔滨工程大学，2009.

第 5 章

自适应波束形成

阵列信号处理是无线通信系统中广泛应用的技术。随着通信信道需求的日益增加，尤其是在蜂窝移动通信系统中通信信道需求的增加，改进频谱复用技术显得尤为重要。改进频谱复用技术通常被称为空分多址技术（Space Division Multiple Access，SDMA）。其中一个重要的部分是波束形成，自适应波束形成（Adaptive Digital Beam-Forming，ADBF），又被称为空间滤波，是阵列信号处理的主要方面之一，并逐渐成为阵列信号处理的标志之一[1]。

自适应波束形成的本质是通过对每个阵元进行空间滤波来达到对期望信号的放大，从而实现对干扰的抑制。此外，可以根据信号环境的变化，自适应地改变每个阵元的权重系数。虽然阵元天线的波束方向图是全方向的，但阵列接收方向可以通过将输出加权求和后得到改变，使天线增益集中在一个方向，形成“波束”。这就是波束形成的物理意义。波束形成技术的基本思想是，通过对每个阵列天线的输出进行加权，阵列天线波束在一段时间内被“指向”一个方向。

自适应波束形成通常是自适应算法在一定准则条件下实现的，采用的最佳准则包括 MMSE 准则、MSNR 准则、LCMV 准则等。在同等情况下利用这些准则求得的最优解是等价的。利用这些最佳准则，目前人们已提出许多经典的自适应波束形成算法。依据是否需要发射参考信号，这些算法被分为非盲算法和盲算法[2-12]，如图 5.1 所示。

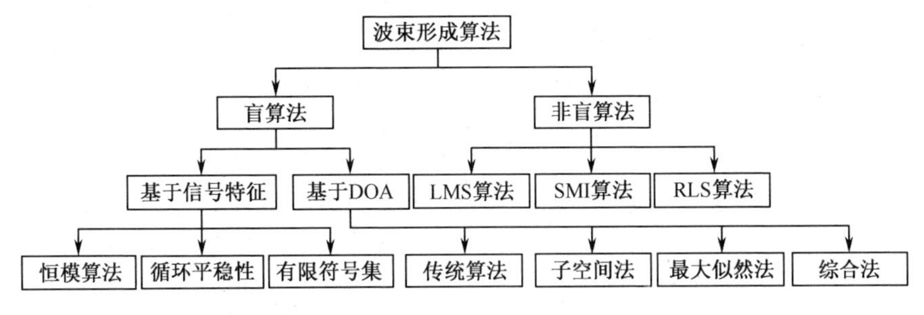

图 5.1　波束形成算法分类

5.1　固定波束的形成原理

固定波束的形成是指，阵元的输出直接相干叠加。显然，只有当入射波垂直于阵列平面时，阵列才能在输出端进行同相叠加，形成波束方向图中主瓣的极大值。反之，如果阵列可以绕其中心轴旋转，则当阵列输出达到最大值时，空间波必须从垂直于阵列平面的方向入射。然而，一些阵列天线太大无法旋转，因此，天线设计者尝试设计一种相控阵天线（或称为常规波束形成法）。这是处理阵列信号的最早方法。在波束形成方法中，阵列输出信号选择合适的权重矢量来补偿传播延迟，所以，阵列输出可以在预期方向上同相叠加，从而在此方向产生一个主瓣波束方向。相对于主瓣波束方向在其他方向上的响应小，对波束进行全空间扫描就可以定位待检信号。

以一维 M 元等间距 d 的直线阵列为例，如图 5.2 所示，假设空间信号为窄带信号，对每个通道使用复加权系数来调整通道的幅值和相位。

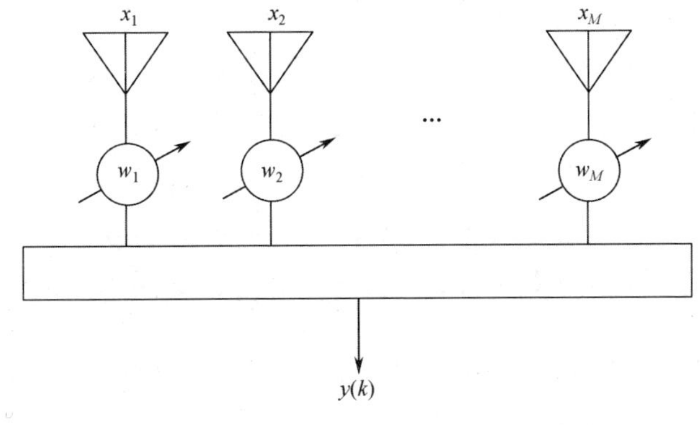

图 5.2　波束形成算法结构

阵列天线接收到一个入射角为θ的平面波信号，在基带处理时，用k表示阵列天线采样的快拍数，此时阵列天线的输入信号可表示为

$$\boldsymbol{x}(k)=\boldsymbol{a}s(k) \tag{5.1}$$

式中，$s(k)$表示平面波信号的复基带信号；$\boldsymbol{a}$为该波束的方向矢量，可以表示为

$$\boldsymbol{a}=\begin{bmatrix}1\\ \mathrm{e}^{\mathrm{j}\frac{2\pi d}{\lambda}\sin\theta}\\ \vdots \\ \mathrm{e}^{\mathrm{j}(M-1)\frac{2\pi d}{\lambda}\sin\theta}\end{bmatrix}=\begin{bmatrix}1 & \mathrm{e}^{\mathrm{j}\frac{2\pi d}{\lambda}\sin\theta} & \cdots & \mathrm{e}^{\mathrm{j}(M-1)\frac{2\pi d}{\lambda}\sin\theta}\end{bmatrix}^{\mathrm{T}} \tag{5.2}$$

令$k=2\pi/\lambda$，就可以得到第m个阵元的输入信号，表示为

$$x_m(k)=a_m(\theta)s(k)=s(k)\mathrm{e}^{\frac{2\pi d}{\lambda}\sin\theta} \tag{5.3}$$

如果用矢量来表示各阵元的输入及加权系数，有

$$\boldsymbol{x}(k)=\begin{bmatrix}x_1(k) & x_2(k) & \cdots & x_M(k)\end{bmatrix}^{\mathrm{T}} \tag{5.4}$$

$$\boldsymbol{w}=\begin{bmatrix}w_1 & w_2 & \cdots & w_M\end{bmatrix}^{\mathrm{T}} \tag{5.5}$$

则阵列天线的加权输出$y(k)$可表示为

$$y(k)=\sum_{m=1}^{M}w_m^*x_m(k) \tag{5.6}$$

那么，阵列的输出也可以用矢量表示，即

$$y(k)=\boldsymbol{w}^{\mathrm{H}}\boldsymbol{x}(k) \tag{5.7}$$

为了补偿各阵元之间的相位延迟，使得在某个方向θ形成一个主瓣，常规波束形成器在期望方向上的加权矢量可以表示为

$$\boldsymbol{w}=\begin{bmatrix}1 & \mathrm{e}^{\mathrm{j}\varphi_1} & \cdots & \mathrm{e}^{\mathrm{j}\varphi_{M-1}}\end{bmatrix}^{\mathrm{T}} \tag{5.8}$$

由此加权矢量可以得出，若空间只有一个来自方向θ的信号，加权矢量与其方向矢量$\boldsymbol{a}(\theta)$的表示形式一样，则有

$$y(k)=\boldsymbol{w}^{\mathrm{H}}\boldsymbol{x}(k)=\boldsymbol{a}^{\mathrm{H}}(\theta)\boldsymbol{x}(k)=\boldsymbol{a}^{\mathrm{H}}(\theta)s(k)\boldsymbol{a}(\theta) \tag{5.9}$$

这时，常规波束形成器的功率输出为

$$P_m(\theta)=\mathrm{E}\left|\boldsymbol{a}^{\mathrm{H}}(\theta)s(k)\boldsymbol{a}(\theta)\right|^2=\mathrm{E}\left(\sum_{m=1}^{M}\left|a_m^*(\theta)s(k)a_m(\theta)\right|^2\right)=M^2s(k) \tag{5.10}$$

式中，M为阵元数量。波束形成器的使用使θ方向的信号得到了M^2倍的增强。

但是，情况通常会更加复杂，来波信号可能是多个。对于某个用户而言，他可能只对其中的一个信号感兴趣，而其他信号就成为干扰信号。一般来说，当两个相同频率的信号在空间上投射到阵列时，如果它们的空间方位角间距小于阵列波束主瓣的宽度，那么两者不仅不能被区分，还会严重影响系统的正常运行。当点信号源在阵列远场区时，只有当它们之间的分离角大于阵元之间的距离（也称为阵列孔径）时，两者才可以被区分。瑞利准则可解释此原因，传统波束形成方法的固有缺点是角分辨率较低，如果尝试增大角分辨率，则会增大阵列单元天线之间的间距，或者增加阵列单元的数量。但是，这在构建系统时有时很难实现。

5.2 非盲自适应波束形成算法

阵列信号自适应处理是一种具有自我调节和跟踪能力的最优滤波方法之一，其可以根据设计者的不同需求灵活地控制整个抗干扰系统，因此被广泛应用于系统识别、信道均衡、回波消除、自适应谱线增强及阵列天线等领域。自适应处理的核心是不同的算法，其中，最小均方（LMS）算法和最小二乘（RLS）算法等在阵列天线领域应用较多。

5.2.1 LMS 算法

LMS 算法是基于 MMSE 准则和最陡下降法提出的一种随机梯度算法，其基本思想是通过使实际输出信号和期望信号的均方误差最小，求得最优权重矢量。LMS 算法原理框图如图 5.3 所示。

设阵列天线信号矢量为 $\boldsymbol{x}(k)$，期望信号 $d(k)$，误差信号 $\varepsilon(k)$，权值矢量 $\boldsymbol{w}(k)$，k 为阵列天线采样的快拍数，替换了之前的时间变量 t，则输出信号和误差信号为

$$y(k)=\boldsymbol{w}^{\mathrm{H}}(k)\boldsymbol{x}(k) \tag{5.11}$$

$$\varepsilon(k)=d(k)-y(k)=d(k)-\boldsymbol{w}^{\mathrm{H}}(k)\boldsymbol{x}(k) \tag{5.12}$$

式中，$\boldsymbol{x}(k)=[x_1(k),x_2(k),\cdots,x_M(k)]$，$M$ 为天线数量，$\boldsymbol{w}=[w_1,w_2,\cdots,w_M]$。

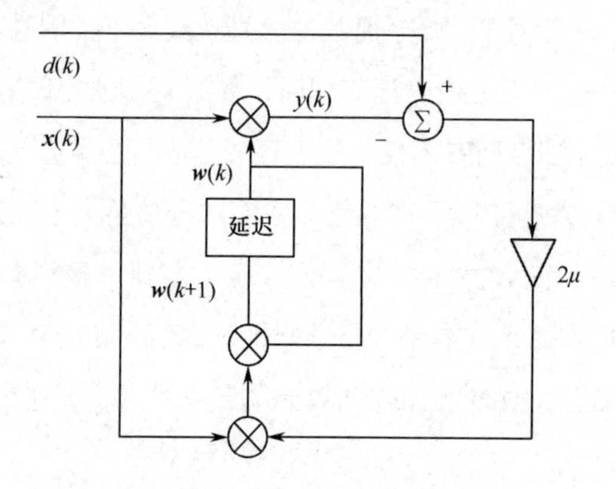

图 5.3　LMS 算法原理框图

依据 MMSE 准则，将 LMS 算法的均方误差代价函数 $f(\boldsymbol{w})$ 表示为

$$f(\boldsymbol{w})=\xi=\mathrm{E}\{|\varepsilon(k)|^2\} \tag{5.13}$$

将式（5.13）取最小值时的加权矢量称为最佳加权矢量 $\boldsymbol{w}_{\mathrm{opt}}$。将式（5.12）代入式（5.13）得

$$\xi=\mathrm{E}\{|d(k)|^2\}-2\mathrm{Re}\{\boldsymbol{w}^{\mathrm{H}}\boldsymbol{r}_{xd}\}+\boldsymbol{w}^{\mathrm{H}}\boldsymbol{R}_{xx}\boldsymbol{w} \tag{5.14}$$

为了求得 ξ 取最小值时的最佳加权矢量 $\boldsymbol{w}_{\mathrm{opt}}$，可由 ξ 对 $\boldsymbol{w}$ 的梯度为零求得

$$\nabla_{\boldsymbol{w}}\xi=-2\boldsymbol{r}_{xd}+2\boldsymbol{R}_{xx}\boldsymbol{w}_{\mathrm{opt}}=0 \tag{5.15}$$

式中，∇ 为梯度运算。由式（5.15）解得 $\boldsymbol{w}_{\mathrm{opt}}$ 应满足

$$\boldsymbol{R}_{xx}\boldsymbol{w}_{\mathrm{opt}}=\boldsymbol{r}_{xd} \tag{5.16}$$

为了避免对 $\boldsymbol{R}_{xx}$ 求逆以求解 $\boldsymbol{w}_{\mathrm{opt}}$，采用递推公式来调整 $\boldsymbol{w}$，使其趋近 $\boldsymbol{w}_{\mathrm{opt}}$，有

$$\boldsymbol{w}(k+1)=\boldsymbol{w}(k)-\mu\nabla_{\boldsymbol{w}}\xi \tag{5.17}$$

利用瞬时梯度估计法求得 LMS 算法的加权矢量迭代公式为

$$\boldsymbol{w}(k+1)=\boldsymbol{w}(k)+2\mu\boldsymbol{x}(k)\varepsilon^*(k) \tag{5.18}$$

式中，* 表示求复共轭，μ 为步长收敛因子，满足条件

$$0<\mu<2/\lambda_{\max} \tag{5.19}$$

式中，$\lambda_{\max}$ 代表输入信号自相关矩阵 $\boldsymbol{R}_{xx}$ 的最大特征值，μ 的大小会影响整个算

法的收敛性和稳定性。

表 5.1 列出了 LMS 算法的处理流程。

表 5.1　LMS 算法的处理流程

参数	M 为阵列天线阵元数 步长因子 μ，其中 $0<\mu<2/\lambda_{max}$
初始化	$\boldsymbol{w}(0)=0$，或者由先验知识确定
运算步骤	对于 $k=1,2\cdots$ ①给定 $\boldsymbol{x}(k)$ 和 $d(k)$； ②滤波 $y(k)=\boldsymbol{w}^{\mathrm{H}}(k)\boldsymbol{x}(k)$； ③误差估计 $\varepsilon(k)=d(k)-y(k)$； ④加权矢量更新 $\boldsymbol{w}(k+1)=\boldsymbol{w}(k)+2\mu\boldsymbol{x}(k)\varepsilon^{*}(k)$

从图 5.3 和表 5.1 可以看出，LMS 算法每次迭代要完成 $2N+1$ 次乘法运算和 $2N$ 次加法运算，运算处理相当简单，可利于硬件实现。这也是 LMS 算法被广泛应用的原因。

5.2.2　RLS 算法

RLS 算法是由最小二乘算法演化而来的一种迭代算法。其基本思想是，以递归输入信号的采样协方差矩阵求逆算法为基础，进行天线加权矢量的计算。RLS 算法通过调节适应滤波器的加权矢量 $\boldsymbol{w}(k)$ 使估计误差的加权平方和最小[13]，即

$$\xi(k)=\sum_{i=1}^{k}\lambda^{k-i}\left|\varepsilon(k)\right|^{2} \tag{5.20}$$

并且递推最小二乘为

$$\begin{aligned}\xi(k)&=\sum_{i=1}^{k}\lambda^{k-i}\left|\varepsilon(i)\right|^{2}=\sum_{i=1}^{k}\lambda^{k-i}\varepsilon(i)\varepsilon^{*}(i)\\&=\boldsymbol{\varepsilon}^{\mathrm{H}}(k)|\lhd(k)\boldsymbol{\varepsilon}(k)=d^{\mathrm{H}}(k)|\lhd(k)d(k)-\\&\quad 2\,\mathrm{Re}\left\{\boldsymbol{w}^{\mathrm{H}}[\boldsymbol{X}^{\mathrm{H}}(k)|\lhd(k)d(k)]\right\}+\\&\quad \boldsymbol{w}^{\mathrm{H}}\left[\boldsymbol{X}^{\mathrm{H}}(k)|\lhd(k)d(k)\right]\boldsymbol{w}\end{aligned} \tag{5.21}$$

式中，$|\triangleleft(k)=\mathrm{diag}\left[\lambda^{k-1},\cdots,\lambda,1\right]$，为对角元素$\lambda^{k-1},\cdots,\lambda,1$的对角阵。

由$\nabla_{\boldsymbol{w}}\xi=0$可求得最佳加权矢量应满足的方程，即

$$\left[\boldsymbol{X}^{\mathrm{H}}(k)|\triangleleft(k)\boldsymbol{X}(k)\right]\boldsymbol{w}_{\mathrm{opt}}=\boldsymbol{X}^{\mathrm{H}}(k)|\triangleleft(k)d(k) \tag{5.22}$$

或

$$\boldsymbol{w}_{\mathrm{opt}}=\left[\boldsymbol{X}^{\mathrm{H}}(k)|\triangleleft(k)\boldsymbol{X}(k)\right]^{-1}\boldsymbol{X}^{\mathrm{H}}(k)|\triangleleft(k)d(k) \tag{5.23}$$

式（5.23）为最小二乘正规方程，也可以写成

$$\boldsymbol{w}(k)=\boldsymbol{R}_{xx}^{-1}(k)\boldsymbol{r}_{xd}(k) \tag{5.24}$$

由式（5.24）可得

$$\boldsymbol{w}(k-1)=\boldsymbol{R}_{xx}^{-1}(k-1)\boldsymbol{r}_{xd}(k-1) \tag{5.25}$$

$$\begin{aligned}\boldsymbol{R}_{xx}(k)&=\boldsymbol{X}^{\mathrm{H}}(k)|\triangleleft(k)\boldsymbol{X}(k)\\&=\sum_{i=1}^{k}\lambda^{k-i}\boldsymbol{x}(i)\boldsymbol{x}^{\mathrm{H}}(i)\\&=\sum_{i=1}^{k-1}\lambda^{k-1-i}\boldsymbol{x}(i)\boldsymbol{x}^{\mathrm{H}}(i)+\boldsymbol{x}(k)\boldsymbol{x}^{\mathrm{H}}(k)\\&=\lambda\boldsymbol{R}_{xx}(k-1)+\boldsymbol{x}(k)\boldsymbol{x}^{\mathrm{H}}(k)\end{aligned} \tag{5.26}$$

$$\begin{aligned}\boldsymbol{r}_{xd}(k)&=\boldsymbol{X}^{\mathrm{H}}(k)|\triangleleft(k)d(i)\\&=\sum_{i=1}^{k}\lambda^{k-i}\boldsymbol{x}(i)d^{*}(i)\\&=\sum_{i=1}^{k-1}\lambda^{k-1-i}\boldsymbol{x}(i)d^{*}(i)\\&=\lambda\boldsymbol{r}_{xd}(k-1)+\boldsymbol{x}(k)d^{*}(k)\end{aligned} \tag{5.27}$$

对式（5.27）求逆，得

$$\boldsymbol{R}_{xx}^{-1}(k)=\frac{1}{\lambda}\left[\boldsymbol{R}_{xx}^{-1}(k-1)-\frac{\boldsymbol{R}_{xx}^{-1}(k-1)\boldsymbol{x}(k)\boldsymbol{x}^{\mathrm{H}}(k)\boldsymbol{R}_{xx}^{-1}(k-1)}{\lambda+\boldsymbol{x}^{\mathrm{H}}(k)\boldsymbol{R}_{xx}^{-1}(k-1)\boldsymbol{x}(k)}\right] \tag{5.28}$$

就此引入

$$\boldsymbol{g}(k)=\frac{\boldsymbol{R}_{xx}^{-1}(k-1)\boldsymbol{x}(k)}{\lambda+\boldsymbol{x}^{\mathrm{H}}(k)\boldsymbol{R}_{xx}^{-1}(k-1)\boldsymbol{x}(k)} \tag{5.29}$$

即

$$\boldsymbol{R}_{xx}^{-1}(k)=\lambda^{-1}\left[\boldsymbol{R}_{xx}^{-1}(k-1)-\boldsymbol{g}(k)\boldsymbol{x}^{\mathrm{H}}(k)\boldsymbol{R}_{xx}^{-1}(k-1)\right] \tag{5.30}$$

将式（5.29）两边乘以分母，可得到

$$\boldsymbol{g}(k)=\lambda^{-1}\left[\boldsymbol{R}_{xx}^{-1}(k-1)-\boldsymbol{g}(k)\boldsymbol{x}^{\mathrm{H}}(k)\boldsymbol{R}_{xx}^{-1}(k-1)\right]\boldsymbol{x}(k) \tag{5.31}$$

将式（5.30）代入式（5.31），可得到

$$\boldsymbol{g}(k)=\boldsymbol{R}_{xx}^{-1}(k)\boldsymbol{x}(k) \tag{5.32}$$

另外，将式（5.30）和式（5.27）代入式（5.32），可以写成

$$\begin{aligned}\boldsymbol{w}(k)&=\boldsymbol{R}_{xx}^{-1}(k)\boldsymbol{r}_{xd}(k)\\&=\lambda^{-1}\left[\boldsymbol{R}_{xx}^{-1}(k-1)-\boldsymbol{g}(k)\boldsymbol{x}^{\mathrm{H}}(k)\boldsymbol{R}_{xx}^{-1}(k-1)\right]\left[\lambda\boldsymbol{r}_{xd}(k-1)+\boldsymbol{x}(k)d^{*}(k)\right]\\&=\boldsymbol{R}_{xx}^{-1}(k-1)\boldsymbol{r}_{xd}(k-1)-\boldsymbol{g}(k)\boldsymbol{x}^{\mathrm{H}}(k)\boldsymbol{R}_{xx}^{-1}(k-1)\boldsymbol{r}_{xd}(k-1)+\\&\quad\ \lambda^{-1}\boldsymbol{R}_{xx}^{-1}(k-1)\boldsymbol{x}(k)d^{*}(k)-\lambda^{-1}\boldsymbol{g}(k)\boldsymbol{x}^{\mathrm{T}}(k)\boldsymbol{R}_{xx}^{-1}(k-1)\boldsymbol{x}(k)d^{*}(k)\end{aligned} \tag{5.33}$$

式(5.33)的最后两项可化简为 $\boldsymbol{g}(k)d^{*}(k)$，前两项 $\boldsymbol{R}_{xx}^{-1}(k-1)\boldsymbol{r}_{xd}(k-1)$ 即 $\boldsymbol{w}(k-1)$，所以可以得到

$$\boldsymbol{w}(k)=\boldsymbol{w}(k-1)+\boldsymbol{g}(k)\left[d^{*}(k)-\boldsymbol{x}^{\mathrm{H}}(k)\boldsymbol{w}(k-1)\right] \tag{5.34}$$

以上为 RLS 算法的递推公式。

表 5.2 列出了 RLS 算法的处理流程。

表 5.2　RLS 算法的处理流程

参数	对角阵 $\lhd(k)=\mathrm{diag}\left[\lambda^{k-1},\cdots,\lambda,1\right]$
初始化	$\boldsymbol{w}(0)=0$， $\xi(k)=\sum_{i=1}^{k}\lambda^{k-i}\lvert\varepsilon(k)\rvert^{2}$
运算步骤	对于 $k=1,2\cdots$ ①给定 $\boldsymbol{x}(k)$ 和 $d(k)$； ②求最佳加权矢量，即 $\boldsymbol{w}_{\mathrm{opt}}=\left[\boldsymbol{X}^{\mathrm{H}}(k)\lhd(k)\boldsymbol{X}(k)\right]^{-1}\boldsymbol{X}^{\mathrm{H}}(k)\lhd(k)d(k)$ $=\boldsymbol{w}(k)=\boldsymbol{R}_{xx}^{-1}(k)\boldsymbol{r}_{xd}(k)$ ③求逆化简 $\boldsymbol{g}(k)=\dfrac{\boldsymbol{R}_{xx}^{-1}(k-1)\boldsymbol{x}(k)}{\lambda+\boldsymbol{x}^{\mathrm{H}}(k)\boldsymbol{R}_{xx}^{-1}(k-1)\boldsymbol{x}(k)}$ $=\boldsymbol{R}_{xx}^{-1}(k)\boldsymbol{x}(k)$ ④加权矢量更新，即 $\boldsymbol{w}(k+1)=\boldsymbol{w}(k)+\boldsymbol{g}(k)\left[d^{*}(k)-\boldsymbol{x}^{\mathrm{H}}(k)\boldsymbol{w}(k-1)\right]$

5.2.3 LCMV 算法

基于线性约束最小方差（LCMV）准则的波束形成算法是指，通过调整加权系数矢量的大小，在保证所需信号增益的情况下，使信号输出总功率最小，从而实现对噪声影响和其他干扰信号的抑制[14]，并有自适应性。

1. LCMV 波束形成

设 L+1 个窄带信号 $\boldsymbol{s}$ 入射到阵元数为 M 的等距直线阵列上，包括一个期望信号 $d(k)$ 和 L 个干扰信号 $\boldsymbol{J}=\left[J_1, J_2,\cdots, J_L\right]$，入射角方向分别为 θ_0、θ_1、θ_2、$\cdots$、θ_L。对阵列接收数据的基带信号进行采样，第 k 次采样数据表示为

$$\boldsymbol{x}(k)=\sum_{l=0}^{L} s_l(k)\boldsymbol{a}(\theta_l)+\boldsymbol{n}(k) \tag{5.35}$$

式中，$s_0(k)=d(k)$ 为期望信号的复包络；$s_l(k)=J_l(k)$（$l=1,2,3,\cdots,L$）为干扰信号的复包络；$\boldsymbol{a}(\theta_i)$ 为入射角 θ_i 的信号导向矢量；$\boldsymbol{n}(k)$ 为噪声矢量。当期望信号、干扰信号和噪声互不相关时，接收数据的相关矩阵的理论表达式为

$$\boldsymbol{R}_{xx}=\mathrm{E}[\boldsymbol{x}^{\mathrm{H}}(k)\,\boldsymbol{x}(k)] \tag{5.36}$$

$$\boldsymbol{R}=\boldsymbol{R}_s+\boldsymbol{R}_J+\boldsymbol{R}_n \tag{5.37}$$

式中，$\boldsymbol{R}_s$、$\boldsymbol{R}_J$ 和 $\boldsymbol{R}_n$ 分别为期望信号、干扰信号和噪声的相关矩阵；H 为共轭转置。

波束形成器的输出可表示为

$$y(k)=\boldsymbol{w}^{\mathrm{H}}\boldsymbol{x}(k) \tag{5.38}$$

式中，$\boldsymbol{w}$ 为加权矢量。

实际阵列接收数据的协方差矩阵可以通过快拍数得到，即

$$\hat{\boldsymbol{R}}_{xx}=\frac{1}{K}\sum_{k=1}^{K}\boldsymbol{x}(k)^{\mathrm{H}}\boldsymbol{x}(k) \tag{5.39}$$

LCMV 算法实际用于求解如下约束问题

$$\min \boldsymbol{w}^{\mathrm{H}}\boldsymbol{R}_{xx}\boldsymbol{w},\ \ \text{s.t.}\ \ \boldsymbol{w}^{\mathrm{H}}\boldsymbol{a}_0=1 \tag{5.40}$$

式中，$\boldsymbol{a}_0$ 为假定的期望信号导向矢量，通过拉格朗日乘子法得到最佳加权矢量为

$$\boldsymbol{w}_{\text{opt}} = \boldsymbol{R}_{xx}^{-1}\boldsymbol{a}_0(\boldsymbol{a}_0^{\text{H}}\boldsymbol{R}_{xx}^{-1}\boldsymbol{a}_0)^{-1} \tag{5.41}$$

2. 线性约束 LMS 算法

以加权矢量为自变量使用拉格朗日乘子法构造代价函数，有

$$\xi(\boldsymbol{w}) = \boldsymbol{w}^{\text{H}}\boldsymbol{R}_{xx}\boldsymbol{w} + \lambda(\boldsymbol{w}^{\text{H}}\boldsymbol{a}_0 - 1) \tag{5.42}$$

当 $\Delta_w\xi = (2\boldsymbol{R}_{xx}\boldsymbol{w} + \lambda\boldsymbol{a}_0) = 0$ 时，加权矢量是最陡下降的。使加权矢量沿最陡下降方向，则负梯度方向搜索加权矢量最优值的迭代表达式为

$$\boldsymbol{w}(k+1) = \boldsymbol{w}(k) - \mu[2\boldsymbol{R}_{xx}\boldsymbol{w}(k) + \lambda\boldsymbol{a}_0] \tag{5.43}$$

式中，μ 为步长因子。拉格朗日乘子 λ 需要在每次迭代中进行更新，由约束条件 $\boldsymbol{w}^{\text{H}}\boldsymbol{a}_0 = 1$ 可知，$\boldsymbol{w}^{\text{H}}(k)\boldsymbol{a}_0 = 1$，求得

$$\lambda(k) = \frac{1}{\mu}(\boldsymbol{a}_0^{\text{H}}\boldsymbol{a}_0)^{-1}[\boldsymbol{a}_0^{\text{H}}\boldsymbol{w}(k) - 2\mu\boldsymbol{R}_{xx}\boldsymbol{w}(k) - 1] \tag{5.44}$$

通过对式（5.39）中某一时刻的值进行计算，可以得到协方差矩阵，但其值与真实值之间的差值较大，因此需要通过迭代的方式更新协方差矩阵，以减小计算误差，即

$$\hat{\boldsymbol{R}}_{xx}(k+1) = \left(1 - \frac{1}{k}\right)\hat{\boldsymbol{R}}_{xx}(k) + \frac{1}{k}\left[\boldsymbol{x}^{\text{H}}(k)\boldsymbol{x}(k)\right] \tag{5.45}$$

表 5.3 列出了 LCMV 算法的处理流程。

表 5.3　LCMV 算法的处理流程

参数	M 为阵列天线阵元数 步长因子 μ，$0<\mu<2/\lambda_{\max}$
初始化	$\boldsymbol{w}(0)=0$，或者由先验知识确定
运算步骤	对于 $k=1,2\cdots$ ①给定 $\boldsymbol{x}(k)$ 和 $d(k)$； ②波束形成 $y(k)=\boldsymbol{w}^{\text{H}}(k)\boldsymbol{x}(k)$； ③加权矢量更新为 $\boldsymbol{w}(k+1)=\boldsymbol{w}(k)-\mu[2\boldsymbol{R}_{xx}\boldsymbol{w}(k)+\lambda\boldsymbol{a}_0]$ ④误差更新为 $\hat{\boldsymbol{R}}_{xx}(k+1)=\left(1-\frac{1}{k}\right)\hat{\boldsymbol{R}}_{xx}(k)+\frac{1}{k}\left[\boldsymbol{x}^{\text{H}}(k)\boldsymbol{x}(k)\right]$

5.2.4 SMI 算法

采样矩阵求逆（Sample Matrix Inversion，SMI）算法又称为直接矩阵求逆（Direct Matrix Inversion，DMI）算法，是一种被广泛应用的开环算法。SMI 算法根据估计的采样协方差矩阵直接由正规方程计算加权矢量，能克服协方差矩阵特征值分散对加权矢量收敛速度的影响[15]，因而可以达到很高的处理速度。

依据最大似然准则，我们可以得到混合信号 $\boldsymbol{x}(k)$ 的 K 次采样的相关信号的估计值 $\hat{\boldsymbol{r}}_{xd}$，以及自相关矩阵 $\boldsymbol{R}_{xx}$ 的估计值 $\hat{\boldsymbol{R}}_{xx}$，其表达式分别为

$$\hat{\boldsymbol{r}}_{xd}=\frac{1}{K}\sum_{k=1}^{K}d^*(k)\boldsymbol{x}(k) \tag{5.46}$$

$$\hat{\boldsymbol{R}}_{xx}=\frac{1}{K}\sum_{k=1}^{K}\boldsymbol{x}(k)\boldsymbol{x}^{\mathrm{H}}(k) \tag{5.47}$$

由于在此方法中使用了长度为 K 的数据块，因此这种方法也被称为块自适应法。期望信号矢量定义为

$$\boldsymbol{d}(k)=\left[d(1+kK)\ d(2+kK)\ \cdots\ d(K+kK)\right] \tag{5.48}$$

因此，相关矢量的估计为

$$\hat{r}=\frac{1}{K}\boldsymbol{d}^*(k)\boldsymbol{X}_K(k) \tag{5.49}$$

式中，$\boldsymbol{d}^*(k)$ 为期望信号的复共轭。

定义矩阵 $\boldsymbol{X}_K(k)$ 为 K 次数据块快照范围内 M 个矢量的第 k 个块，于是有

$$\boldsymbol{X}_K(k)=\begin{bmatrix} x_1(1+kK) & x_1(2+kK) & \cdots x_1(2+kK) \\ x_2(1+kK) & x_2(2+kK) & \cdots x_2(2+kK) \\ \vdots & \vdots & \ddots \quad \vdots \\ x_M(1+kK) & x_M(2+kK) & \cdots x_M(2+kK) \end{bmatrix} \tag{5.50}$$

式中，k 是块号，K 是块长。由此可知，阵列天线相关矩阵估计为

$$\boldsymbol{R}_{xx}=\frac{1}{K}\boldsymbol{X}_K(k)\boldsymbol{X}^{\mathrm{H}}(k) \tag{5.51}$$

那么，长度为 K 的第 k 个块的 SMI 权重经过计算为

$$\boldsymbol{w}_{\mathrm{SMI}}=\boldsymbol{R}_{xx}^{-1}(k)\boldsymbol{r}(k)=\left[\boldsymbol{X}_K(k)\boldsymbol{X}_K^{\mathrm{H}}(k)\right]^{-1}\boldsymbol{d}^*(k)\boldsymbol{X}_K(k) \tag{5.52}$$

SMI 算法收敛时间短，但是，该算法在求解过程中涉及大量的矩阵求逆运

算，并且随着矩阵阶数的增加，运算的复杂度也随之上升，导致过量计算。由此可以看出，SMI 算法的主要缺陷是计算量大、结构复杂，并且由于在实际生活应用中阵列天线接收的数据是有限的，因此经过运算后数据的精度也会对系统的稳定性造成影响。这些情况都会干扰 SMI 算法对最佳加权矢量的求解，从而造成波束畸变，大幅度降低系统的抗干扰性。

表 5.4 列出了 SMI 算法的处理流程。

表 5.4　SMI 算法的处理流程

参数	M 为阵列天线阵元数 步长因子 μ，其中 $0<\mu<2/\lambda_{\max}$
初始化	$\boldsymbol{w}(0)=0$，或者由先验知识确定
运算步骤	对于 $k=1,2\cdots$ ①给定 $\boldsymbol{x}(k)$ 和 $d(k)$； ②计算相关估计值，有 $\hat{\boldsymbol{r}}_{xd}=\frac{1}{K}\sum_{k=1}^{K}d^{*}(k)\boldsymbol{x}(k)$ $\hat{\boldsymbol{R}}_{xx}=\frac{1}{K}\sum_{k=1}^{K}\boldsymbol{x}(k)\boldsymbol{x}^{\mathrm{H}}(k)$ $\boldsymbol{R}_{xx}=\frac{1}{K}\boldsymbol{X}_{K}(k)\boldsymbol{X}^{\mathrm{H}}(k)$ ③加权矢量更新，有 $\boldsymbol{w}(k)=\boldsymbol{R}_{xx}^{-1}(k)\boldsymbol{r}(k)=\left[\boldsymbol{X}_{K}(k)\boldsymbol{X}_{K}^{\mathrm{H}}(k)\right]^{-1}d^{*}(k)\boldsymbol{X}_{K}(k)$

5.3　盲自适应波束形成算法

盲自适应波束形成算法无须发送参考信号，而是利用通信信号本身的特性，以此调整加权矢量输出较大的信干噪比（Signal to Interference Plus Noise Ratio，SINR），同时形成良好的波束方向图。利用信号具有循环平稳的特性，进行自适应波束形成是盲自适应波束形成的一种重要方法，因为这类信号在频域具有极强的谱相关性，而干扰信号与噪声不具有谱相关性。因此，利用干扰信号与期望信号循环频率的不同建立合适的数学模型，将期望信号从干扰信号与噪声中提取出来。本节主要研究了两种最具代表性的盲自适应波束形成算法，即 SCORE

类算法、周期自适应波束形成（Cyclic Adaptive Beamforming，CAB）类算法[21]。

5.3.1 基于高阶累积量的算法

目前，在阵列信号处理算法中，基于高阶累积量的算法被广泛研究。利用高阶累积量良好的数学性质可以简化算法设计，而利用高阶累积量对高斯过程呈现的盲特性，能够有效地抑制高斯噪声、提取有用的非高斯信号。设计阵列模型，对于一个有 M 个阵元的直线阵，$d(k)$ 为期望信号且是非高斯信号，入射方向为 θ_0，功率为 σ_d^2，$J_l(k)$（$l=1,2,\cdots,L$）为 L 个非高斯干扰信号，其入射方向为 θ_l，且 $d(k)$ 和 $J_l(k)$ 相互独立，阵元上的噪声是均值为零、方差为 σ_n^2 的加性高斯白噪声，则阵列天线的输入矩阵可以表示为

$$\begin{bmatrix} x_1(k) \\ x_2(k) \\ \vdots \\ x_M(k) \end{bmatrix} = \begin{bmatrix} a_1(\theta_0) & a_1(\theta_1) & \cdots & a_1(\theta_L) \\ a_2(\theta_0) & a_2(\theta_1) & \cdots & a_2(\theta_L) \\ \vdots & \vdots & \ddots & \vdots \\ a_M(\theta_0) & a_M(\theta_1) & \cdots & a_M(\theta_L) \end{bmatrix} \begin{bmatrix} d(k) \\ J_1(k) \\ \vdots \\ J_L(k) \end{bmatrix} + \begin{bmatrix} n_1(k) \\ n_2(k) \\ \vdots \\ n_M(k) \end{bmatrix} \tag{5.53}$$

则阵列第 m 个阵元上第 k 次快拍的采样值为

$$x_m(k) = a_m(\theta_0)d(k) + \sum_{l=1}^{L} a_m(\theta_l)J_l(k) + n_m(k) \tag{5.54}$$

也可以写成矢量形式，即

$$x_m(k) = a_m(\theta_0)d(k) + \boldsymbol{a}_m(\theta)\boldsymbol{J}(k) + n_m(k) \tag{5.55}$$

式中，$\boldsymbol{a}_m(\theta) = [a_m(\theta_1), a_m(\theta_2), \cdots, a_m(\theta_L)]$，$\boldsymbol{J}(k)=[J_1(k), J_2(k), \cdots, J_L(k)]^{\mathrm{T}}$。由于阵列天线接收到非高斯过程信号与高斯过程噪声，因此一个期望信号和 L 个干扰信号之间是相互独立的，且高斯过程噪声的高阶累积量为零[16]，阵列天线接收数据的四阶累积量为

$$\begin{aligned} R_{4x} &= \mathrm{cum}[x_1(k), x_1^*(k), x_m(k), x_n^*(k)] \\ &= \mathrm{cum}\left[a_1(\theta_l)s_l(k), a_1^*(\theta_l)s_l^*(k), a_m(\theta_l)s_l(k), a_n^*(\theta_l)s_l^*(k)\right] + \\ &\quad \mathrm{cum}\left[\sum_{l=0}^{L} a_1(\theta_l)s_l(k), \sum_{l=0}^{L} a_2(\theta_l)s_l(k), \sum_{l=0}^{L} a_m(\theta_l)s_l(k), \sum_{l=0}^{L} a_n(\theta_l)s_l(k)\right] + \\ &\quad \mathrm{cum}\left[n_1(k), n_2(k), n_3(k), n_4(k)\right] \end{aligned} \tag{5.56}$$

另外，根据高阶累积量的性质，式（5.56）可以变为

$$R_{4x} = \text{cum}[x_1(k), x_1^*(k), x_m(k), x_n^*(k)]$$
$$= \sum_{l=0}^{L} \text{cum}\left[a_1(\theta_l)s_l(k), a_2(\theta_l)s_l(k), a_m(\theta_l)s_l(k), a_n(\theta_l)s_l(k)\right]$$

阵列天线接收的第 i 个信号的四阶累积量为

$$\boldsymbol{C}_4 = \beta \boldsymbol{a}(\theta_s) \tag{5.57}$$

由式（5.57）可知，$\boldsymbol{C}_4$是期望信号方向矢量的估计值，两者只相差一个标量因子β。

利用高阶累积量方法根据阵列天线接收数据估计出期望信号的方向矢量后，利用线性约束最小方差算法进行自适应波束形成[16]，有

$$\boldsymbol{w}_{\text{cum}} = \beta \boldsymbol{R}^{-1} \boldsymbol{C}_4 \tag{5.58}$$

将$\boldsymbol{C}_4$进行盲波束形成，求得在线性约束最小方差准则下的加权矢量为

$$\boldsymbol{w}_{\text{cum}} = \rho\{\boldsymbol{R}^{-1} \sigma_s^2 \boldsymbol{C}_4 \boldsymbol{C}_4^{\text{H}}\} \tag{5.59}$$

式中，$\rho\{\cdot\}$为取最大特征值时对应的特征矢量，σ_s^2为期望信号的功率。

5.3.2　恒模算法

设输入信号矢量为$\boldsymbol{x}(k)$，期望信号为$d(k)$，误差信号为$\varepsilon(k)$，加权矢量为$\boldsymbol{w}(k)$，k为阵列天线采样的快拍数，其替换了之前的时间变量t，则输出信号和误差信号分别为

$$y(k) = \boldsymbol{w}^{\text{H}}(k)\boldsymbol{x}(k) \tag{5.60}$$

$$\varepsilon(k) = d(k) - y(k) = d(k) - \boldsymbol{w}^{\text{H}}(k)\boldsymbol{x}(k) \tag{5.61}$$

式中，$\boldsymbol{x}(k) = [x_1(k), x_2(k), \cdots, x_M(k)]$，$M$为天线数量，$\boldsymbol{w} = [w_1, w_2, \cdots, w_M]$。

理论上来说，信号在经过调频或调相之后的幅度应该是恒定的。但是，在衰落信道中，多径衰落、加性干扰等不利因素的干扰，破坏了信号的恒模特性。利用恒模阵波束形成器可以最大限度地恢复恒模信号，恒模阵波束形成器通过优化恒模代价函数来恢复恒模用户信息，代价函数表达式为[17]

$$\xi_{pq}(\boldsymbol{w}) = \text{E}\left[\left|\,|y(k)|^p - |U|^p\right|^q\right] \tag{5.62}$$

式中，p和q是正整数，记为CMA_{p-q}，取值一般为 1 和 2，U为阵列天线输出期望信号的幅度。

对式（5.62）进行求解，用梯度下降法优化恒模代价函数，有

$$\boldsymbol{w}(k+1)=\boldsymbol{w}(k)-\mu\nabla_{\boldsymbol{w}}\xi_{pq}(\boldsymbol{w}) \tag{5.63}$$

式中，$\mu>0$，为步长因子；$\nabla_{\boldsymbol{w}}$表示关于$\boldsymbol{w}$的梯度算子。若用瞬时值代替期望值，并取确定的p、q值，则有

$$\boldsymbol{w}(k+1)=\boldsymbol{w}(k)-\mu\boldsymbol{x}(k)\varepsilon^*(k) \tag{5.64}$$

其中

$$\begin{aligned}
&\text{CMA}_{1-1}:\varepsilon(k)=\frac{y(k)}{\|y(k)\|}\text{sgn}(\|y(k)\|-1)\\
&\text{CMA}_{2-1}:\varepsilon(k)=2y(k)\text{sgn}(\|y(k)\|^2-1)\\
&\text{CMA}_{1-2}:\varepsilon(k)=2\frac{y(k)}{\|y(k)\|}\text{sgn}(\|y(k)\|-1)\\
&\text{CMA}_{2-2}:\varepsilon(k)=4y(k)\text{sgn}(\|y(k)\|^2-1)
\end{aligned} \tag{5.65}$$

式中，CMA_{1-2}和CMA_{2-2}最为常用。

5.3.3 基于循环平稳特性

循环平稳是指统计特性随时间呈周期性变化的随机过程[18]。目前，循环平稳已经成为诸多物理现象的数学模型，在非平稳信号的研究与应用中具有鲜明的特性。在信号处理领域，均值和自相关函数呈周期性变化，或者近似为周期性的信号被称为循环平稳信号[19]。这类信号的特性与平稳过程十分相近，与非平稳过程相比其更容易建模实现。

这里向读者介绍二阶循环平稳特性。二阶循环平稳是指在循环频率α（$\alpha\neq0$）处[20]，信号得到的循环自相关函数$\boldsymbol{R}_{xx}^{\alpha}(k_0)\neq0$，因此，非平稳复信号$\boldsymbol{x}(k)$的自相关函数表达式为

$$\boldsymbol{R}_{xx}(k,k_0)=\text{E}[\boldsymbol{x}(k)\boldsymbol{x}^*(k-k_0)] \tag{5.66}$$

在实际应用中，也可以将式（5.66）写成

$$\boldsymbol{R}_{xx}(k,k_0)=\text{E}[\boldsymbol{x}(k+k_0/2)\boldsymbol{x}^*(k-k_0/2)] \tag{5.67}$$

若$\boldsymbol{R}_{xx}(k,k_0)$的周期为$T_0$，对其求时间平均，可以将式（5.67）写为

$$\boldsymbol{R}_{xx}(k,k_0)=\lim_{N\to\infty}\frac{1}{K}\sum_{k=1}^{K}\boldsymbol{x}(k+k_0/2)\boldsymbol{x}^*(k-k_0/2) \tag{5.68}$$

用傅里叶级数展开式（5.68），有

$$\boldsymbol{R}_{xx}(k,k_0)=\sum_{k=-\infty}^{\infty}\boldsymbol{R}_{xx}^{\alpha}(k_0)\mathrm{e}^{\mathrm{j}2\pi\alpha k} \tag{5.69}$$

式中，$\alpha=m/T_0$，$\boldsymbol{R}_{xx}^{\alpha}(k_0)$为$\boldsymbol{R}_{xx}(k,k_0)$的傅里叶级数，即

$$\boldsymbol{R}_{xx}(k,k_0)=\lim_{K\to\infty}\frac{1}{K}\sum_{k=1}^{K}\boldsymbol{R}_{xx}(k,k_0)\mathrm{e}^{-\mathrm{j}2\pi\alpha k} \tag{5.70}$$

将式（5.68）代入式（5.70），可得

$$\boldsymbol{R}_{xx}^{\alpha}(k_0)=\left\langle \boldsymbol{x}(k+k_0/2)\boldsymbol{x}^{*}(k-k_0/2)\mathrm{e}^{-\mathrm{j}2\pi\alpha k}\right\rangle_K \tag{5.71}$$

式中，$\boldsymbol{R}_{xx}^{\alpha}(k_0)$为信号$\boldsymbol{x}(k)$的循环自相关函数。

根据自相关函数的性质，可以判断随机过程的一些本质属性：

（1）若$\boldsymbol{R}_{xx}^{\alpha}(k_0)$存在，且对于$\forall\alpha\neq 0$，有$\boldsymbol{R}_{xx}^{\alpha}(k_0)=0$成立，则信号为平稳信号；

（2）若$\boldsymbol{R}_{xx}^{\alpha}(k_0)$存在，当$\boldsymbol{R}_{xx}^{\alpha}(k_0)\neq 0$时，至少存在一个不等于零的循环频率$\alpha$，则信号是循环平稳信号。

二阶循环平稳特性，即对不具有周期性的信号，利用平方变换等技术进行处理，使其变换为具有周期性的平稳信号。而基于循环平稳特性的盲算法主要由 CAB 类算法构成，主要包括 CAB 算法、约束周期自适应波束形成（Constrained CAB，CCAB）算法、具有较强稳健性的自适应波束形成（Robust CAB，RCAB）算法[21, 22]。本节接下来对这 3 类算法展开介绍。

1. CAB 算法

CAB 算法的代价函数是

$$\begin{cases}\max\limits_{\boldsymbol{w},\boldsymbol{c}}|\boldsymbol{w}^{\mathrm{H}}\hat{\boldsymbol{R}}_{xu}\boldsymbol{c}|^2=\max\limits_{\boldsymbol{w},\boldsymbol{c}}\boldsymbol{w}^{\mathrm{H}}\hat{\boldsymbol{R}}_{xu}\boldsymbol{c}\boldsymbol{c}^{\mathrm{H}}\hat{\boldsymbol{R}}_{xu}^{\mathrm{H}}\boldsymbol{w}\\ \boldsymbol{w}^{\mathrm{H}}\boldsymbol{w}=\boldsymbol{c}^{\mathrm{H}}\boldsymbol{c}=1\end{cases} \tag{5.72}$$

式中，$\hat{\boldsymbol{R}}_{xu}$是循环自相关矩阵，$\hat{\boldsymbol{R}}_{xu}=\hat{\boldsymbol{R}}_{xu}(k_0)=\dfrac{1}{K}\sum_{k=1}^{K}\boldsymbol{x}(k)\boldsymbol{u}^{\mathrm{H}}(k)$，可以看成$\boldsymbol{x}(k)$和$\boldsymbol{u}(k)$的互相关矩阵。当$\alpha$是循环频率时，$\boldsymbol{u}(k)=\boldsymbol{x}(k-k_0)\mathrm{e}^{\mathrm{j}2\pi\alpha k}$；当$\alpha$是共轭循环频率时，$\boldsymbol{u}(k)=\boldsymbol{x}^{*}(k-k_0)\mathrm{e}^{\mathrm{j}2\pi\alpha k}$。用拉格朗日乘子法求解式（5.72）的最优化问题，令代价函数为

$$\xi(\boldsymbol{w},\boldsymbol{c})=\boldsymbol{w}^{\mathrm{H}}\hat{\boldsymbol{R}}_{xu}\boldsymbol{c}\boldsymbol{c}^{\mathrm{H}}\hat{\boldsymbol{R}}_{xu}^{\mathrm{H}}\boldsymbol{w}-\mu(\boldsymbol{w}^{\mathrm{H}}\boldsymbol{w}-1)-\lambda(\boldsymbol{c}^{\mathrm{H}}\boldsymbol{c}-1) \tag{5.73}$$

利用式（5.73），对 $\boldsymbol{w}$ 和 $\boldsymbol{c}$ 分别求偏导数，并令其为零，可得 $\hat{\boldsymbol{R}}_{xu}\hat{\boldsymbol{R}}_{xu}^{\mathrm{H}}\boldsymbol{w}=\xi\boldsymbol{w}$ 及 $\hat{\boldsymbol{R}}_{xu}\hat{\boldsymbol{R}}_{xu}^{\mathrm{H}}\boldsymbol{c}=\xi\boldsymbol{c}$，从而可知 $\boldsymbol{w}$ 和 $\boldsymbol{c}$ 分别是矩阵 $\hat{\boldsymbol{R}}_{xu}$ 的左右奇异矢量。由于 $\boldsymbol{w}^{\mathrm{H}}\hat{\boldsymbol{R}}_{xu}\boldsymbol{c}$ 是矩阵 $\hat{\boldsymbol{R}}_{xu}$ 的最大奇异值，因此 $\boldsymbol{w}$ 和 $\boldsymbol{c}$ 的最佳选择应满足

$$\boldsymbol{w}^{\mathrm{H}}\hat{\boldsymbol{R}}_{xu}\boldsymbol{c}=\xi_{\max} \tag{5.74}$$

此时求出的 $\boldsymbol{w}_{\mathrm{opt}}$ 就是矩阵 $\hat{\boldsymbol{R}}_{xu}$ 的左奇异矢量。

2. CCAB 算法

依据线性约束最小方差准则可以在干扰信号方向形成较深的零陷，有效地降低噪声的影响，由此可以推算得到具有一定约束能力的 CAB 算法，即 CCAB 算法，有

$$\boldsymbol{w}_{\mathrm{CCAB}}=\hat{\boldsymbol{R}}_{xx}^{-1}\boldsymbol{w}_{\mathrm{CAB}} \tag{5.75}$$

3. RCAB 算法

为有效地解决 CCAB 算法稳定性不够高的缺点，本节推导出了具有较高稳健性的 RCAB 算法，其最佳加权矢量为

$$\boldsymbol{w}_{\mathrm{RCAB}}=(\hat{\boldsymbol{R}}_{\boldsymbol{I}}+\lambda\boldsymbol{I})^{-1}\boldsymbol{w}_{\mathrm{CAB}} \tag{5.76}$$

式中，λ 为拉格朗日乘子，$\boldsymbol{R}_{\boldsymbol{I}}$ 为干扰信号和噪声之和的自相关矩阵，则

$$\hat{\boldsymbol{R}}_{\boldsymbol{I}}=\hat{\boldsymbol{R}}_{xx}-\hat{\boldsymbol{R}}_{ss} \tag{5.77}$$

对于单一期望信号来说，可以得到 $\boldsymbol{s}(k)$ 的自相关函数

$$\hat{\boldsymbol{R}}_{ss}=\hat{\boldsymbol{a}}(\theta)\hat{\boldsymbol{r}}_{ss}(\theta)\boldsymbol{a}^{\mathrm{H}}(\theta) \tag{5.78}$$

将式（5.78）代入式（5.77），可以得到

$$\hat{\boldsymbol{R}}_{\boldsymbol{I}}=\hat{\boldsymbol{R}}_{xx}-\hat{\boldsymbol{a}}(\theta)\hat{\boldsymbol{r}}_{ss}(\theta)\boldsymbol{a}^{\mathrm{H}}(\theta) \tag{5.79}$$

当 $\lambda=0$ 时，式（5.76）变为

$$\boldsymbol{w}_{\mathrm{RCAB}}=\hat{\boldsymbol{R}}_{\boldsymbol{I}}^{-1}\boldsymbol{w}_{\mathrm{CAB}} \tag{5.80}$$

式中，$\hat{\boldsymbol{R}}_{\boldsymbol{I}}^{-1}$ 可以写成

$$\begin{aligned}\hat{\boldsymbol{R}}_{\boldsymbol{I}}^{-1}&=[\hat{\boldsymbol{R}}_{xx}-\hat{\boldsymbol{a}}(\theta)\hat{\boldsymbol{r}}_{ss}(\theta)\boldsymbol{a}^{\mathrm{H}}(\theta)]^{-1}\\&=\hat{\boldsymbol{R}}_{xx}^{-1}-\frac{\hat{\boldsymbol{R}}_{xx}^{-1}\hat{\boldsymbol{a}}(\theta)\hat{\boldsymbol{a}}^{\mathrm{H}}(\theta)\hat{\boldsymbol{R}}_{xx}^{-1}}{\hat{\boldsymbol{a}}^{\mathrm{H}}(\theta)\hat{\boldsymbol{R}}_{xx}^{-1}\hat{\boldsymbol{a}}^{\mathrm{H}}(\theta)-1/\hat{\boldsymbol{r}}_{ss}(\tau)}\end{aligned} \tag{5.81}$$

将式（5.75）与式（5.80）、式（5.81）进行比较，可知 $\boldsymbol{w}_{\mathrm{RCAB}} \approx \boldsymbol{w}_{\mathrm{CCAB}}$。

5.3.4 SCORE 类算法

具有代表性的盲自适应波束形成算法还有 SCORE 类算法，其主要包括 LS-SCORE 算法、Cross-SCORE 算法和 Auto-SCORE 算法[23]。

1. LS-SCORE 算法

LS-SCORE 算法处理器框图如图 5.4 所示。

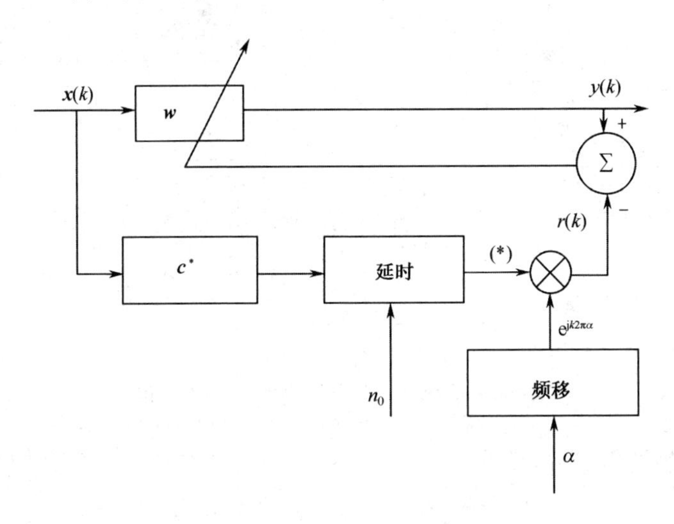

图 5.4 LS-SCORE 算法处理器框图

定义参考信号为

$$r(k) = \boldsymbol{c}^{\mathrm{H}} \boldsymbol{x}(k - k_0) \mathrm{e}^{\mathrm{j}2\pi\alpha k} \tag{5.82}$$

式中，$\boldsymbol{c}$ 为控制矢量。

定义 LS-SCORE 算法的代价函数为

$$F_{\mathrm{SC}}(\boldsymbol{w}, \boldsymbol{c}) = \left\langle | y(k) - r(k) |^2 \right\rangle \tag{5.83}$$

式中，$y(k) = \boldsymbol{w}^{\mathrm{H}} \boldsymbol{x}(k)$，$\langle \cdot \rangle_K$ 表示在 $[0, K]$ 内的平均。

由式（5.83）求最佳加权矢量，可得

$$\boldsymbol{w}_{\mathrm{SC}} = \boldsymbol{R}_{xx}^{-1} \boldsymbol{R}_{xr} \tag{5.84}$$

式中，$\boldsymbol{R}_{xx}$ 和 $\boldsymbol{R}_{xr}$ 分别为自相关矩阵和互相关矩阵在 $[0,K]$ 内的平均。

通过以上的分析我们可以知道，当 $K \to \infty$ 时，LS-SCORE 算法可以输出最大信干噪比（SINR）。

2. Cross-SCORE 算法

Cross-SCORE 算法处理器框图如图 5.5 所示。

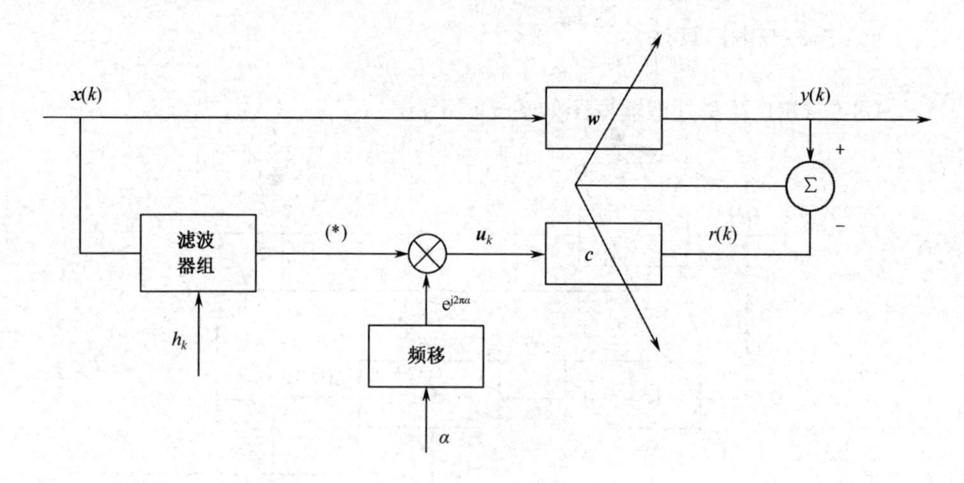

图 5.5　Cross-SCORE 算法处理器框图

Cross-SCORE 算法的核心是，将 $y(k)$ 和 $r(k)$ 的互相关系数最大化，即

$$\hat{F}_{\mathrm{SC}}(\boldsymbol{w},\boldsymbol{c}) = \frac{|\boldsymbol{R}_{yr}|^2}{[\boldsymbol{R}_{yy}\boldsymbol{R}_{rr}]} = \frac{|\boldsymbol{w}^{\mathrm{H}}\boldsymbol{R}_{xu}\boldsymbol{c}|^2}{|\boldsymbol{w}^{\mathrm{H}}\boldsymbol{R}_{x}\boldsymbol{w}\|\boldsymbol{c}^{\mathrm{H}}\boldsymbol{R}_{uu}\boldsymbol{c}|} \tag{5.85}$$

式中，$\boldsymbol{R}_{xu}$ 为循环自相关函数，其与 $\boldsymbol{R}_{xx}^{\alpha}(k_0)$ 相等。

另外，$\boldsymbol{u}(k)$ 被定义为控制信号矢量，有

$$\boldsymbol{u}(k) = \boldsymbol{x}(k)\mathrm{e}^{\mathrm{j}2\pi\alpha k} \Rightarrow r(k) = \boldsymbol{c}^{\mathrm{H}}\boldsymbol{u}(k) \tag{5.86}$$

代价函数 $\hat{F}_{\mathrm{SC}}(\boldsymbol{w},\boldsymbol{c})$ 是 $y(k)$ 在循环频率 α 处的非精确测量手段。利用 Cauchy-Schwarz 不等式，可以求出 $\boldsymbol{c}$ 和 $\boldsymbol{w}$ 的最优解满足下式，即 LS-SCORE 算法的解，有

$$\boldsymbol{w}_{\mathrm{opt}} = \boldsymbol{R}_{xx}^{-1}\boldsymbol{R}_{xu}\boldsymbol{c} \tag{5.87}$$

$$\boldsymbol{c}_{\mathrm{opt}} = \boldsymbol{R}_{uu}^{-1}\boldsymbol{R}_{ux}\boldsymbol{w} \tag{5.88}$$

将式（5.88）代入式（5.85），可得

$$\hat{F}_{\mathrm{SC}}(\boldsymbol{w},\boldsymbol{c})=\frac{\boldsymbol{w}^{\mathrm{H}}[\boldsymbol{R}_{xu}\boldsymbol{R}_{uu}^{-1}\boldsymbol{R}_{ux}]\boldsymbol{w}}{\boldsymbol{w}^{\mathrm{H}}\boldsymbol{R}_{xx}\boldsymbol{w}} \tag{5.89}$$

由式（5.89）可知，最优解 $\boldsymbol{w}$ 的解满足

$$\lambda\boldsymbol{R}_{xx}\boldsymbol{w}=[\boldsymbol{R}_{xu}\boldsymbol{R}_{uu}^{-1}\boldsymbol{R}_{ux}]\boldsymbol{w} \tag{5.90}$$

式中，$\boldsymbol{w}_{\mathrm{opt}}$ 就是式（5.90）广义最大特征值对应的特征矢量。

3. Auto-SCORE 算法

Auto-SCORE 算法不需要设定控制矢量，其代价函数为

$$\hat{F}_{\mathrm{SC}}(\boldsymbol{w})=\frac{\boldsymbol{w}^{\mathrm{H}}\boldsymbol{R}_{xx}^{\alpha}(k_0)\boldsymbol{w}}{\boldsymbol{w}^{\mathrm{H}}\boldsymbol{R}_{xx}\boldsymbol{w}} \tag{5.91}$$

其最优解与式（5.90）一样，都是求解相关函数广义特征值的主特征矢量，即

$$\lambda\boldsymbol{R}_{xx}\boldsymbol{w}=[\hat{\boldsymbol{R}}_{xu}\boldsymbol{R}_{uu}^{-1}\hat{\boldsymbol{R}}_{ux}]\boldsymbol{w} \tag{5.92}$$

式中，$\hat{\boldsymbol{R}}_{xu}$ 是 $\boldsymbol{x}(k)$ 和 $\boldsymbol{u}(k)$ 的对称互相关阵，满足

$$\hat{\boldsymbol{R}}_{xu}=\frac{1}{2}\left[\boldsymbol{R}_{xu}+\boldsymbol{R}_{xu}^{\mathrm{T}}\right] \tag{5.93}$$

参考文献

[1] Nehaorai A, Ho K C, Tan B T C. Minimum-noise-variance beamformer with an electromagnetic vector sensor[J]. IEEE Trans. Signal Processing, 1999, 47（3）: 601-518.

[2] 徐振海，王雪松，施龙飞，等. 信号最优极化滤波及性能分析[J]. 电子与信息学报，2006，28（3）：498-501.

[3] 徐振海，王雪松，肖顺平，等. 极化敏感阵列滤波性能分析：完全极化情形[J]. 电子学报，2004，32（8）：79-82.

[4] 王雪松，徐振海，代大海，等. 干扰环境中部分极化信号的最佳滤波[J]. 电子与信息学报，2004，26（4）：593-597.

[5] 王雪松，代大海，徐振海，等. 极化滤波器的性能评估与选择[J]. 自然科学进展，2004，14（4）：442-448.

[6] 徐振海，王雪松，肖顺平，等. 极化敏感阵列滤波性能分析：相关干扰情形[J]. 通信学报，2004，25（10）：8-15.

[7] Park H R, Wang H, Li J. An adaptive polarization-space-time processor for radar system[C]. International Symposium Antennas and Propagation, 1993.6, 28: 698-701.

[8] Park H R, Li J, Wang H. Polarization-space-time domain generalized likelihood ratio detection of radar targets[J]. Signal Processing, 1995, 41(2): 153-164.

[9] Weiss A J, and Friedlander B. Maximum likelihood signal estimation for polarization sensitive arrays[J]. IEEE Transactions on Antennas and Propagation, 1993, 41(7): 918-925.

[10] 徐振海，王雪松，肖顺平. 极化敏感阵列信号检测：部分极化情形[J]. 电子学报，2004，32（6）：938-941.

[11] Li J, and Compton R T Jr. Angle estimation using a polarization sensitive array[J]. IEEE Transactions on Antenna and Propagation, 1991, 39(10): 1539-1543.

[12] Li J, and Compton R T Jr. Angle and polarization estimation using ESPRIT with a polarization sensitive array[J]. IEEE Transactions on Antenna and Propagation, 1991, 39(9): 1376-1383.

[13] 董春蕾. 基于空频多波束处理的自适应抗干扰天线技术研究[D]. 哈尔滨：哈尔滨工程大学，2014.

[14] 冯晓宇，谢军伟，张晶. 基于改进最速下降 LCMV 算法的稳健波束形成[J]. 传感器与微系统，2018，37（4）：108-111.

[15] 郭昊. 基于信号循环平稳性的多波束抗干扰技术研究及 FPGA 实现[D]. 哈尔滨：哈尔滨工程大学，2017.

[16] 张小飞，陈华伟. 阵列信号处理及 MATLAB 实现[M]. 北京：电子工业出版社，2015.

[17] 张小飞，汪飞，陈伟华. 阵列信号处理的理论与应用[M]. 2 版. 北京：国防工业出版社，2013.

[18] Gardner W A, and Antonio N. Review cyclostationarity: Half a century of research[J]. Signal Process, 2006, 86: 639-697.

[19] 苏中元，贾民平. 基于希尔伯特—黄变换周期平稳类微弱故障信号检测[J]. 东南大学学报（自然科学版），2006，36（3）：389-392.

[20] 黄只涛，周一宇，姜文利. 循环平稳信号处理与应用[M]. 北京：科学出版社，2006.

[21] 杨福生，洪波. 独立分量分析的原理与应用[M]. 北京：清华大学出版社，2006.

[22] Zhang W, and Liu W. Low-complexity blind beamforming based on cyclostationarity[C]. Signal Processing Conference, 2012: 1-5.

[23] 王永良，陈辉，等. 空间谱估计理论与算法[M]. 北京：清华大学出版社，2004.

第6章

空域抗干扰技术

无线通信系统在进行消息传递过程中，往往会受到环境中各种因素的干扰。要有效地保证无线通信系统功能的正常发挥，必须采用抗干扰技术提高无线通信的质量。空域抗干扰技术是其中重要的一种方式，而基于自适应信号处理的抗干扰技术也是通信、导航、声呐等系统抗干扰技术的发展趋势[1]。目前最常用的两种自适应阵列天线结构包括空域自适应阵列天线和空时联合自适应阵列天线[2]。

6.1 空域抗干扰技术概述

在阵列天线抗干扰技术中，空域自适应阵列信号处理技术利用阵列天线的空间选择性分辨期望信号和干扰信号，采用一定的算法自动跟踪和调整各个阵列天线单元的加权系数，可得到波束主瓣指向期望信号方向、零点指向干扰信号方向的天线方向图，能提高输出的信干噪比，进而改善阵列天线的抗干扰性能。

自适应调零天线技术是空域自适应抗干扰技术中比较常用的一种抗干扰技术。其中，最常用的阵列结构模型是功率倒置（Power Inversion，PI）阵列，其被广泛地应用于强干扰信号接收环境。本节对阵列天线的抗干扰技术进行研究，阵列天线信号处理的模型——功率倒置阵列模型如图 6.1 所示。

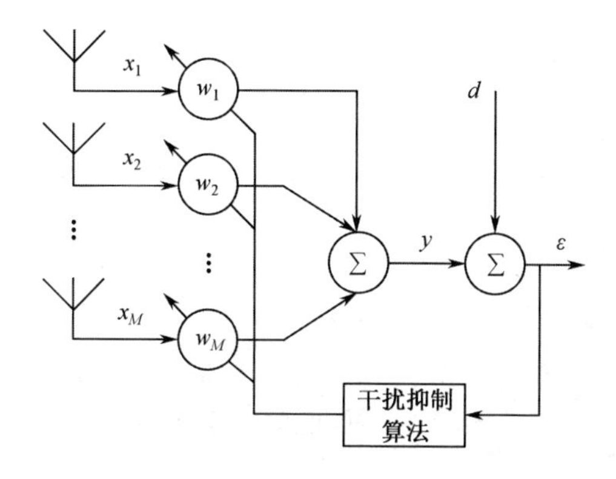

图 6.1　功率倒置阵列模型

6.2　LMS 改进算法

6.2.1　稳健 LMS 算法

对于传统的 LMS 算法[3]，步长因子 μ 是满足收敛条件下的一个常数，当其取值较大时，LMS 算法的收敛速度较快，但稳定性较低；当其取值较小时，LMS 算法的稳定性较高，但收敛速度较慢[4]。为了消除矛盾，许多学者提出了多种改进的 LMS 算法，主要有变步长 LMS 算法和变换域 LMS 算法等。前者通过对步长的调整来克服矛盾，后者则从输入信号自相关矩阵特征值的分布特性出发来解决问题。

多约束最小均方（Multiple Constrained Least Mean Square，MC-LMS）算法，可以提高 LMS 算法的稳健性，对误差信号进行平滑处理，并通过对各项误差信号的线性约束来完成自适应处理，从而在略微增加计算量的基础上，改善传统 LMS 算法的收敛性和稳定性。在此基础上，MC-LMS 算法还可以对算法的步长进行调整和变换域处理，并根据信号的特性自适应调整进行滤波，进一步提升算法的抗干扰性。MC-LMS 算法结构如图 6.2 所示。

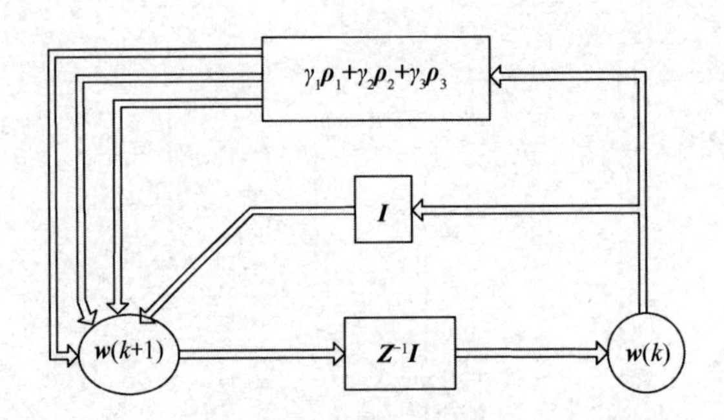

图 6.2　MC-LMS 算法结构

第 5 章已经推导了 LMS 算法的加权矢量迭代公式，即

$$\boldsymbol{w}(k+1)=\boldsymbol{w}(k)+2\mu\boldsymbol{x}(k)\varepsilon^*(k) \tag{6.1}$$

其误差信号表达式为

$$\varepsilon(k)=d(k)-y(k) \tag{6.2}$$

利用第 k 个快拍的误差信号式（6.2），可得第 $k-1$ 个快拍、第 $k-2$ 个快拍的误差信号表达式为

$$\varepsilon(k-1)=d(k-1)-y(k-1) \tag{6.3}$$

$$\varepsilon(k-2)=d(k-2)-y(k-2) \tag{6.4}$$

将 $k-1$ 、$k-2$ 时刻的阵列信号矢量表示为 $\boldsymbol{x}(k-1)$ 、$\boldsymbol{x}(k-2)$ ，则加权矢量迭代式（6.1）可修改为

$$\boldsymbol{w}(k+1)=\boldsymbol{w}(k)+2\mu[\gamma_1\boldsymbol{x}(k)\varepsilon^*(k)+\gamma_2\boldsymbol{x}(k-1)\varepsilon^*(k-1)+\gamma_3\boldsymbol{x}(k-2)\varepsilon^*(k-2)] \tag{6.5}$$

在式（6.5）中，γ_1、γ_2、γ_3 为比例系数，均为满足下面约束条件的常数

$$0\leqslant\gamma_1\leqslant1 \tag{6.6}$$

$$0\leqslant\gamma_2\leqslant1 \tag{6.7}$$

$$0\leqslant\gamma_3\leqslant1 \tag{6.8}$$

令

$$\boldsymbol{\rho}_1=\boldsymbol{x}(k)\varepsilon^*(k) \tag{6.9}$$

$$\boldsymbol{\rho}_2=\boldsymbol{x}(k-1)\varepsilon^*(k-1) \tag{6.10}$$

$$\boldsymbol{\rho}_3=\boldsymbol{x}(k-2)\varepsilon^*(k-2) \tag{6.11}$$

那么，MC-LMS 算法的加权矢量迭代公式可以定义为

$$\boldsymbol{w}(k+1)=\boldsymbol{w}(k)+2\mu(\gamma_1\boldsymbol{\rho}_1+\gamma_2\boldsymbol{\rho}_2+\gamma_3\boldsymbol{\rho}_3) \tag{6.12}$$

当$\gamma_1=1$，$\gamma_2=\gamma_3=0$时，式（6.12）等同于式（6.1），因此 LMS 算法可以看作 MC-LMS 算法的一个特例。MC-LMS 算法的收敛条件同 LMS 算法的收敛条件，即

$$0<\mu<2/\lambda_{\max} \tag{6.13}$$

MC-LMS 算法的流程如表 6.1 所示。

表 6.1　MC-LMS 算法的流程

参数	M 为阵列天线阵元数，步长因子为 μ，其中 $0<\mu<2/\lambda_{\max}$ 比例系数 $0<\gamma_1<1$、$0<\gamma_2<1$、$0<\gamma_3<1$，矢量积为 $\boldsymbol{\rho}_1$、$\boldsymbol{\rho}_2$、$\boldsymbol{\rho}_3$
初始化	$\boldsymbol{w}(0)=0$，或者由先验知识确定，$\boldsymbol{\rho}_1=\boldsymbol{\rho}_2=\boldsymbol{\rho}_3=0$
运算步骤	对于 $k=1,2\cdots$ ①给定 $\boldsymbol{x}(k)$ 和 $d(k)$； ②滤波 $y(k)=\boldsymbol{w}^{\mathrm{H}}(k)\boldsymbol{x}(k)$； ③赋值 $\boldsymbol{\rho}_2=\boldsymbol{\rho}_1$，$\boldsymbol{\rho}_3=\boldsymbol{\rho}_2$； ④误差估计 $\varepsilon(k)=d(k)-y(k)$； ⑤求矢量积 $\boldsymbol{\rho}_1=\boldsymbol{x}(k)\varepsilon^*(k)$； ⑥加权矢量更新 $\boldsymbol{w}(k+1)=\boldsymbol{w}(k)+2\mu(\gamma_1\boldsymbol{\rho}_1+\gamma_2\boldsymbol{\rho}_2+\gamma_3\boldsymbol{\rho}_3)$

根据 MC-LMS 算法可知，算法每迭代一次的计算量为 $4N$ 次复数加法运算和 $2N+1$ 次复数乘法运算，同 LMS 算法的迭代计算量相比，并未增加复数乘法运算。

6.2.2　LMS 类算法仿真分析

在仿真分析中，阵列天线采用均匀圆阵，设其半径 $R=0.415\lambda$。假设存在一个有用信号以平面波入射的空间方位为（90°，180°），前者为俯仰角，后者为方位角。干扰信号和噪声同时存在，并假定信噪比（Signal Noise Ratio，SNR）为−30dB，干噪比（Interference Plus Noise Ratio，INR）为 40dB，下面通过仿真分析来测试 LMS 类算法的具体性能。

在分别存在单个窄带干扰、多个窄带干扰条件下，对自适应调零天线的

抗干扰性进行分析，并通过阵列天线的三维立体波束方向图和二维平面波束图直观给出其抗干扰效果。

设仅有窄带干扰信号存在，分别以（30° ，50°）、（70° ，130°）和（50° ，90°）方向入射，采用 LMS 算法和 MC-LMS 算法对其进行干扰抑制，分别讨论存在单个干扰和多个干扰时抗干扰算法的性能，并对仿真结果进行分析。

当有 1 个干扰信号时，如图 6.3 所示为信号频谱图的对比，其中，黑色为有用信号频谱，灰色为噪声信号频谱。为了表示两者的信噪比关系，将两者频谱体现于一幅图中。在实际应用中，期望信号将被淹没于噪声信号中。从图 6.3（a）中可以看出，噪声信号频谱功率比期望信号高 30dB，对其施加窄带干扰，观察其频谱图 6.3（b）中的黑色部分，干扰信号频谱高出噪声信号频谱 40dB 左右。在这种情况下，期望信号被完全淹没在干扰信号和噪声信号中。为了有效地接收期望信号，利用空域抗干扰技术，对各个阵元接收的信号（期望信号+噪声信号+窄带干扰信号）进行自适应加权处理，实现空域滤波。从图 6.3（b）中可以看出，窄带干扰信号被抑制到噪声限（图中灰色部分），无法再对期望信号进行干扰。

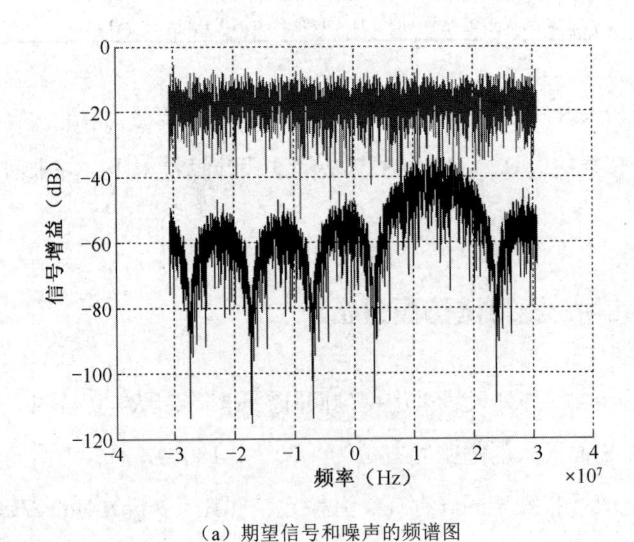

（a）期望信号和噪声的频谱图

图 6.3　信号频谱图的对比

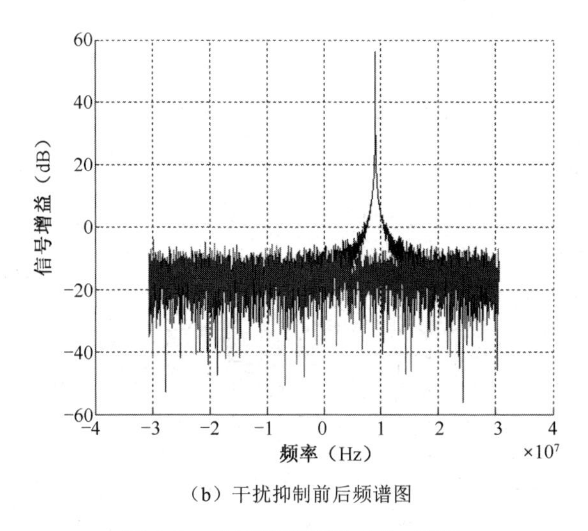

（b）干扰抑制前后频谱图

图 6.3　信号频谱图的对比（续）

为了观察 LMS 算法的抗干扰性能，图 6.4 给出了阵列天线信号处理后的波束方向图。图 6.4 表明，来自（30°，50°）的针状窄带干扰，经过 LMS 算法抗干扰处理后，在干扰信号方向形成深达 71.4441dB 的零陷，被有效地抑制掉。从图 6.4（a）阵列天线波束方向图中可以看出，除在干扰信号入射方向形成较深的

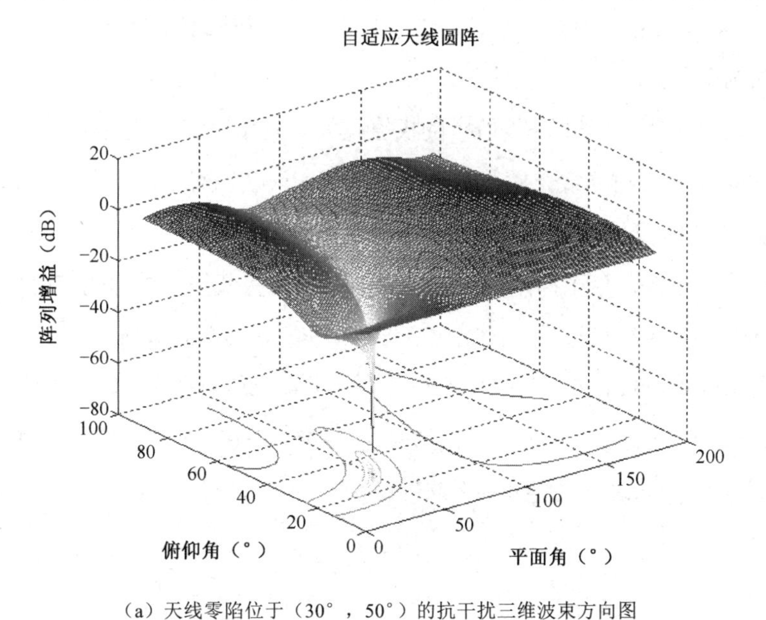

（a）天线零陷位于（30°，50°）的抗干扰三维波束方向图

图 6.4　LMS 算法抗干扰的三维和二维波束方向图

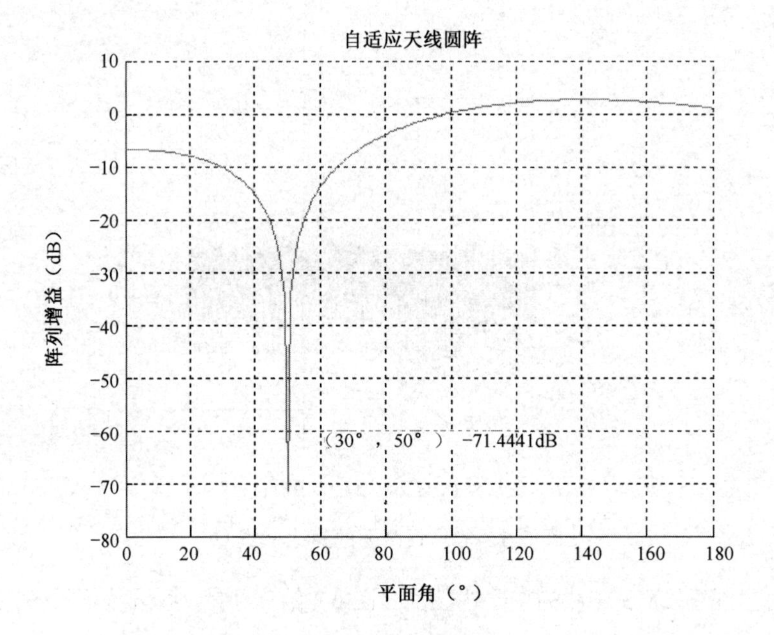

（b）俯仰角 30° 切面上天线零陷位于方位角 50° 的抗干扰二维波束方向图

图 6.4　LMS 算法抗干扰的三维和二维波束方向图（续）

零陷外，期望信号入射方向没有产生多余的零陷，并且波束方向图较为平滑，抗干扰性能良好。

通过图 6.5（a）和图 6.5（b）的权值收敛曲线和误差收敛曲线可以看出，在迭代 200 次左右时曲线开始收敛，并且权值和误差信号都趋于稳定状态，进一步验证了 LMS 算法的抗干扰性能。

在此基础上，为了提高算法的收敛速度，并保证信号处理的实时性，采用 MC-LMS 算法进行抗干扰，给出仿真波束方向图，如图 6.6 所示。

利用改进 MC-LMS 算法实现 PI 阵列，在 $\mu = 1/32$ 保持不变的情况下，对比图 6.4 的仿真结果可以看出，干扰信号在（30°，50°）的零陷加深 7.2135dB，抗干扰能力较 LMS 算法的抗干扰能力更好。

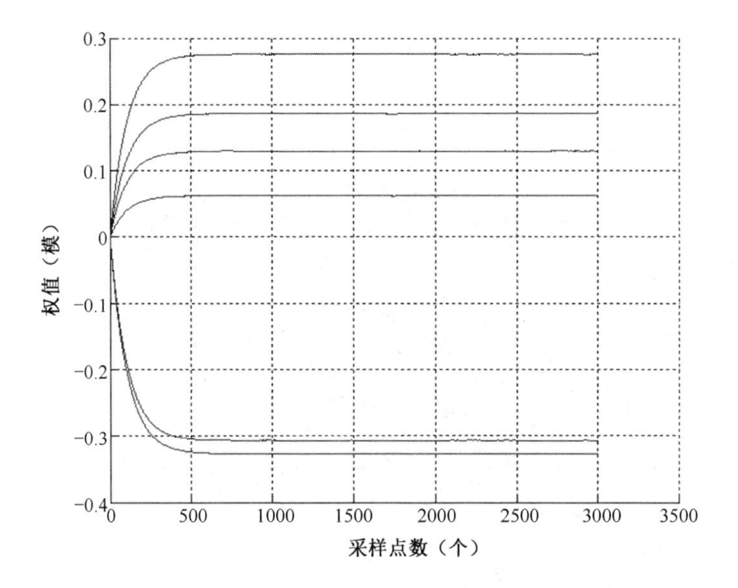

（a）权值收敛曲线

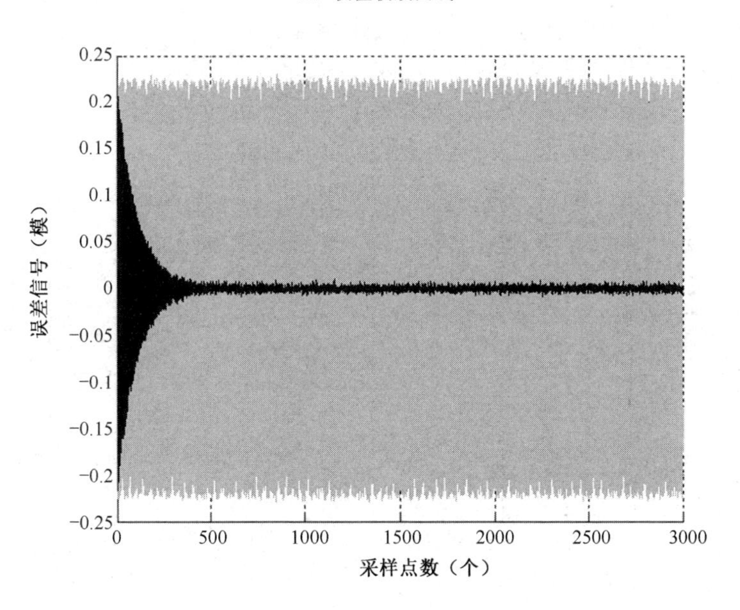

（b）误差收敛曲线

图 6.5　LMS 抗干扰算法的权值和误差收敛曲线

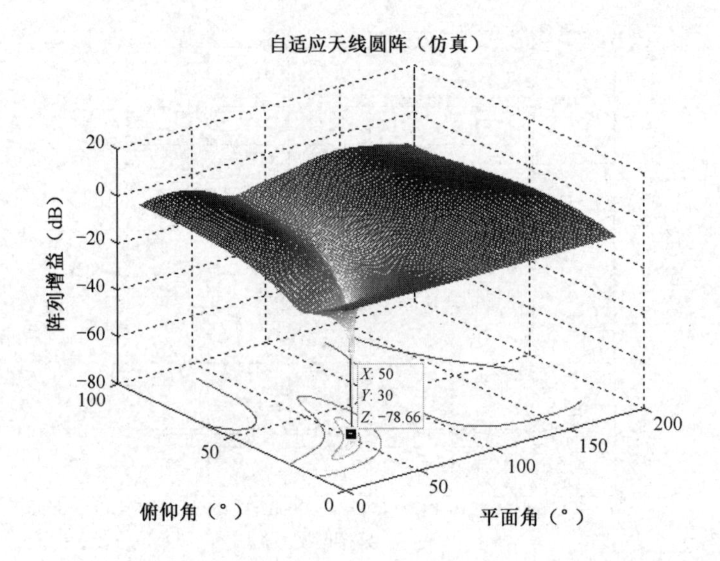

（a）天线增益零陷位于（30°，50°）的抗干扰三维波束方向图

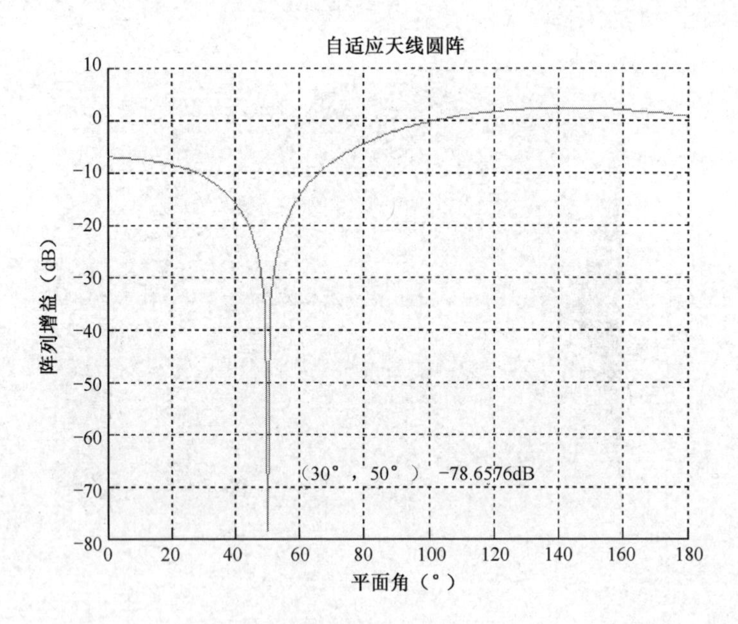

（b）俯仰角 30° 切面上天线增益零陷位于方位角 50° 的抗干扰二维波束方向图

图 6.6　MC-LMS 抗干扰算法的二维和三维波束方向图

如图 6.7 所示为 MC-LMS 算法的权值收敛曲线和误差收敛曲线。

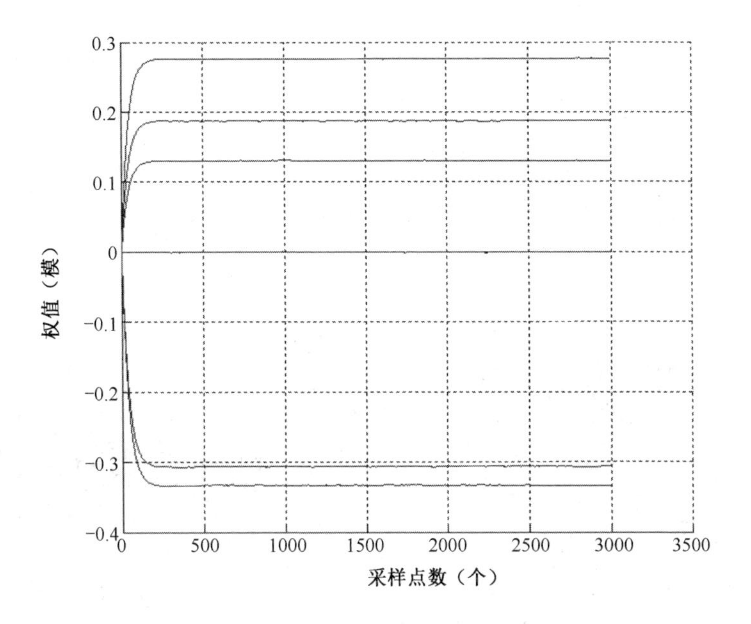

（a）权值收敛曲线

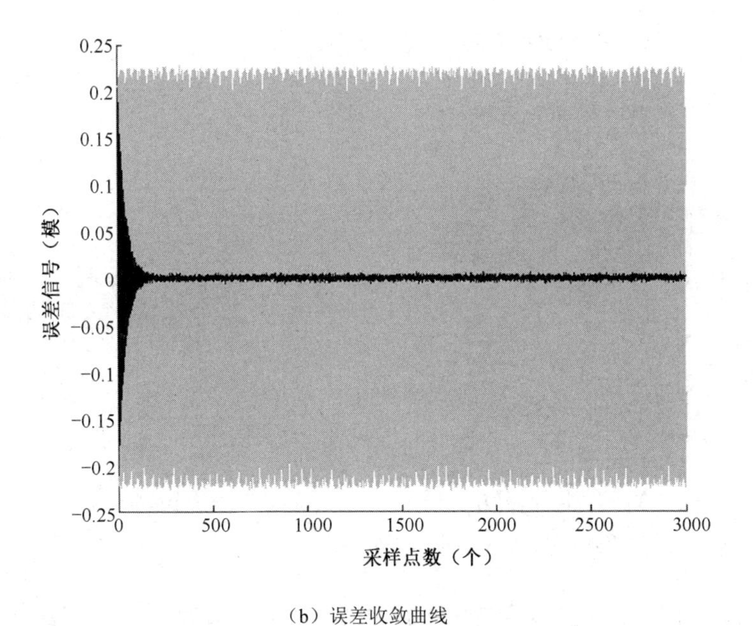

（b）误差收敛曲线

图 6.7　MC-LMS 算法的权值收敛曲线和误差收敛曲线

在系统模型确定的情况下，将图 6.7 与图 6.5 进行对比，可以看出 MC-LMS 抗干扰算法的收敛速度快、误差信号的稳定性高，能有效地保证信号处理的实时性，特别适用于对实时性要求较高的应用环境。总体来说，MC-LMS 算法的抗干扰性能优于 LMS 算法，并且算法简单、易于实现。

以上抗干扰性能的对比分析都是基于单个窄带干扰展开的，在存在多个干扰的情况下，基于 MC-LMS 算法的抗干扰波束方向图如图 6.8 所示。

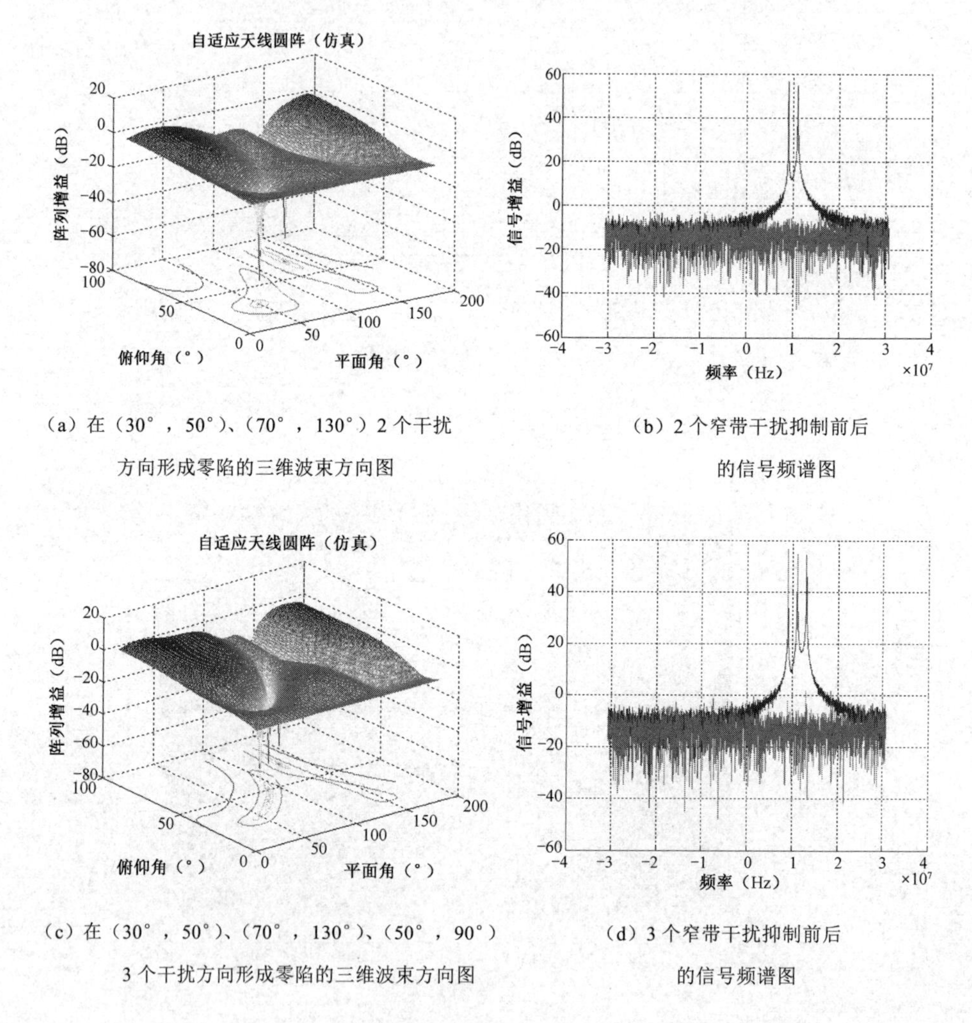

（a）在（30°，50°）、（70°，130°）2 个干扰方向形成零陷的三维波束方向图

（b）2 个窄带干扰抑制前后的信号频谱图

（c）在（30°，50°）、（70°，130°）、（50°，90°）3 个干扰方向形成零陷的三维波束方向图

（d）3 个窄带干扰抑制前后的信号频谱图

图 6.8　抗干扰零陷波束方向图及干扰抑制前后的信号频谱图

从图 6.8（a）和图 6.8（c）中可以看出，空域自适应天线抗干扰技术能有效抑制小于阵元个数的多个窄带干扰，并在其干扰方向准确地形成零陷。同时，从图 6.8（b）和图 6.8（d）的信号频谱图中也可以看出，干扰信号被抑制到噪声

限，不能起到干扰效果。

下面讨论当存在多个窄带干扰时，分别采用 LMS 算法和 MC-LMS 算法对阵列天线接收的信号进行处理，当分别存在 2 个、3 个窄带干扰信号时，考察抗干扰算法的收敛性和稳定性，如图 6.9 所示。

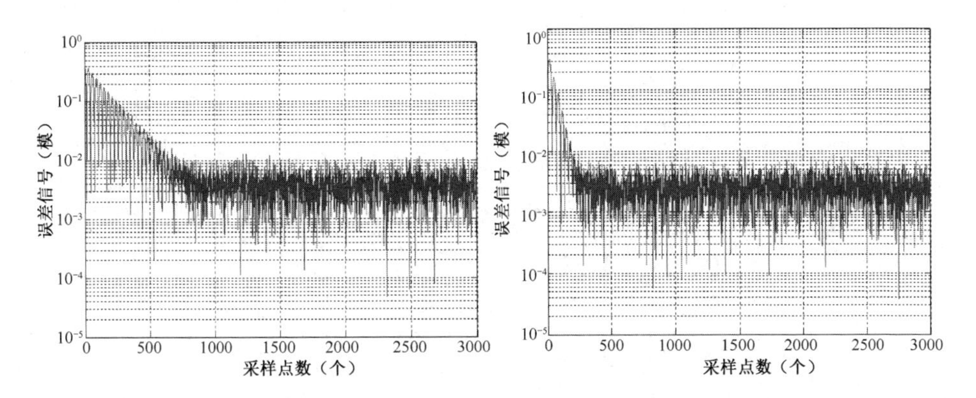

（a）LMS 算法抑制 2 个窄带干扰的误差收敛曲线　（b）MC-LMS 算法抑制 2 个窄带干扰的误差收敛曲线

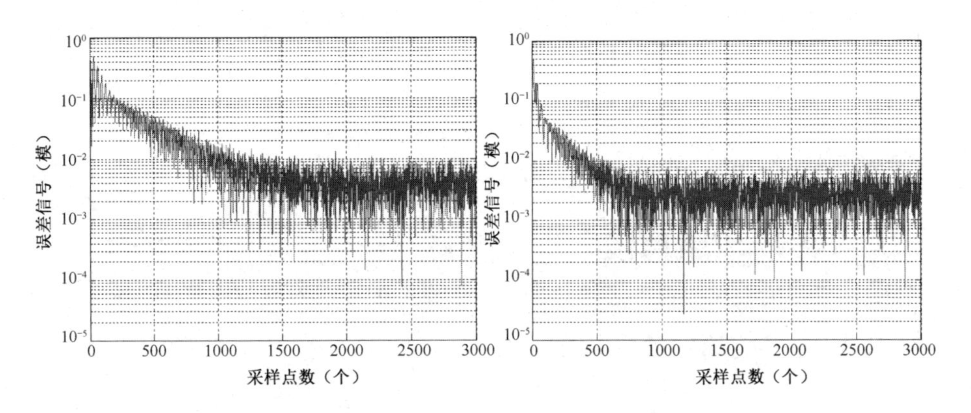

（c）LMS 算法抑制 3 个窄带干扰的误差收敛曲线　（d）MC-LMS 算法抑制 3 个窄带干扰的误差收敛曲线

图 6.9　抗干扰算法的误差收敛曲线

从图 6.9 可以看出，MC-LMS 算法的收敛速度较 LMS 算法明显更快；并且 MC-LMS 算法的误差更小，数量级接近 10^{-3}。可见，MC-LMS 算法在一定程度上解决了算法收敛性和稳定性的矛盾。

为了验证 MC-LMS 算法对多个窄带干扰信号的抑制能力，通过仿真分析该算法的有效性，对调零天线波束方向图中干扰信号方向的零陷深度进行总结，两种算法对干扰的抑制情况如表 6.2 所示。

表 6.2　LMS 算法和 MC-LMS 算法对干扰的抑制情况

干扰个数	干扰类型	干扰方位（°）	零陷深度	
			LMS 算法	MC-LMS 算法
2 个	窄带干扰	（30°，50°）	−69.6dB	−69.5dB
		（70°，130°）	−61.1dB	−75.9dB
3 个		（30°，50°）	−68.2dB	−71.5dB
		（70°，130°）	−60.5dB	−65.6dB
		（50°，90°）	−59.7dB	−63.8dB

从表 6.2 给出的 LMS 算法和 MC-LMS 算法这两种抗干扰算法对多个窄带干扰信号的抑制能力得知，MC-LMS 算法对窄带干扰信号的抑制能力强于 LMS 算法，最多相差 14.8dB。

因为系统模型采用的是 4 阵元 Y 字形阵列，阵列天线的自由度为 3，即系统最多能抑制 3 个干扰信号。当干扰数大于阵元个数时，调零波束方向图不能准确地在干扰方向形成零陷，并且会出现“虚零”现象。

6.3　RLS 改进算法

6.3.1　平方根 RLS 算法

RLS 算法是基于最小二乘法的一类迭代算法，其在递归输入信号的采样协方差矩阵求逆算法的基础上计算天线加权矢量[5]，详细推导过程见 5.3.2 节。

在 RLS 算法计算过程中，增益矢量迭代公式为

$$\boldsymbol{g}(k)=\frac{\boldsymbol{R}_{xx}^{-1}(k-1)\boldsymbol{x}(k)}{\lambda+\boldsymbol{x}^{\mathrm{H}}(k)\boldsymbol{R}_{xx}^{-1}(k-1)\boldsymbol{x}(k)} \tag{6.14}$$

式中，自相关矩阵 $\boldsymbol{R}_{xx}$ 的逆矩阵迭代公式为

$$\boldsymbol{R}_{xx}^{-1}(k)=\lambda^{-1}\left[\boldsymbol{R}_{xx}^{-1}(k-1)-\boldsymbol{g}(k)\boldsymbol{x}^{\mathrm{H}}(k)\boldsymbol{R}_{xx}^{-1}(k-1)\right] \tag{6.15}$$

则加权矢量迭代公式为

$$\boldsymbol{w}(k)=\boldsymbol{w}(k-1)+\boldsymbol{g}(k)\left[d^{*}(k)-\boldsymbol{x}^{\mathrm{H}}(k)\boldsymbol{w}(k-1)\right] \tag{6.16}$$

从推导得到 RLS 算法的公式中可以看出，采用递归迭代方式的缺点是加权矢量的迭代过程相对复杂。主要原因是：前面的 RLS 算法式（6.15）等号右侧一个因子表示为两个较相近的半正定矩阵相减的形式。这让我们联想到，含有两个相近正数相减形式作为因子时的情况，在要求计算快速收敛的情况下，其硬件实现的有效位数每经过一次递归迭代就会下降很多，导致随着迭代次数的增加，计算准确度也会较快降低。一个改进思路就是，结合平方根卡尔曼算法的思想，将式（6.16）等号右侧的形式改为几个因子相乘的形式。因为经过平方根处理后计算值的有效位数会减少，故对计算硬件设备的计算精度要求也会降低，从而可以改善经递归迭代收敛速度会变慢的状况。

前面已经证明 $\boldsymbol{R}_{xx}$ 为正定埃尔米特方阵，则根据埃尔米特方阵的性质，将其逆阵分解为

$$\boldsymbol{R}_{xx}^{-1}(k)=\boldsymbol{R}_{xx}^{-\mathrm{H}/2}(k)\boldsymbol{R}_{xx}^{-1/2}(k) \tag{6.17}$$

式中，$\boldsymbol{R}_{xx}^{-1/2}(k)$ 称为 $\boldsymbol{R}_{xx}^{-1}(k)$ 的平方根矩阵，故将此算法称为平方根 RLS 算法。若想求出 $\boldsymbol{R}_{xx}^{-1/2}(k)$，则需要求式（6.18），即

$$\begin{bmatrix} \boldsymbol{1} & \boldsymbol{x}^{\mathrm{H}}(k)\boldsymbol{R}_{xx}^{-1/2}(k-1) \\ \boldsymbol{0} & \lambda^{-1/2}\boldsymbol{R}_{xx}^{-1/2}(k-1) \end{bmatrix}\boldsymbol{Q}(k)=\begin{bmatrix} \gamma^{-1/2}(k) & \boldsymbol{0}^{\mathrm{T}} \\ \boldsymbol{g}(k)\gamma^{-1/2}(k) & \boldsymbol{R}_{xx}^{-1/2}(k) \end{bmatrix} \tag{6.18}$$

式中，λ 为自定义的常数，且 $0<\lambda\leqslant 1$；$\boldsymbol{0}$ 是 $M\times 1$ 个 0 的列向量；$\boldsymbol{Q}$ 则是一个酉型阵，且 $\boldsymbol{Q}\boldsymbol{Q}^{\mathrm{H}}=\boldsymbol{I}$，$\boldsymbol{I}$ 为单位阵。而矩阵中的 $\gamma(k)$ 被定义为

$$\begin{aligned}\gamma(k)&=1-\boldsymbol{g}^{\mathrm{H}}(k)\boldsymbol{x}(k)\\&=\frac{1}{1+\lambda^{-1}\boldsymbol{x}^{\mathrm{H}}(k)\boldsymbol{R}_{xx}^{-1}(k-1)\boldsymbol{x}(k)}\end{aligned} \tag{6.19}$$

由式（6.19）可以看出，$\gamma(k)$ 是一个不断更新的值。经过式（6.17）～式（6.19）就可以求解出 $\boldsymbol{R}_{xx}^{-1}(k)$。此时，可以归纳平方根 RLS 算法步骤如表 6.3 所示。

表 6.3　平方根 RLS 算法步骤

参数	M 为阵列天线阵元数，遗忘因子 $0<\lambda\leqslant 1$，调整参数为 δ
初始化	$\boldsymbol{w}(0)=0$，或者由先验知识确定，$\boldsymbol{R}_{xx}^{-1/2}(0)=\delta^{-1/2}\boldsymbol{I}$
运算步骤	对于 $k=1,2\cdots$ ①给定 $\boldsymbol{x}(k)$ 和 $d(k)$； ②滤波 $y(k)=\boldsymbol{w}^{\mathrm{H}}(k)\boldsymbol{x}(k)$； ③计算 $\gamma(k)$、$\boldsymbol{g}(k)$、$\boldsymbol{R}_{xx}^{-1}(k)$，有 $\gamma(k)=\dfrac{1}{1+\lambda^{-1}\boldsymbol{x}^{\mathrm{H}}(k)\boldsymbol{R}_{xx}^{-1}(k-1)\boldsymbol{x}(k)}$ $\begin{bmatrix}\boldsymbol{1} & \boldsymbol{x}^{\mathrm{H}}(k)\boldsymbol{R}_{xx}^{-1/2}(k-1)\\ \boldsymbol{0} & \lambda^{-1/2}\boldsymbol{R}_{xx}^{-1/2}(k-1)\end{bmatrix}\boldsymbol{Q}(k)=\begin{bmatrix}\gamma^{-1/2}(k) & \boldsymbol{0}^{\mathrm{T}}\\ \boldsymbol{g}(k)\gamma^{-1/2}(k) & \boldsymbol{R}_{xx}^{-1/2}(k)\end{bmatrix}$ ④加权矢量更新 $\boldsymbol{w}(k)=\boldsymbol{w}(k-1)+\boldsymbol{g}(k)\left[d^{*}(k)-\boldsymbol{x}^{\mathrm{H}}(k)\boldsymbol{w}(k-1)\right]$

改进后的 RLS 算法，可以在降低对硬件设备计算精度要求的前提下，保持原有的 RLS 算法的优点，同时算法的收敛度得到了提高，这是硬件应用的一个前提。

6.3.2　RLS 类算法仿真分析

接收阵列天线将采用 4 个阵元的 Y 字形圆阵，各阵元与圆心间距为半个波长。在仿真分析中采用球坐标系，以阵列天线的圆心为原点，并且以阵列天线的第 1 个阵元与原点的连线为 X 轴，在阵列天线平面中逆时针旋转垂直于 X 轴的方向为 Y 轴，那么通过原点且垂直于阵列天线平面的方向为 Z 轴。(θ,ϕ) 表示空间方位，其中，θ 为输入信号俯仰角，ϕ 为输入信号方位角[5]。在仿真分析中，阵列天线采用均匀圆阵，半径 $R=0.415\lambda$。假设存在一个期望信号以平面波入射的空间方位为（90°，180°），前者为俯仰角，后者为方位角。

在仿真分析中，设输入 1 个期望信号、3 个干扰信号。期望信号入射的空间方位为（90°，180°）；干扰信号是 2 个点频窄带信号和 1 个带宽调制信号，3 个干扰信号的方位角分别为（20°，30°）、（50°，90°）和（80°，150°）[5]。假定信噪比 SNR=−30dB，干噪比 INR=110dB，下面通过仿真分析来测试 RLS 类算法的具体性能[3]。

图 6.10～图 6.13 显示了在干噪比为 110dB 的情况下 RLS 类算法抑制干扰的三维波束方向图，以及在固定俯仰角上的二维波束方向图。

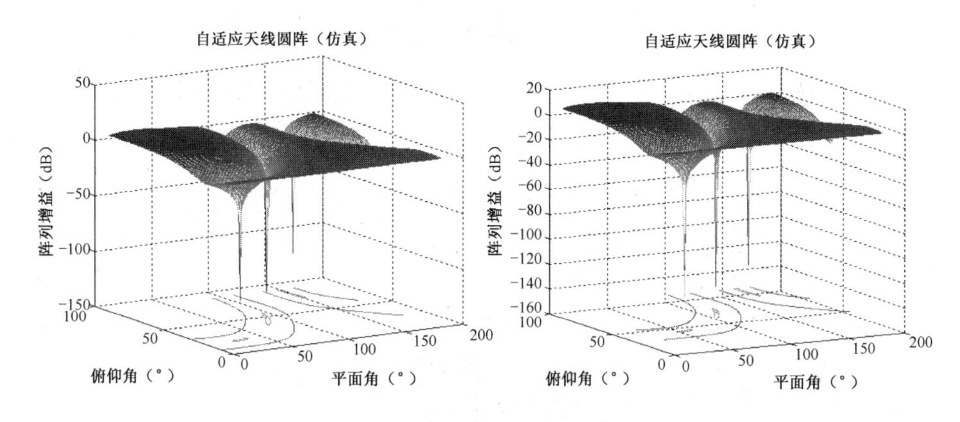

（a）RLS 算法抑制干扰的三维波束方向图　（b）平方根 RLS 算法抑制干扰的三维波束方向图

图 6.10　RLS 类算法抑制干扰的三维波束方向图

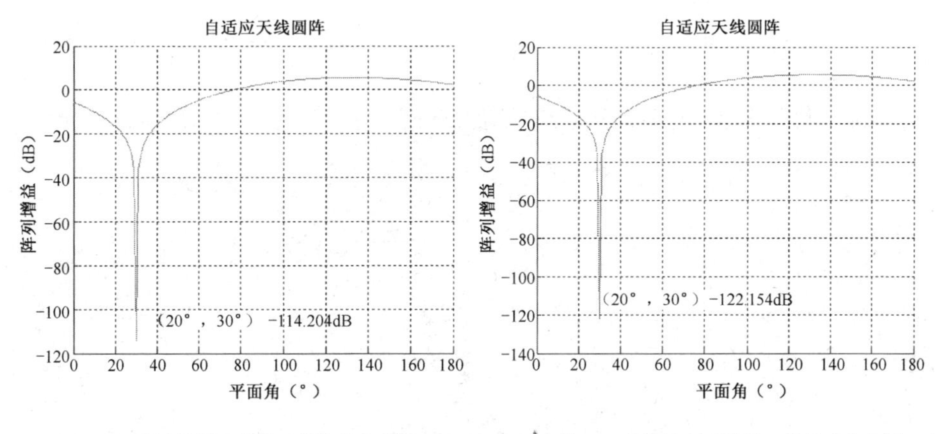

（a）RLS 算法抑制干扰的二维波束方向图　（b）平方根 RLS 算法抑制干扰的二维波束方向图

图 6.11　俯仰角 20°切面上天线波束零陷位于方位角 30°的抗干扰二维波束方向图

为了更直观地看出 RLS 算法改进前后的效果，针对自适应算法的收敛度，给出 RLS 算法和平方根 RLS 算法的对比图。同时，相应地给出三维空间波束方向图，以及固定俯仰角上的二维平面波束方向图，以方便对比 RLS 算法和平方根 RLS 算法的干扰抑制效果。如图 6.14（a）所示为在干噪比为 110dB 的情况下 RLS 算法的权值收敛情况，其中，横坐标为拍数。由图可见，RLS 算法在运行 300 拍后权值收敛，算法趋于平稳。如图 6.14（b）所示为在干噪比为 110dB 的情况下平方根 RLS 算法的权值收敛情况。由图可见，平方根 RLS 算法在运行前 100 拍后权值已经收敛。由两图对比可以看出，平方根 RLS 算法的收敛速度要比 RLS 算法快很多。

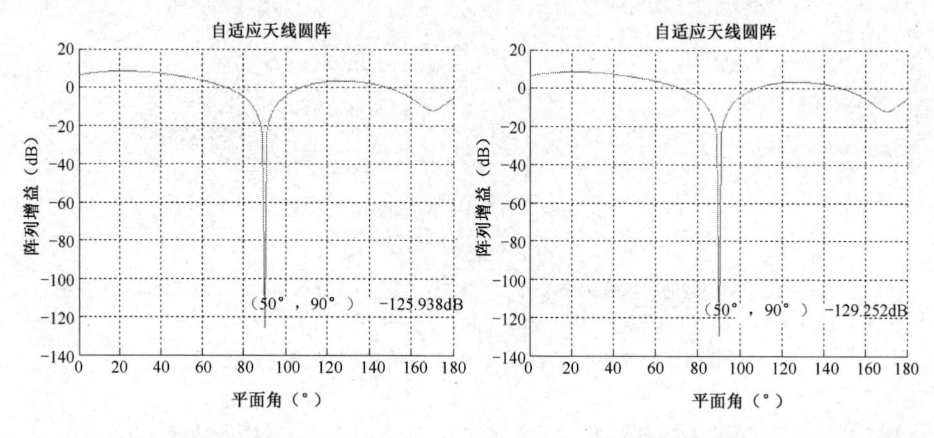

（a）RLS 算法抑制干扰的二维波束方向图　（b）平方根 RLS 算法抑制干扰的二维波束方向图

图 6.12　俯仰角 50° 切面上天线波束零陷位于方位角 90° 的抗干扰二维波束方向图

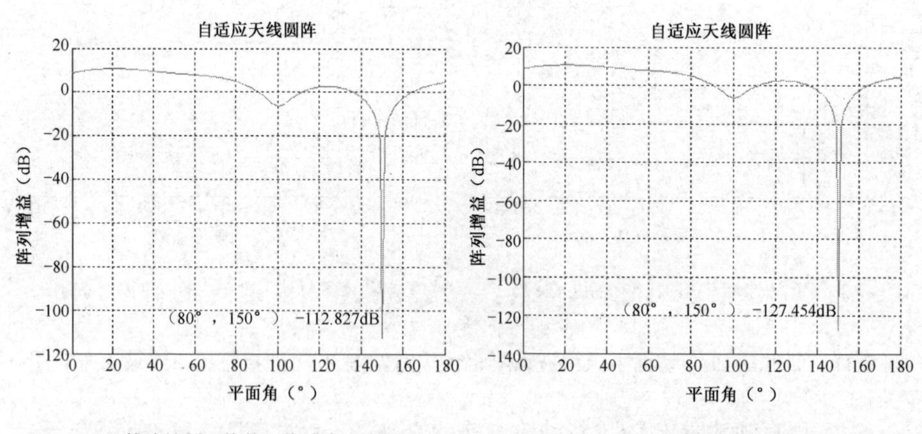

（a）RLS 算法抑制干扰的二维波束方向图　（b）平方根 RLS 算法抑制干扰的二维波束方向图

图 6.13　俯仰角 80° 切面上天线波束零陷位于方位角 150° 的抗干扰二维波束方向图

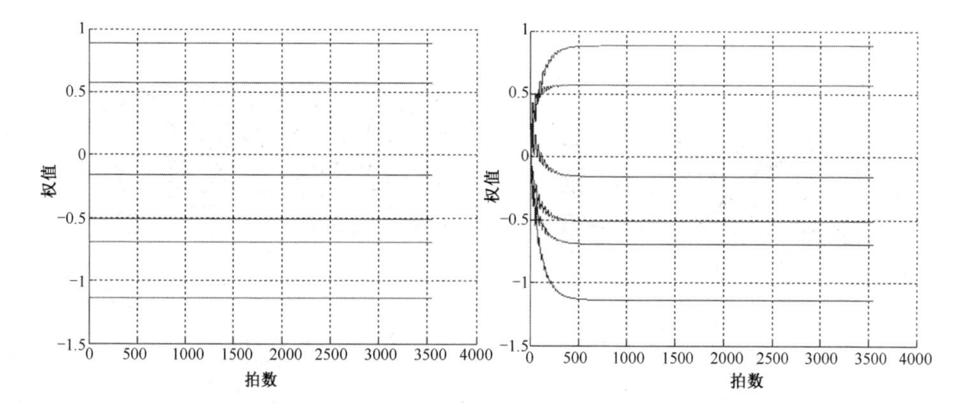

（a）RLS 算法的权值收敛情况　　（b）平方根 RLS 算法权值收敛情况

图 6.14　RLS 类算法权值收敛情况

为了验证平方根 RLS 算法对多个干扰信号的抑制能力，通过仿真分析平方根 RLS 算法的有效性，将调零天线波束方向图中干扰信号方向的零陷深度进行总结。RLS 算法和平方根 RLS 算法对干扰的抑制情况如表 6.4 所示。

表 6.4　RLS 算法和平方根 RLS 算法对干扰的抑制情况

干扰个数	干扰类型	干扰方位	零陷深度	
			RLS 算法	平方根 RLS 算法
	窄带干扰	（20°，30°）	−114.204dB	−122.154dB
	窄带干扰	（50°，90°）	−125.938dB	−129.252dB
	宽带干扰	（80°，150°）	−112.827dB	−127.454dB

从表 6.4 中可以看出，平方根 RLS 算法对干扰的抑制能力强于 RLS 算法，最多相差 14.627dB。

如图 6.15 所示为在干噪比为 110dB 的情况下 RLS 类算法干扰抑制前后的误差波形。图 6.15（a）下方表示干扰信号随着 RLS 算法权值的收敛，干扰在 300 拍以后被抑制掉，仅剩噪声信号；图 6.15（b）中间表示干扰信号随着平方根 RLS 算法权值的收敛，可以明显看出权值收敛速度很快。

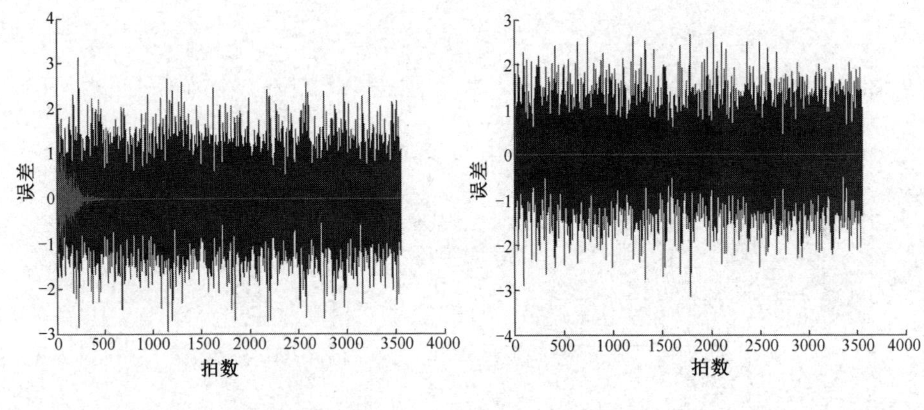

（a）RLS 算法干扰抑制前后误差波形　　（b）平方根 RLS 算法干扰抑制前后误差波形

图 6.15　RLS 类算法干扰抑制前后误差波形

如图 6.16（a）所示为在干噪比为 110dB 的情况下，采用 RLS 算法抑制干扰，将其压制到噪声限时的频谱，由图可见点频干扰信号略有剩余。如图 6.16（b）所示为在干噪比为 110dB 的情况下，经平方根 RLS 算法处理后干扰被抑制到噪声限时的频谱，由图可见经平方根 RLS 算法处理后点频干扰信号被抑制的情况比 RLS 算法好得多。

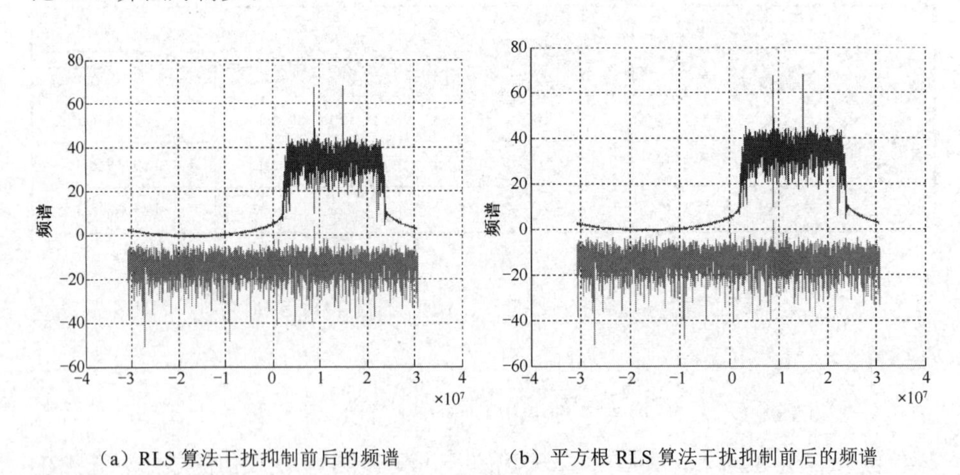

（a）RLS 算法干扰抑制前后的频谱　　（b）平方根 RLS 算法干扰抑制前后的频谱

图 6.16　RLS 类算法干扰抑制前后的频谱

6.4 SMI 改进算法

6.4.1 GQR-SMI 算法

SMI 算法根据采样协方差估计矩阵，直接由正规方程计算其加权矢量，能克服采样协方差估计矩阵特征值分散对加权矢量收敛速度的影响，从而达到较高的处理速度。Reed 等人首先系统地讨论了直接矩阵求逆算法。Teitelbaum K[6]在其关于林肯实验室 RST 雷达的文章中提到了基于直接对数据矩阵进行处理的 QR 分解 SMI 算法，但并未对算法进行推导。此种算法通过对输入数据矩阵进行 QR 分解，完成对采样协方差矩阵的估计，再通过求解三角方程组求得加权矢量。下面介绍基于 Givens 旋转实现 SMI（GQR-SMI）的算法[5]。

依据前面所述的线性约束最小方差准则，最佳加权矢量应满足如下线性方程组，即

$$\boldsymbol{R}_{xx}\boldsymbol{w}_{\text{opt}}=\alpha\boldsymbol{a}_0 \tag{6.20}$$

$$\hat{\boldsymbol{w}}_{\text{opt}}=\alpha(\hat{\boldsymbol{R}}_{xx})^{-1}\boldsymbol{a}_0 \tag{6.21}$$

式中，$\hat{\boldsymbol{R}}_{xx}$ 表示输入信号的采样协方差矩阵；α 为任意比例常数；$\boldsymbol{a}_0$ 为期望信号的方向矢量，为了降低波束副瓣电平，$\boldsymbol{a}_0$ 可以采用信号幅度加权。

再结合最大似然准则，由阵列信号矢量 $\boldsymbol{x}$ 的 K 次采样，可以构成 $\hat{\boldsymbol{R}}_{xx}$ 的最佳估计，即

$$\hat{\boldsymbol{R}}_{xx}=\frac{1}{K}\sum_{k=1}^{K}\boldsymbol{x}^{\text{H}}(k)\boldsymbol{x}(k) \tag{6.22}$$

以 $\hat{\boldsymbol{R}}_{xx}$ 代替 $\boldsymbol{R}_{xx}$ 求解式（6.20），就构成了 SMI 算法。因此得到

$$\boldsymbol{w}_{\text{opt}}=\alpha\hat{\boldsymbol{R}}_{xx}^{-1}\boldsymbol{a}_0 \tag{6.23}$$

采样协方差矩阵求逆法实际上并不需要对 $\hat{\boldsymbol{R}}_{xx}$ 直接求逆。这是因为在数值分析中，直接求解线性方程组与求逆矩阵比较起来，前者更简单、更有效。在直接计算式（6.23）时，SMI 算法计算加权矢量 $\boldsymbol{w}$ 所需的采样数与特征值是否分散

无关。但是，当 $\hat{\boldsymbol{R}}_{xx}$ 特征值过于分散时，也有可能引起加权矢量计算的误差。在许多自适应算法实际应用问题中，特征值分散度可能会很高，这会带来线性方程组解的精度随矩阵特征值的分散而降低的问题。因此，在使用开环自适应算法时，应保证求解线性方程组的相关程序可以求解出比较精确的解，即使输入信号相关矩阵的特征值是分散的。

直接对输入信号数据矩阵进行运算的算法，比对协方差矩阵进行运算的算法稳定性更高，而且适合利用高度并行阵列硬件实现。采用 Givens 旋转实现线性方程组系数矩阵三角化，是求解三角方程组最佳加权矢量的方法。QR 分解采样协方差矩阵直接求逆算法的目的是，避免直接利用 $\hat{\boldsymbol{R}}_{xx}$ 求解线性方程组，而是分解 $\hat{\boldsymbol{R}}_{xx}$，并利用 Givens 旋转实现输入信号数据矩阵的 QR 分解，最终利用求解三角线性方程组的方式将加权矢量 $\boldsymbol{w}$ 的求解问题进行转化。

设 $\boldsymbol{X}_K$ 为 K 次对输入信号采样得到的 $K\times M$ 维输入数据矩阵，即

$$\boldsymbol{X}_K=\begin{bmatrix}\boldsymbol{x}^{\mathrm{T}}(1)\\ \boldsymbol{x}^{\mathrm{T}}(2)\\ \vdots\\ \boldsymbol{x}^{\mathrm{T}}(K)\end{bmatrix}=\begin{bmatrix}x_1(1) & x_2(1) & \cdots & x_M(1)\\ x_1(2) & x_2(2) & \cdots & x_M(2)\\ \vdots & \vdots & \ddots & \vdots\\ x_1(K) & x_2(K) & \cdots & x_M(K)\end{bmatrix} \tag{6.24}$$

则可将协方差矩阵 $\boldsymbol{R}_{xx}$ 的估计矩阵 $\hat{\boldsymbol{R}}_{xx}$ 重新表示为

$$\hat{\boldsymbol{R}}_{xx}=\boldsymbol{X}_K^{\mathrm{H}}\boldsymbol{X}_K=\left[\boldsymbol{x}^{\mathrm{H}}(1),\boldsymbol{x}^{\mathrm{H}}(2),\cdots,\boldsymbol{x}^{\mathrm{H}}(K)\right]\begin{bmatrix}\boldsymbol{x}(1)\\ \boldsymbol{x}(2)\\ \vdots\\ \boldsymbol{x}(K)\end{bmatrix}=\sum_{k=1}^{K}\boldsymbol{x}^{\mathrm{H}}(k)\boldsymbol{x}(k) \tag{6.25}$$

对比式（6.22）和式（6.25）可以发现，两式中 $\hat{\boldsymbol{R}}_{xx}$ 的表示只相差 K 倍，又因为在式（6.20）加权矢量的求解方程中有任意常数 α，所以可以将加权矢量 $\boldsymbol{w}$ 的求解方程表示为

$$\boldsymbol{X}_K^{\mathrm{H}}\boldsymbol{X}_K\boldsymbol{w}=\boldsymbol{a}_0 \tag{6.26}$$

式中，$\boldsymbol{a}_0$ 为期望信号的方向矢量。

设存在 $K\times K$ 维酉阵 $\boldsymbol{Q}$，将输入信号矩阵 $\boldsymbol{X}$ 进行三角化，有

$$\boldsymbol{Q}\boldsymbol{X}_K=\begin{bmatrix}\boldsymbol{P}_K\\ \boldsymbol{0}\end{bmatrix} \tag{6.27}$$

式中，$\boldsymbol{P}_K$ 为 $M \times M$ 维上三角阵，$\boldsymbol{0}$ 为 $(K-M)\times M$ 维零矩阵，则

$$\hat{\boldsymbol{R}}_{xx} = \boldsymbol{X}_K^{\mathrm{H}}\boldsymbol{X}_K = \boldsymbol{X}_K^{\mathrm{H}}\boldsymbol{Q}^{\mathrm{H}}\boldsymbol{Q}\boldsymbol{X} = (\boldsymbol{Q}\boldsymbol{X}_K)^{\mathrm{H}}(\boldsymbol{Q}\boldsymbol{X}_K) = \left[\boldsymbol{P}_K, \boldsymbol{0}^{\mathrm{H}}\right]\begin{bmatrix}\boldsymbol{P}_K \\ \boldsymbol{0}\end{bmatrix} = \boldsymbol{P}_K^{\mathrm{H}}\boldsymbol{P}_K \tag{6.28}$$

所以变为

$$\boldsymbol{P}_K^{\mathrm{H}}\boldsymbol{P}_K\boldsymbol{w} = \boldsymbol{a}_0 \tag{6.29}$$

进一步则可以表示为

$$\boldsymbol{P}_K^{\mathrm{H}}\boldsymbol{v} = \boldsymbol{a}_0 \tag{6.30}$$

$$\boldsymbol{P}_K\boldsymbol{w} = \boldsymbol{v} \tag{6.31}$$

式中，式（6.30）为下三角线性方程组，式（6.31）为上三角线性方程组。通过对式（6.30）和式（6.31）这两个方程组进行回代法求解，就可以得到加权矢量 $\boldsymbol{w}$ 的解。只需要进行一次针对输入数据矩阵的三角化，再通过矩阵共轭转置就可以得到这个方程组的系数。

比较式（6.20）和式（6.30）、式（6.31）求解最佳加权矢量的条件数，根据条件数定义和式（6.25）、式（6.28），可以得出

$$\mathrm{Cond}(\hat{\boldsymbol{R}}_{xx}) = \mathrm{Cond}(\boldsymbol{X}_K^{\mathrm{H}}\boldsymbol{X}_K) = \mathrm{Cond}(\boldsymbol{P}_K^{\mathrm{H}}\boldsymbol{P}_K) = \mathrm{Cond}^2(\boldsymbol{P}_K) = \mathrm{Cond}^2(\boldsymbol{P}_K^{\mathrm{H}}) \tag{6.32}$$

因为求解最佳加权矢量的条件数大于等于 1，所以 SMI 算法的条件数与 GQR-SMI 算法的条件数相比，后者的条件数小，因而后者的数值稳定性优于前者。也可以用多次 Givens 旋转系数来实现对输入信号数据矩阵的递推 QR 分解，推导过程如下。

设已经实现输入数据矩阵在 $K-1$ 时刻的三角化，即

$$\boldsymbol{Q}(K-1)\boldsymbol{X}_{K-1} = \begin{bmatrix}\boldsymbol{P}_{K-1} \\ \boldsymbol{0}_{K-1}\end{bmatrix} = \begin{bmatrix} p_{11} & p_{12} & \cdots & p_{1M} \\ 0 & p_{22} & \cdots & p_{2M} \\ \vdots & \vdots & \ddots & \vdots \\ 0 & 0 & \cdots & p_{MM} \end{bmatrix} \tag{6.33}$$

则 K 时刻的三角化可按式（6.34）得到，有

$$\begin{aligned}\boldsymbol{Q}(K)\boldsymbol{X}_K &= \boldsymbol{G}_M\boldsymbol{G}_{M-1}\cdots\boldsymbol{G}_1\begin{bmatrix}\boldsymbol{P}_{K-1}\\ \boldsymbol{0}_{K-1}\\ \boldsymbol{x}^{\mathrm{T}}(k)\end{bmatrix}\\ &= \boldsymbol{G}_M(n)\boldsymbol{G}_{M-1}(n)\cdots\boldsymbol{G}_1(n)\begin{bmatrix}p_{11} & p_{12} & \cdots & p_{1M}\\ 0 & p_{22} & \cdots & p_{2M}\\ \vdots & \vdots & \ddots & \vdots\\ 0 & 0 & \cdots & p_{MM}\\ x_1(k) & x_2(k) & \cdots & x_M(k)\end{bmatrix}\\ &= \begin{bmatrix}p'_{11} & p'_{12} & \cdots & p'_{1M}\\ 0 & p'_{22} & \cdots & p'_{2M}\\ \vdots & \vdots & \ddots & \vdots\\ 0 & 0 & \cdots & p'_{MM}\end{bmatrix}\\ &= \begin{bmatrix}\boldsymbol{P}_K\\ \boldsymbol{0}_K\end{bmatrix}\end{aligned} \tag{6.34}$$

式中，$\boldsymbol{0}_K$ 为 $(K-M)\times M$ 维零矩阵，$\boldsymbol{G}_M$、$\boldsymbol{G}_{M-1}$、…、$\boldsymbol{G}_1$ 为 M 次 Givens 变换矩阵，$\boldsymbol{G}_m$（$m=1,2,\cdots,M$）的表达式为

$$\boldsymbol{G}_m = \begin{bmatrix}1 & & & & & 0\\ & \ddots & & & & \\ & & 1 & & & \\ & & & C_m & & S^*\\ & & & & \ddots & \\ 0 & & & -S_i & & C_m\end{bmatrix} \tag{6.35}$$

相应的计算推导公式为

$$g_m = \sqrt{\left|\boldsymbol{x}_m^{(m-1)}(k)\right|^2 + \left|p_{mm}\right|^2} \tag{6.36}$$

$$C_m = p_{mm}/g_m \tag{6.37}$$

$$S_m = x_m^{m-1}(k)/g_m \tag{6.38}$$

$$p'_{mn} = C_m p_{mn} + S_m{}^* x_n^{(m-1)}(k) \quad (n=m+1,\cdots,M) \tag{6.39}$$

$$\boldsymbol{x}_n^{(m)}(k) = -S_m p_{mn} + C_m \boldsymbol{x}_n^{(m-1)}(k) \quad (n=m+1,\cdots,M) \tag{6.40}$$

式中，$\boldsymbol{P}_K$ 的初值通常取为零。

6.4.2 SMI 类算法仿真分析

接收阵列天线将采用 4 个阵元的 Y 字形圆阵，各阵元与圆心间距为半个波长。在仿真分析中采用球坐标系，以阵列天线的圆心为原点，以阵列天线的第 1 个阵元与原点的连线为 X 轴，在阵列天线平面中逆时针旋转垂直于 X 轴的方向为 Y 轴，那么通过原点且垂直于阵列天线平面的方向为 Z 轴。(θ,ϕ) 表示空间方位，其中，θ 为输入信号俯仰角，ϕ 为输入信号方位角。在仿真分析中，阵列天线采用均匀圆阵，半径 $R=0.415\lambda$ 。假设存在一个有用信号以平面波入射的空间方位为（90°，180°），前者为俯仰角，后者为方位角。

在仿真分析中，设输入 1 个期望信号、3 个干扰信号。其中，期望信号入射的空间方位为（90°，180°），干扰信号是 2 个点频窄带信号和 1 个带宽调制信号，3 个干扰信号的空间方位分别为（20°，30°）、（50°，90°）和（80°，150°）。假定信噪比 SNR=−30dB，干噪比 INR=110dB，下面通过仿真分析来测试 SMI 类算法的具体性能。

如图 6.17～图 6.20 所示为在干噪比为 110dB 的情况下，SMI 类算法抑制干扰时的三维空间波束方向图，以及在固定俯仰角上的二维平面波束方向图。

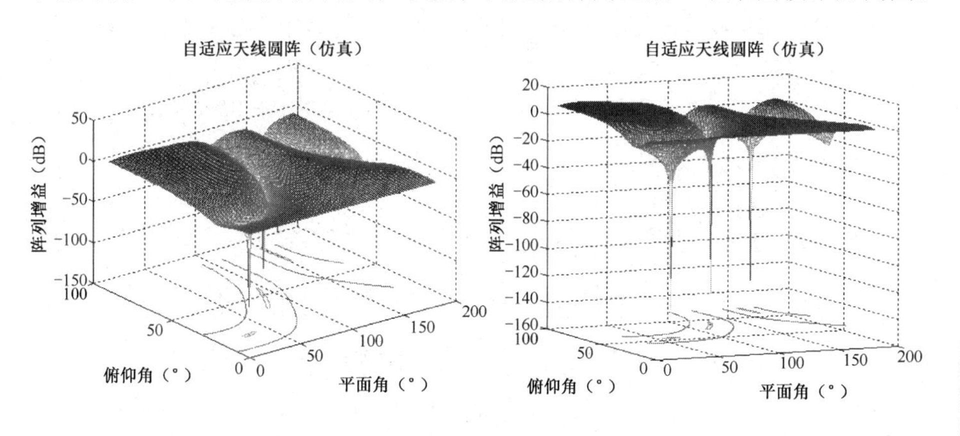

（a）SMI 算法抑制干扰的三维波束方向图（b）GQR-SMI 算法抑制干扰的三维波束方向图

图 6.17 SMI 类算法抑制干扰的三维波束方向图

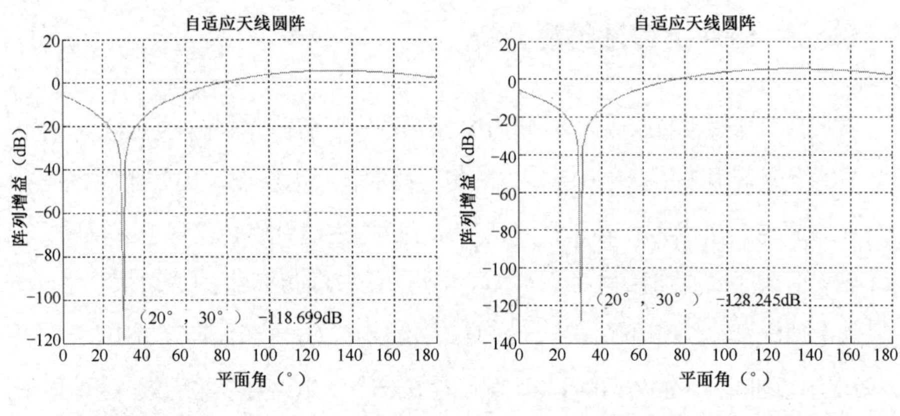

（a）SMI 算法抑制干扰的二维波束方向图　（b）GQR-SMI 算法抑制干扰的二维波束方向图

图 6.18　俯仰角 20°切面上天线波束零陷位于方位角 30°的抗干扰二维波束方向图

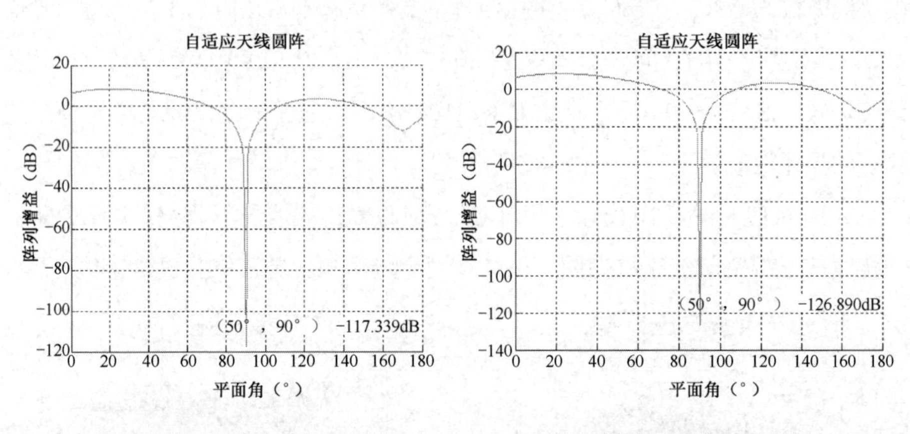

（a）SMI 算法抑制干扰的二维波束方向图　（b）GQR-SMI 算法抑制干扰的二维波束方向图

图 6.19　俯仰角 50°切面上天线波束零陷位于方位角 90°的抗干扰二维波束方向图

图 6.17（a）显示了在干噪比为 110dB 的情况下，SMI 算法求其权值形成的三维波束方向图，针对 3 个方向的干扰信号产生 3 个零陷，可见算法在（20°，30°）、（50°，90°）、（80°，150°）分别产生了零陷。如图 6.17（b）显示了在干噪比为 110dB 的情况下，GQR-SMI 算法求其权值形成的三维波束方向图，针对 3 个方向的干扰信号产生 3 个零陷。

图 6.18～图 6.20 分别显示了俯仰角为 20°、50°、80°切面的二维波束方向图，可见 GQR-SMI 算法在（20°，30°）、（50°，90°）、（80°，150°）分别产

生了深度为 128.245dB、126.890dB、126.927dB 的零陷，并且方位准确对应干扰信号的入射方向。

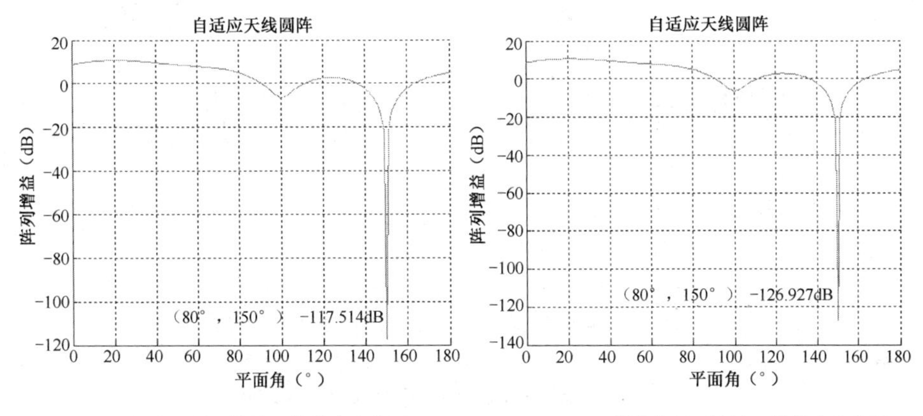

（a）SMI 算法抑制干扰的二维波束方向图　　（b）GQR-SMI 算法抑制干扰的二维波束方向图

图 6.20　俯仰角 80° 切面上天线波束零陷位于方位角 150° 的抗干扰二维波束方向图

如表 6.5 所示为 SMI 算法和 GQR-SMI 算法对干扰的抑制情况。通过表 6.5 中数据对比可以看到，GQR-SMI 算法的零陷深度比 SMI 算法要深十几 dB，对干扰的抑制效果更好。

表 6.5　SMI 算法和 GQR-SMI 算法对干扰的抑制情况

干扰个数	干扰类型	干扰方位	零陷深度	
			SMI 算法	GQR-SMI 算法
	窄带干扰	（20°，30°）	−118.699dB	−128.245dB
	窄带干扰	（50°，90°）	−117.339dB	−126.890dB
	宽带干扰	（80°，150°）	−117.514dB	−126.927dB

如图 6.21 所示为在干噪比为 110dB 的情况下 SMI 类算法抑制干扰前后的频谱图，图下方表示干扰信号在 SMI 类算法抑制到噪声限时的频谱。由图可见，干扰信号被抑制得很干净，算法达到了抗干扰的目的。

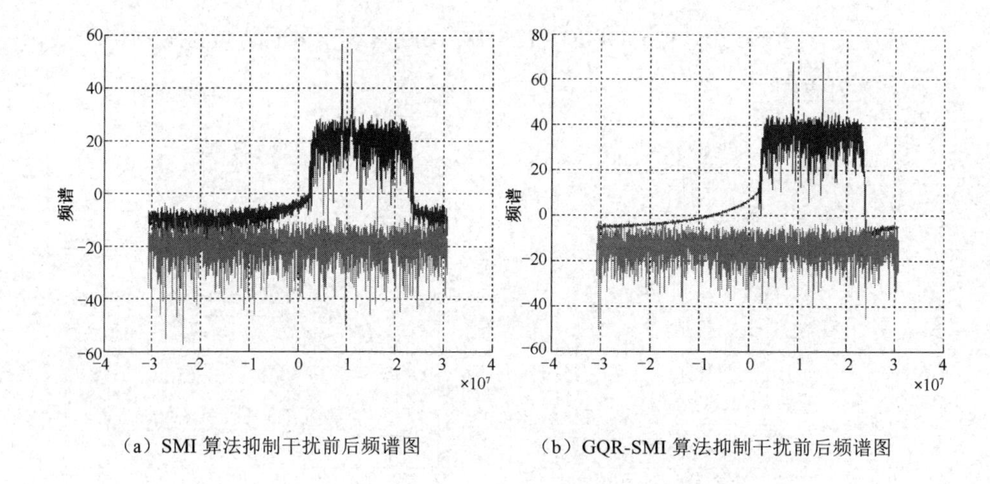

（a）SMI 算法抑制干扰前后频谱图　　（b）GQR-SMI 算法抑制干扰前后频谱图

图 6.21　SMI 类算法抑制干扰前后的频谱图

参考文献

[1] Gecan A, and Zoltowski M. Power Minimization Techniques for GPS Null Steering Antenna[C]. ION GPS-95 proceedings, 1995: 861-868.

[2] 王越超. 自适应跳频通信系统关键技术研究[D]. 南京：东南大学，2018.

[3] 肖红侠. 基于多域融合处理的卫星天线抗干扰技术研究[D]. 哈尔滨：哈尔滨工程大学，2013.

[4] 刘威，胡爱群. 基于相关增强的单信道信号分离[J]. 东南大学学报（自然科学版），2010，40（3）：464-470.

[5] 董春蕾. 基于空频多波束处理的自适应抗干扰天线技术研究[D]. 哈尔滨：哈尔滨工程大学，2014.

[6] Teitlebaum K. A flexible processor for a digital adaptive array radar[J]. IEEE Aerospace and Electronic Systems Magazine, 1991(6): 18-22.

第7章

多域抗干扰技术

空时频多域抗干扰技术克服空域抗干扰技术存在的不足，在阵列天线阵元个数不变的情况下，利用时间抽头数或循环谱来增加阵列天线的自由度，从而大大增加可以处理干扰的数量。将多域自适应处理（Multi-Domain Adaptive Processing，SDAP）技术应用到通信、导航、声呐接收机是目前主要的发展趋势[1]。

7.1 空时联合处理结构模型

空时自适应处理的基本思想是将一维时域、空域滤波推广到空时二维滤波，利用更多接收数据信息在时间和空间的二维域上抑制干扰。空时自适应信号处理结构如图 7.1 所示，从各个阵元通道来看，各级时间延迟单元构成了 FIR 滤波器[2]，可以在时域上进行干扰抵消；从相同的时间延迟单元来看，不同的阵元间构成空域滤波器，能够辨别出空间干扰源的 DOA，并在干扰信号来向产生零陷[3]。与较单纯的空域或时域滤波方法相比，空时自适应处理技术具有在空时二维域上去除干扰的能力，可以大大提高接收机的抗干扰性能。

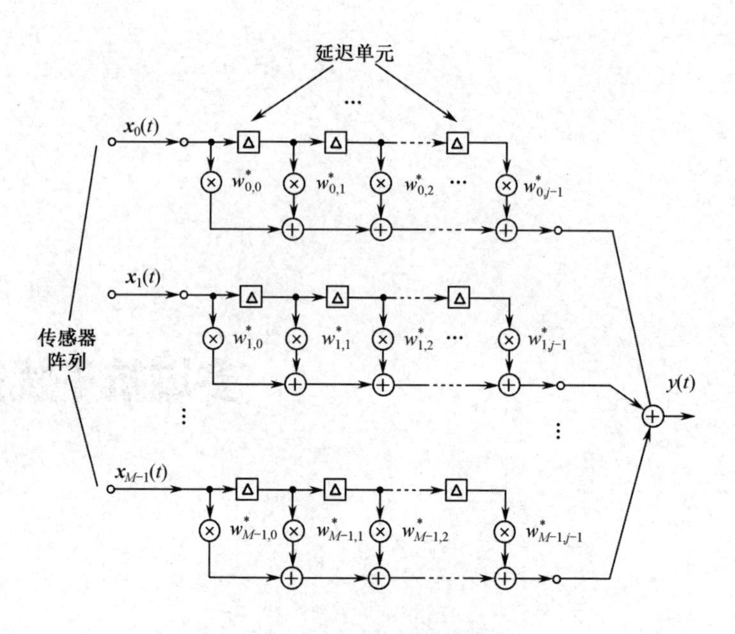

图 7.1 空时自适应信号处理结构

设阵列天线阵元个数为 M，对应的阵元通道后接 N 阶 FIR 滤波器，各延迟单元间的时间差为 τ，且 $\tau \leqslant 1/B$，其中，B 为接收机处理带宽。每个阵元接收信号总的延迟时间单元为 $(N-1)\tau$，$\{w_{mn}\}$（$m=1,2,\cdots,M$；$n=1,\cdots,N-1$）为空时二维加权系数。用 $MN\times 1$ 维矢量 $\boldsymbol{w}$ 表示处理器的加权矢量，则加权矢量可表示为

$$\boldsymbol{w}=[\boldsymbol{w}_1,\boldsymbol{w}_2,\cdots,\boldsymbol{w}_M]^{\mathrm{T}} \tag{7.1}$$

式中，$\boldsymbol{w}_m=[w_{m1},w_{m2},\cdots,w_{mN}]$（$m=1,2,\cdots,M$）表示每个阵列天线阵元多级滤波器的加权系数。

令 $\boldsymbol{x}(t)$ 为 $MN\times 1$ 维阵列信号矢量，则空时自适应信号处理的输出可以表示为

$$y(t)=\boldsymbol{w}^{\mathrm{H}}\boldsymbol{x}(t) \tag{7.2}$$

式中，$\boldsymbol{x}(t)=[\boldsymbol{x}_1(t),\boldsymbol{x}_2(t),\cdots,\boldsymbol{x}_M(t)]^{\mathrm{T}}$，$\boldsymbol{x}_m(t)(m=1,2,\cdots,M)$ 为每个阵元通道接收的信号矢量，可以表示为

$$\boldsymbol{x}_m(t)=\{x_m(t),x_m(t-\tau),\cdots,x_m[t-(n-1)\tau]\} \tag{7.3}$$

假设频率为 ω 的信号以 (θ,ϕ) 方向入射到均匀圆形阵列天线，则各 FIR 抽头

的信号可以表示为[1]

$$x_m[t-(n-1)\tau]=\mathrm{e}^{-\mathrm{j}\psi_m}\mathrm{e}^{-\mathrm{j}\omega(n-1)\tau} \quad (n=1,\cdots,N) \tag{7.4}$$

式中，相位ψ_m为

$$\psi_m=\frac{2\pi r}{\lambda}\sin(\phi)\cos(\theta-\psi_m) \quad (m=1,2,\cdots,M) \tag{7.5}$$

设抗干扰前后期望信号结构中的输入信号为$\boldsymbol{X}$，则空时二维数据矩阵可以用式（7.6）表示[1]

$$\begin{aligned}\boldsymbol{X}&=\begin{bmatrix} x_1(t) & x_1(t-\tau) & \cdots & x_1(t-n\tau+\tau) \\ x_2(t) & x_2(t-\tau) & \cdots & x_2(t-n\tau+\tau) \\ \vdots & \vdots & \ddots & \vdots \\ x_M(t) & x_M(t-\tau) & \cdots & x_M(t-n\tau+\tau) \end{bmatrix} \\ &=[\boldsymbol{x}(t) \quad \boldsymbol{x}(t-\tau) \quad \cdots \quad \boldsymbol{x}(t-n\tau+\tau)]\end{aligned} \tag{7.6}$$

为了便于同空域滤波技术进行对比，本节介绍的空时二维抗干扰技术也采用功率倒置算法，由之前的 LCMV 准则可知，其约束条件可以描述为[1]

$$\begin{cases}\boldsymbol{w}_{\mathrm{opt}}=\arg\min\limits_{\boldsymbol{w}} \boldsymbol{w}^{\mathrm{H}}\boldsymbol{R}_{XX}\boldsymbol{w} \\ \boldsymbol{w}^{\mathrm{H}}\boldsymbol{a}=1\end{cases} \tag{7.7}$$

式中，$\boldsymbol{R}_{XX}=\mathrm{E}[\boldsymbol{X}^{\mathrm{H}}\boldsymbol{X}]$是阵列接收信号$\boldsymbol{X}$的自相关矩阵，是一个$MN\times MN$矩阵；$\boldsymbol{a}$表示对期望信号的空时二维导向矢量，即时域导向矢量$\boldsymbol{a}_{\mathrm{t}}$和空间导向矢量$\boldsymbol{a}_{\mathrm{s}}$的克罗奈克积（Kronecker Product），可以表示为

$$\boldsymbol{a}=\boldsymbol{a}_{\mathrm{s}}\otimes\boldsymbol{a}_{\mathrm{t}} \tag{7.8}$$

式中，符号$\otimes$表示克罗奈克积。

$$\boldsymbol{a}_{\mathrm{s}}=[1 \quad \mathrm{e}^{-\mathrm{j}\psi_2} \quad \cdots \quad \mathrm{e}^{-\mathrm{j}\psi_M}]^{\mathrm{T}} \tag{7.9}$$

$$\boldsymbol{a}_{\mathrm{t}}=[1 \quad \mathrm{e}^{-\mathrm{j}\tau} \quad \cdots \quad \mathrm{e}^{-\mathrm{j}(N-1)\tau}]^{\mathrm{T}} \tag{7.10}$$

由此可见，理论上空时自由度为$MN-1$。因而，接收机在处理有限个干扰信号时，采用抗干扰前后期望信号空时信号处理结构可以将阵元数量减少，进而减小阵列的尺寸，使功率消耗降低，但整体抗干扰性能并未下降[1]。

总体来说，空时自适应信号处理比单纯的空域自适应信号处理有更好的抗干扰性能，但其最大的缺点是计算量大、算法收敛速度慢。本节通过对 LMS 算法的改进，利用其实现空时联合处理的自适应调零技术，在保证抗干扰算法收

敛速度的同时，大大减小空时信号处理的计算量[1]。

7.2 空时抗干扰算法

在波束形成的应用中，我们需要根据接收到的阵列数据来及时更新波束形成器的加权系数，得到在不同环境下的最优解决方案。如果环境是实时变化的，那么对应的波束形成器的加权系数也会随之改变，这就是自适应波束形成器。

1. 宽带波束形成器

因为窄带信号的频带很窄，所以可以在窄带中取某一频率作为代表；对于宽带信号，其包含许多频率成分，则滤波器的加权系数就要随频率的变化而变化，此时加权矢量可写成 $\boldsymbol{w}=[\boldsymbol{w}_1,\boldsymbol{w}_2,\cdots,\boldsymbol{w}_M]^{\mathrm{T}}$ 。它可通过一系列快拍延时线（Tapped Delay-Lines，TDLs）展开，其实质上是一种可以对接收信号不同频率成分进行相位补偿的时域滤波器。宽带波束形成器的一般结构如图 7.2 所示。

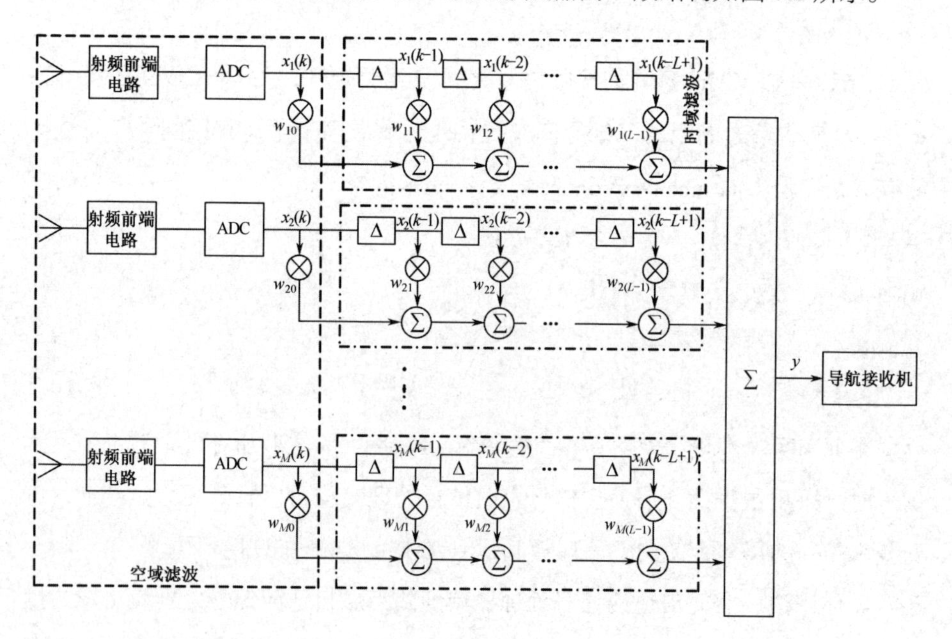

图 7.2　宽带波束形成器的一般结构

这种结构的波束形成器对平面波进行时间和空间采样，其输入为基带信号，输出为

$$y(k)=\sum_{m=1}^{M}\sum_{n=1}^{N}x_m[k-(n-1)]w_{mn} \tag{7.11}$$

式中，n 代表每个传感器的延时滤波器阶数。将式（7.11）写成矢量形式 $y(k)=\boldsymbol{w}^{\mathrm{H}}\boldsymbol{x}(k)$，其中，加权矢量 $\boldsymbol{w}$ 包含 M 个系数，$\boldsymbol{w}=[\boldsymbol{w}_1,\boldsymbol{w}_2,\cdots,\boldsymbol{w}_M]^{\mathrm{T}}$，第 m 个加权矢量 $\boldsymbol{w}_m$（$m=1,2,\cdots,M$）包含 N 个时间延迟单元的复共轭系数，即 $\boldsymbol{w}_m=[w_{m1},w_{m2},\cdots,w_{mN}]$。对应地，阵元 m 的输入信号为 $\boldsymbol{x}_m(k)=[x_m(k),x_m(k-1),\cdots,x_m(k-n+1),\cdots,x_m(k-N+1)]$，式中，$x_m(k-n+1)$（$n=1,2,\cdots,N$）为第 m 个阵元第 n 个时间延迟单元的信号。当 $N=1$ 时，其就是窄带波束形成器。所以，阵列天线的空时域信号表示为

$$\begin{aligned}\boldsymbol{X}&=[\boldsymbol{x}_1(k),\boldsymbol{x}_2(k-1),\cdots,\boldsymbol{x}_M(k-N+1)]^{\mathrm{T}}\\&=\begin{bmatrix}x_1(k) & x_1(k-1) & \cdots & x_1(k-N+1)\\ x_2(k) & x_2(k-1) & \cdots & x_2(k-N+1)\\ \vdots & \vdots & \ddots & \vdots\\ x_M(k) & x_M(k-1) & \cdots & x_M(k-N+1)\end{bmatrix}\end{aligned}$$

2. 算法原理

在图 7.2 中，$x_m(k)$（$m=1,2,\cdots,M$）为各阵元接收的基带信号，而经过阵列天线相位延迟后的信号矢量为 $\boldsymbol{x}_m(k)$（$m=1,2,\cdots,M$），对其进行时域延迟处理，得

$$\boldsymbol{x}_m(k)=a_m(\theta)\boldsymbol{s}(k)+\boldsymbol{n}(k) \tag{7.12}$$

式中，$\boldsymbol{x}_m(k)=[x_1(k),x_2(k),\cdots,x_M(k)]^{\mathrm{T}}$ 为采样后的信号矢量，$\boldsymbol{s}(k)$ 为入射信号矢量，$\boldsymbol{n}(k)=[n_1(k),n_2(k),\cdots,n_M(k)]^{\mathrm{T}}$ 为噪声矢量。将接收到的信号划分为 P 段，每段包含 K 个采样点，考虑第 P 段，则得到

$$\boldsymbol{X}=[\boldsymbol{x}_1(k),\boldsymbol{x}_2(k-T_s),\cdots,\boldsymbol{x}_M[k-NT_s+T_s]^{\mathrm{T}}\quad(k=0,1,\cdots,K-1) \tag{7.13}$$

由式（7.12）和式（7.13）可以得

$$\boldsymbol{X}=\boldsymbol{A}\boldsymbol{S}(k)+\boldsymbol{N}(k) \tag{7.14}$$

式中，$\boldsymbol{S}(k)$ 为第 P 段的入射信号，$\boldsymbol{N}(k)=[\boldsymbol{n}_1(k),\boldsymbol{n}_2(k),\cdots,\boldsymbol{n}_M(k)]^{\mathrm{T}}$。

在第 P 段进行 N 次窄带 LCMV 波束形成，第 k 次的输出为

$$\boldsymbol{Y}(k)=\boldsymbol{w}^{\mathrm{H}}(k)\boldsymbol{X}(k) \tag{7.15}$$

式中，$\boldsymbol{w}(k)=[\boldsymbol{w}_1(k),\boldsymbol{w}_2(k),\cdots,\boldsymbol{w}_M(k)]^{\mathrm{T}}$ 为滤波器的加权矢量，因此问题转化为求解最佳加权矢量。因为 $\boldsymbol{w}^{\mathrm{H}}\boldsymbol{A}_0=1$，即

$$\xi_w(k)=\min \boldsymbol{w}(k)^{\mathrm{H}}\boldsymbol{R}_{XX}(k)\boldsymbol{w}(k) \tag{7.16}$$

式中，$\boldsymbol{R}_{XX}(k)=\mathrm{E}\{\boldsymbol{X}(k)\boldsymbol{X}^{\mathrm{H}}(k)\}$，运用拉格朗日乘子法，解得

$$\boldsymbol{w}_{\mathrm{opt}}(k)=\frac{\boldsymbol{R}_{XX}^{-1}(k)\boldsymbol{A}_0}{\boldsymbol{A}_0^{\mathrm{H}}\boldsymbol{R}_{XX}^{-1}(k)\boldsymbol{A}_0} \tag{7.17}$$

在 MC-LMS 算法的基础上，将其应用于处理空时阵列天线信号，提出 Space-Time MC-LMS（SMC-LMS）算法，并验证算法的收敛性和稳定性[1]，见 7.4 节。

7.3 空时抗干扰频域处理算法

Ferrara 在分块 LMS 算法的基础上提出了频域分块 LMS（FBLMS）算法，用快速傅里叶变换（Fast Fourier Transform，FFT）实现 LMS 算法中线性卷积和线性相关函数的运算，具有较高的处理效率，有利于提高整个抗干扰系统的实时性[2]。

RLS 算法与 LMS 算法虽然在推导时依照不同的最优准则，但是在最终结果中只有步长因子存在差别[4]。LMS 算法中的步长因子是一个固定值，而 RLS 算法中的步长因子对应一个不断更新的矩阵。这就自然想到可以借鉴 FBLMS 算法[5]的原理对 RLS 算法进行改造，使其在保证收敛速度快的优点的同时，使计算量得到降低，从而提高自适应抗干扰处理的效率，并提高整个抗干扰系统的实时性，便于其工程应用[2]。

如上所述，在这里提出多波束频域递归最小二乘（Multi-Beam Block Frequency RLS，MB-BFRLS）算法。此算法结合空时自适应处理技术与频域转换技术，以减小算法的计算量，同时在频域形成数字多波束，提高算法的干扰抑制能力[2]。信号多域融合处理抗干扰结构模型如图 7.3 所示。

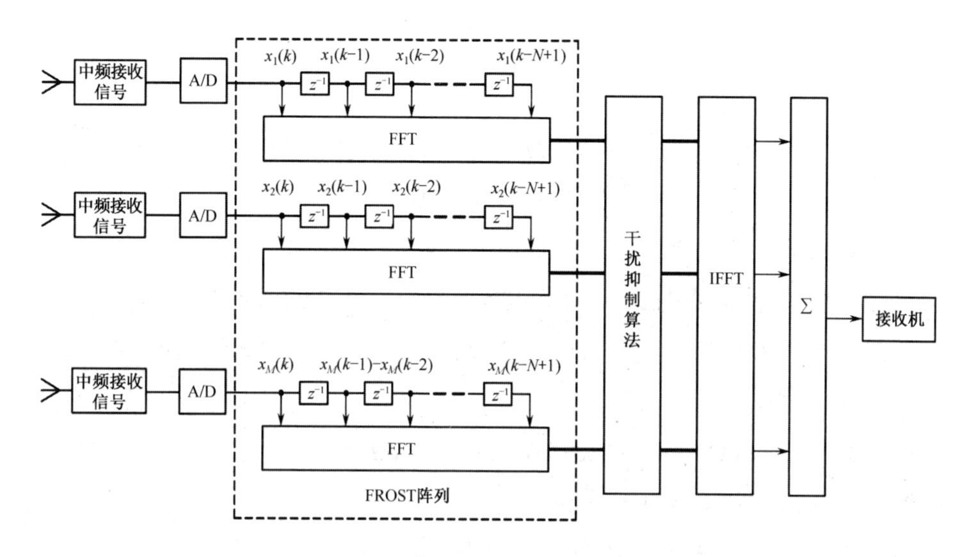

图 7.3　信号多域融合处理抗干扰结构模型

设有 N 阶滤波器，将输入信号 $\boldsymbol{x}(k)$ 以 N 的长度对数据进行分批处理，则第 k 块的时域输入信号可以表示为

$$\boldsymbol{x}(k)=[x(kN),x(kN+1),\cdots,x(kN+N-1)]^{\mathrm{T}} \tag{7.18}$$

依据 50%重叠保留法，在进行频域处理时，必须将输入信号和加权矢量进行相应频域延拓[1]，即频域滤波器的阶数对应取为

$$N=2M \tag{7.19}$$

令时域中加权矢量为 $\boldsymbol{w}(k)$，那么频域滤波器的加权矢量 $\boldsymbol{W}(k)$ 的长度为时域中加权矢量 $\boldsymbol{w}(k)$ 的 2 倍，即 $N\times1$ 维加权矢量。

$$\boldsymbol{W}(k)=\mathrm{FFT}\begin{bmatrix}\boldsymbol{w}(k)\\ \boldsymbol{0}\end{bmatrix} \tag{7.20}$$

式中，$\boldsymbol{0}$ 表示 $M\times1$ 维零矢量，FFT[·]表示对数据进行快速傅里叶变换。相应地，输入信号将两个子数据块级联延拓成长为 N 的矢量，将其进行快速傅里叶变换后得到[2]

$$\boldsymbol{X}(k)=\mathrm{diag}\{\mathrm{FFT}[\underbrace{x(kM-M),\cdots,x(kM-1)}_{\text{第}(k-1)\text{块}},\underbrace{x(kM),\cdots,x(kM+M-1)}_{\text{第}k\text{块}}]^{\mathrm{T}}\} \tag{7.21}$$

式中，$\boldsymbol{X}(k)$ 为 $N\times N$ 维矩阵，diag[·]表示对角线为括号内元素的对角矩阵。利

用重叠保留法对 $\boldsymbol{x}(k)$ 和 $\boldsymbol{w}(k)$ 进行线性卷积得到滤波器的频域输出为一个 $M\times1$ 维矢量，即

$$\begin{aligned}\boldsymbol{y}^{\mathrm{T}}(k)&=[y(kM),y(kM+1),\cdots,y(kM+M-1)]\\&=\mathrm{IFFT}[\boldsymbol{X}(k)\boldsymbol{W}(k)]\text{的后}M\text{个元素}\end{aligned}\tag{7.22}$$

式中，IFFT[·]表示傅里叶逆变换，根据重叠保留法的性质，前 M 个元素是循环卷积的结果，一般取 IFFT 的后 M 个有效数据作为滤波器的输出[2]。

下面考虑 $\boldsymbol{x}(k)$ 和误差信号 $\varepsilon(k)$ 的相关运算。对于第 k 块，定义 $M\times1$ 维期望信号矢量

$$\boldsymbol{d}(k)=[d(kM),d(kM+1),\cdots,d(kM+M-1)]^{\mathrm{T}}\tag{7.23}$$

相应地，$M\times1$ 维误差信号矢量为

$$\begin{aligned}\boldsymbol{\varepsilon}(k)&=[\varepsilon(kM),\varepsilon(kM+1),\cdots,\varepsilon(kM+M-1)]^{\mathrm{T}}\\&=\boldsymbol{d}(k)-\boldsymbol{y}(k)\end{aligned}\tag{7.24}$$

因为频域滤波器的加权系数长度是时域中加权矢量的 2 倍，要对 $\boldsymbol{A}_n\boldsymbol{w}=v$ 进行频域变换，首先要在 $\boldsymbol{\varepsilon}(k)$ 前补 M 个 0，将其延拓成长为 N 的矢量，然后进行快速傅里叶变换，即

$$\boldsymbol{E}(k)=\mathrm{FFT}\begin{bmatrix}\boldsymbol{\varepsilon}(k)\\\boldsymbol{0}\end{bmatrix}\tag{7.25}$$

则可将 $\boldsymbol{x}(k)$ 和 $\boldsymbol{\varepsilon}(k)$ 的线性相关运算的频域表达式写为

$$\phi(k)=\mathrm{IFFT}[\boldsymbol{X}^{\mathrm{H}}(k)\boldsymbol{E}(k)]\text{的前}M\text{个元素}\tag{7.26}$$

由于线性相关在本质上是线性卷积的一种“翻转”形式，则由式（7.22）可知，应舍弃式（7.26）的最后 M 个元素。

最后，可得出 MB-BFRLS 算法的加权矢量迭代公式为

$$\boldsymbol{W}(k+1)=\boldsymbol{W}(k)+\frac{2\boldsymbol{g}(k)}{M}\mathrm{FFT}\begin{bmatrix}\phi(k)\\\boldsymbol{0}\end{bmatrix}\tag{7.27}$$

式中，$\boldsymbol{g}(k)$ 为 $\boldsymbol{w}_{\mathrm{opt}}=\begin{bmatrix}1\\\boldsymbol{w}'_{\mathrm{opt}}\end{bmatrix}$ 得出 MB-BFRLS 算法的步长因子矩阵。式（7.18）～式（7.27）定义了 MB-BFRLS 算法的具体实现过程。

7.4　算法的抗干扰性能分析

系统模型如图 7.4 所示，阵列天线采用 4 元 Y 字形均匀圆阵，有一个期望信号的入射方向为（40°，120°），入射信号功率为-130dBm，干扰信号的 SNR 为-30dB、INR 为 40dB。取时域横向滤波器的阶数为 2，延迟时间为 1.67×10^{-7}s，小于信号带宽的倒数，在此情况下验证 SMC-LMS 算法的抗干扰性能[10]。

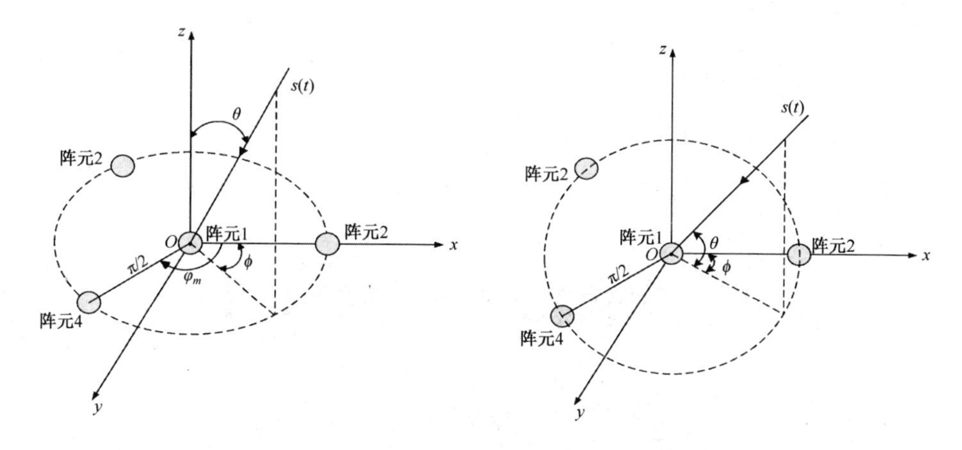

图 7.4　水平放置和竖直放置的 4 元 Y 字形阵列天线

1. 窄带干扰的抑制效果

干扰入射方向为（29°，40°）、（70°，150°）、（50°，80°），仿真结果如图 7.5 所示。

其中，图 7.5（a）、图 7.5（c）、图 7.5（e）为调零天线的二维平面波束方向图，图 7.5（b）、图 7.5（d）、图 7.5（f）为 SMC-LMS 算法的误差信号收敛曲线。

图 7.5 分别给出存在单个干扰和多个干扰时的调零天线二维平面波束方向图和误差信号收敛曲线。从调零天线二维平面波束方向图可以看出，波束方向图的最大天线零陷指向干扰信号方向，零陷深度较空域抗干扰技术的抑制效果略浅。但是，通过误差信号收敛曲线可以看出，SMC-LMS 算法的误差信号收敛

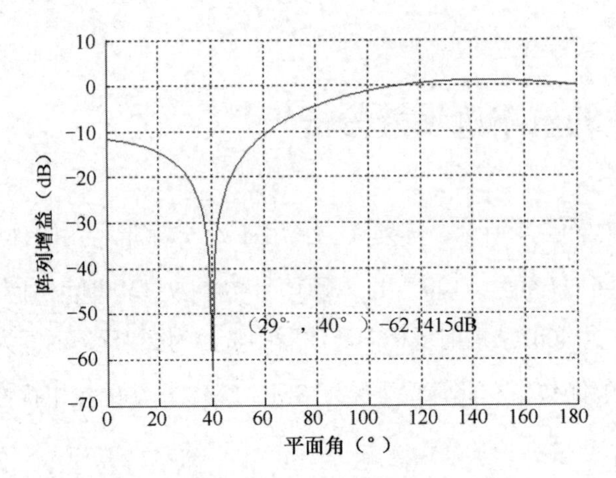

（a）单干扰时切面上天线零陷位于方位角 40° 的抗干扰二维平面波束方向图

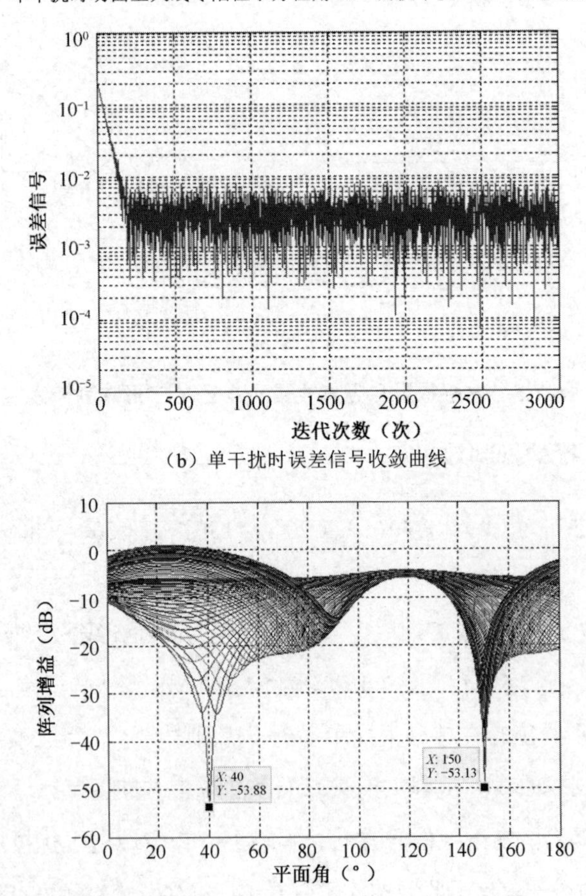

（b）单干扰时误差信号收敛曲线

（c）双干扰时切面上天线零陷位于方位角 40° 和 150° 的抗干扰二维平面波束方向图

图 7.5　SMC-LMS 算法抑制窄带干扰的情况

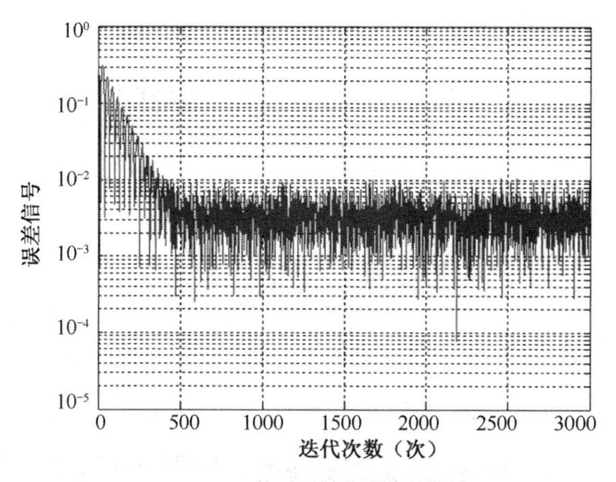

（d）双干扰时误差信号收敛曲线

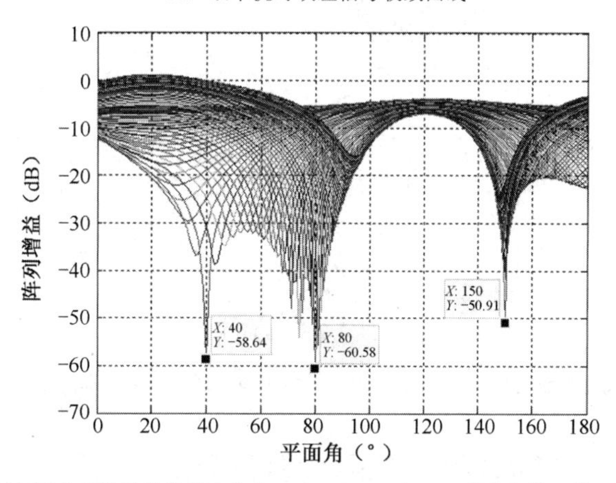

（e）三干扰时切面上天线零陷位于方位角 40°、150° 和 80° 的抗干扰二维平面波束方向图

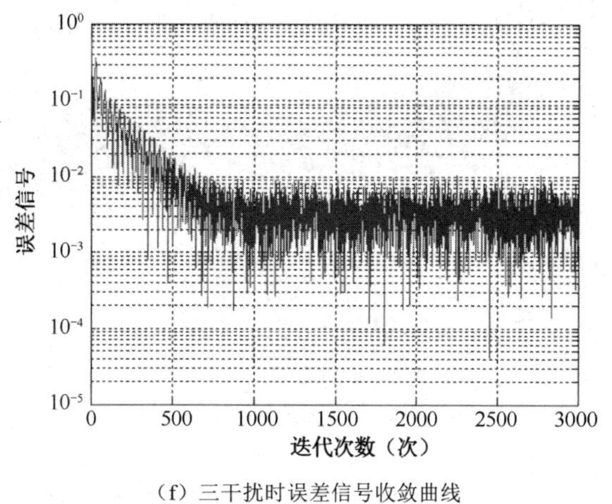

（f）三干扰时误差信号收敛曲线

图 7.5　SMC-LMS 算法抑制窄带干扰的情况（续）

速度与空域 MC-LMS 算法相比，收敛速度较快、稳定度较高。综上可知，空时 SMC-LMS 算法在对窄带干扰信号进行抑制时，处理速度较快，能很快地判断出干扰信号的方向，但是干扰信号方向的零陷深度略浅于 MC-LMS 算法[1]。

2. 宽带干扰的抑制效果

干扰信号带宽为 20MHz，其他仿真条件同上文窄带干扰信号，仿真结果如图 7.6 所示。

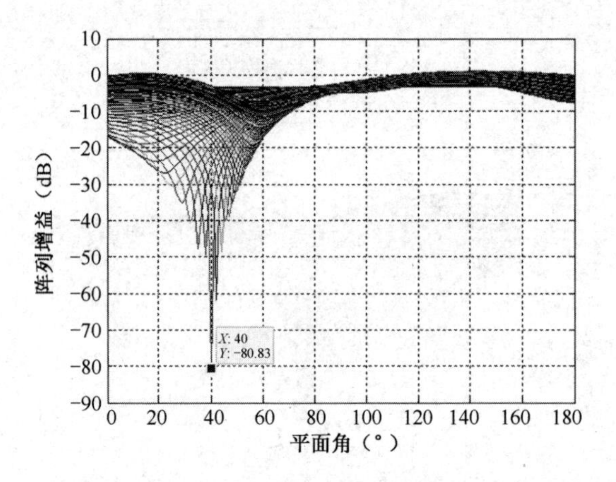

（a）单宽带干扰时切面上天线零陷位于方位角 40° 的抗干扰二维平面波束方向图

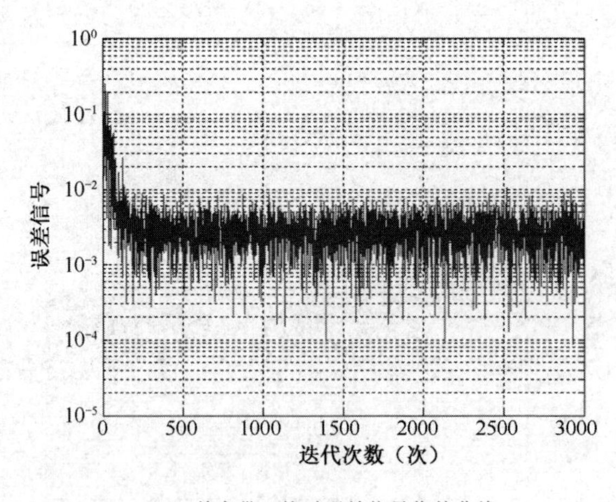

（b）单宽带干扰时误差信号收敛曲线

图 7.6 SMC-LMS 算法抑制宽带干扰的情况

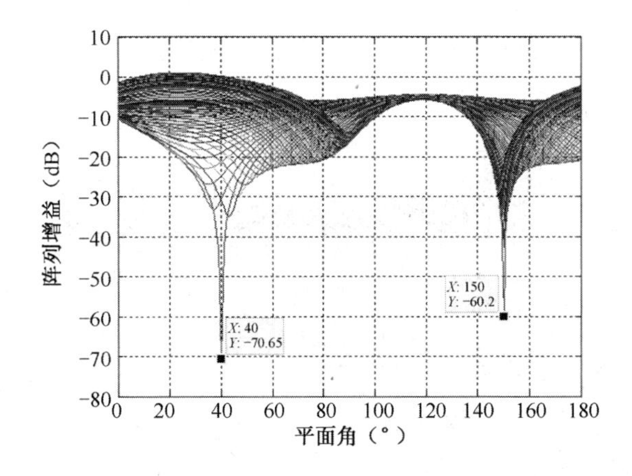

（c）双宽带干扰时切面上天线零陷位于方位角 40° 和 150° 的抗干扰二维平面波束方向图

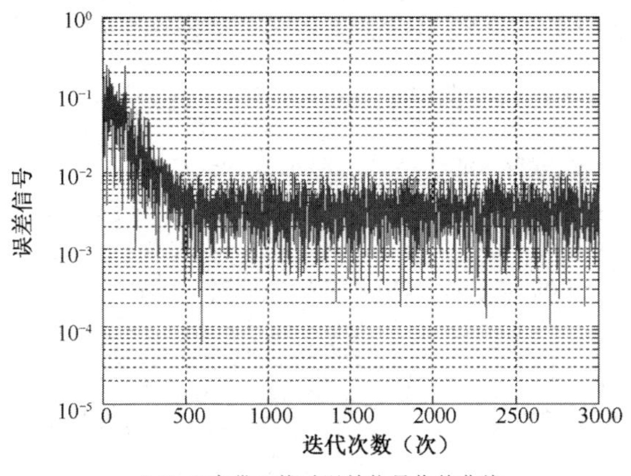

（d）双宽带干扰时误差信号收敛曲线

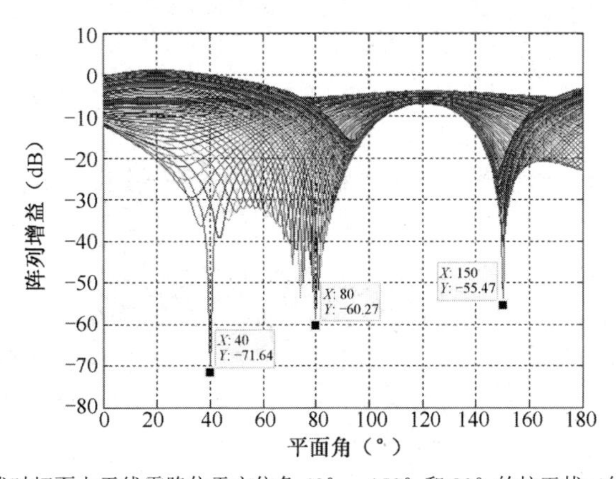

（e）三宽带干扰时切面上天线零陷位于方位角 40° 、150° 和 80° 的抗干扰二维平面波束方向图

图 7.6　SMC-LMS 算法抑制宽带干扰的情况（续）

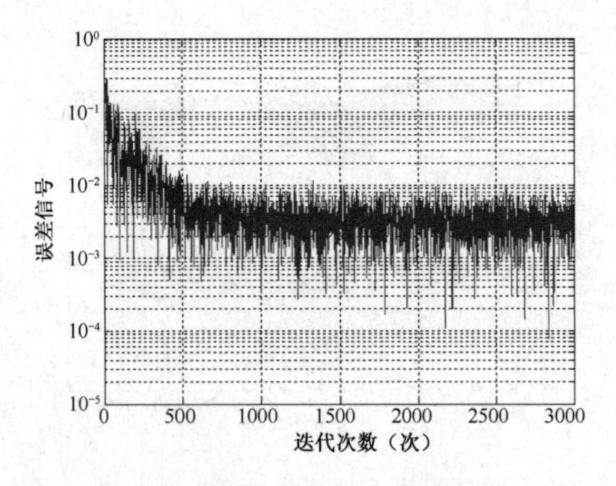

（f）三宽带干扰时误差信号收敛曲线

图 7.6　SMC-LMS 算法抑制宽带干扰的情况（续）

通过与图 7.5 的结果对比可知，图 7.6 所示的结果无论是调零天线方向图的零陷深度，还是误差信号的收敛性和稳定性，空时抗干扰技术都优于空域抗干扰技术。这验证了前文所述空时 SMC-LMS 算法的有效性，并且针对宽带干扰抑制效果明显，这是因为空时阵列信号处理技术提供大于阵元个数的自由度，正好满足宽带干扰消耗多个阵元自由度来抑制干扰的需求[10]。

3. 多个干扰的抑制效果

MB-BFRLS 算法抑制多个干扰信号的效果如图 7.7 所示。

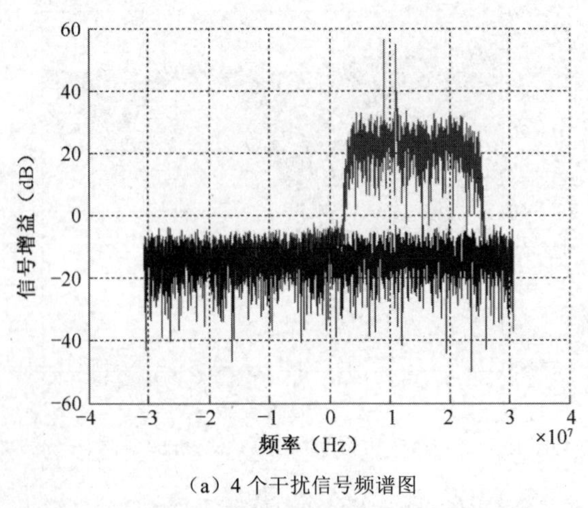

（a）4 个干扰信号频谱图

图 7.7　MB-BFRLS 算法抑制多个干扰信号的效果

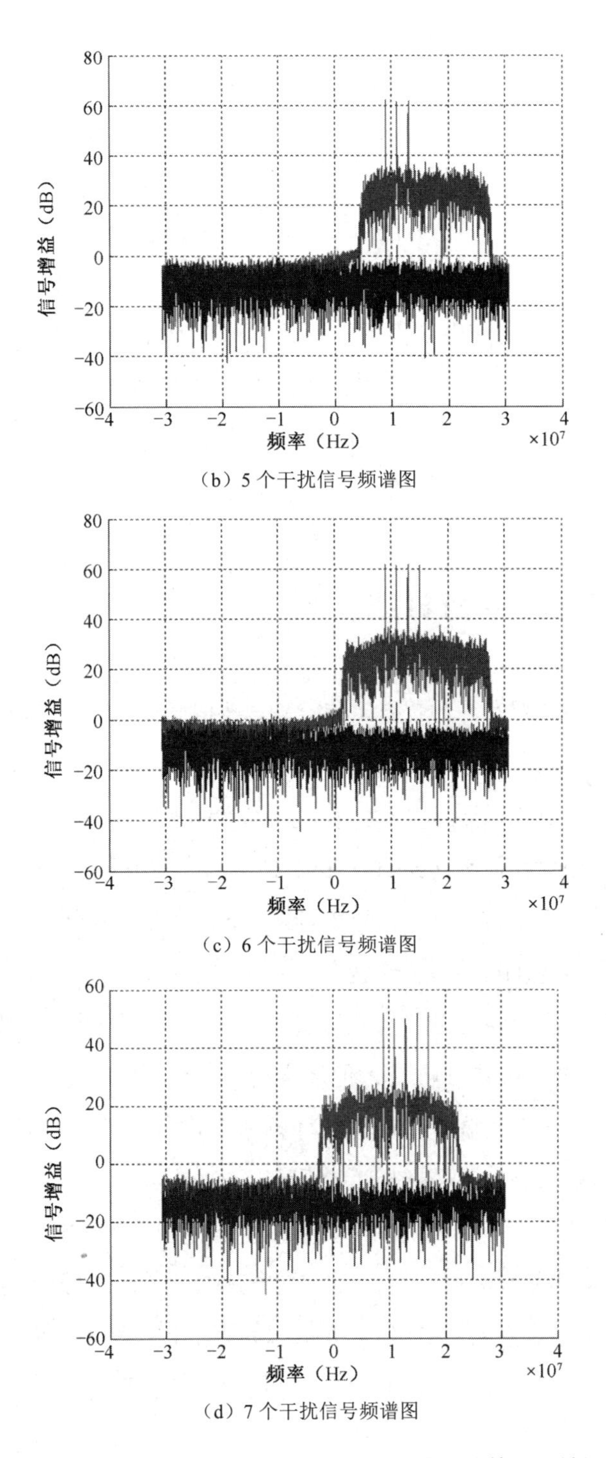

（b）5 个干扰信号频谱图

（c）6 个干扰信号频谱图

（d）7 个干扰信号频谱图

图 7.7　MB-BFRLS 算法抑制多个干扰信号的效果（续）

从图 7.7 可以看出，对于阵元个数为 4 的 Y 字形均匀圆阵，利用空时阵列信号处理技术能抑制大于 M-1 个干扰信号，这比一般空域阵列信号处理算法的抗干扰能力要强。同时，对比干扰信号抑制前后的期望信号频谱图可知，干扰信号被抑制到噪声限，不能产生干扰效果。

总之，采用 SMC-LMS 算法的空时抗干扰技术和采用 MB-BFRLS 算法的空时频抗干扰技术的抗干扰性能良好，主要体现在计算简单、处理速度快、对窄带干扰和宽带干扰的抑制效果较传统抗干扰算法都有明显改善。通过图 7.7 可以看出，空时抗干扰技术能消除大于阵列天线阵元个数的有限个干扰，使其不能发挥干扰效果，从而增强接收信号的可靠程度。

7.5 改进循环平稳算法

CAB 类算法由于多普勒效应和有限采样数据导致的窗函数泄露等因素，很难获得准确的循环频率。首先，研究了非盲自适应处理算法（SMI 算法）和盲自适应处理算法（SCORE 类算法、CAB 类算法）的理论基础；然后，分析了当存在循环频率误差（Cyclic Freguency Error，CFE）时 CAB 类算法的性能。CAB 类算法对 CFE 的存在非常敏感，这可能导致其性能急剧下降[6]。因此，如何消除 CFE 对 CAB 类算法的影响是一个重点。

目前，研究者已经提出了一些改进方法。例如，一些学者提出了稳健的 CAB 算法来改进 CFE 的影响[7,8]，但是这些改进的 CAB 算法只适用于 CFE 较小的情况；一些学者也提出了估计循环频率及将估计循环频率与部分空间结合的方法，但是使用这些方法估计循环频率需要长期计算和足够的存储空间。Lee J H 等人提出了一种使用校正的方法[9]，但是这种校正方法对于由 CFE 引起的算法性能下降的处理能力有限。为了有效地解决由 CFE 引起的性能下降问题，一些学者提出了遗忘系数 CAB（F-CAB）算法[6]，该算法不需要估计循环频率、简单易用，但是在 CFE 较大的情况下，算法性能仍然很低[10]。

7.5.1 循环平稳误差对 CAB 算法的影响

$\hat{\boldsymbol{R}}_{xu}$ 的左奇异矢量为 $\boldsymbol{w}_{\text{CAB}}$[11,12]，并且 $\boldsymbol{w}_{\text{CAB}}$ 是 $\boldsymbol{a}_d$ 的一致估计，表达式为

$$\boldsymbol{w}_{\text{CAB}} = \hat{\boldsymbol{R}}_{xu}\boldsymbol{G} \tag{7.28}$$

式中，$\boldsymbol{G} = [1,1,\cdots,1]^{\text{T}}$ 为 M 维列矢量，有限循环自相关矩阵的表达式为

$$\begin{aligned}\hat{\boldsymbol{R}}_{xu}(f,\tau) = &\left\{\sum_n d_n(\tau)\sin\left[(f-\alpha_n)T\right]\text{e}^{-\text{j}\pi\alpha_n\tau}\right\}\times\boldsymbol{a}_d\boldsymbol{a}_d^{\text{H}} + \\ &\sum_j\left\{\left[\sum_m \rho_{j,m}(\tau)\sin[(f-\beta_{j,m})T]\text{e}^{-\text{j}\pi\beta_{j,m}\tau}\right]\times\boldsymbol{a}_j\boldsymbol{a}_j^{\text{H}}\right\} + \\ &\text{sinc}(fT)\otimes\{\boldsymbol{R}_n(f,\tau)\text{e}^{-\text{j}\pi f\tau}\}\end{aligned} \tag{7.29}$$

假设期望信号的实际循环频率为 α，若存在误差为 $\Delta\alpha$，则估计得到的循环频率为 $\hat{\alpha} = \alpha + \Delta\alpha$，式（7.29）进一步改写为

$$\begin{aligned}\hat{\boldsymbol{R}}_{xu}(\alpha+\Delta\alpha) = &\left\{d_1(\tau)\text{sinc}(\Delta\alpha T)\text{e}^{-\text{j}\alpha_1\tau} + \sum_{m\neq 1} d_m(\tau)\text{sinc}(\tilde{\alpha}_m T)\,\text{e}^{-\text{j}\pi\alpha_m\tau}\right\}\times\boldsymbol{a}_d\boldsymbol{a}_d^{\text{H}} + \\ &\sum_j\left\{\left[\sum_m \rho_{j,m}(\tau)\sin[(f-\tilde{\beta}_{j,m})T]\text{e}^{-\text{j}\pi\beta_{j,m}\tau}\right]\times\boldsymbol{a}_j\boldsymbol{a}_j^{\text{H}}\right\} + \\ &\text{sinc}[(\alpha+\Delta\alpha)T]\otimes\{\boldsymbol{R}_m[(\alpha+\Delta\alpha),\tau]\text{e}^{-\text{j}\pi(\alpha+\Delta\alpha)\tau}\}\end{aligned} \tag{7.30}$$

式中，$\tilde{\alpha} = \alpha + \Delta\alpha - \alpha_n$，$\tilde{\beta}_{j,m} = \alpha + \Delta\alpha - \beta_{j,m}$，$\alpha_n$ 代表期望信号的循环频率，$\beta_{j,m}$ 代表干扰信号的循环频率，d_m、$\rho_{j,m}$ 分别为相关信号再循环频率处的强度，$\alpha_{d,m}$、$\alpha_{j,m}$ 分别为期望信号与干扰信号的导向矢量 $\boldsymbol{\alpha}_d$、$\boldsymbol{\alpha}_j$ 的第 m 个元素[12]。将式（7.30）代入式（7.28），有

$$\begin{aligned}\boldsymbol{w}_{\text{CAB}}(\alpha+\Delta\alpha) = &\left\{d_1(\tau)\text{sinc}(\Delta\alpha T)\text{e}^{-\text{j}\alpha_1\tau} + \sum_{m\neq 1} d_m(\tau)\text{sinc}(\tilde{\alpha}_m T)\text{e}^{-\text{j}\pi\alpha_m\tau}\right\}\times\left(\sum_{m=1}^{M} a_{d,m}^{*}\right)\boldsymbol{a}_d^{\text{H}} + \\ &\sum_j\left\{\left[\sum_m \rho_{i,m}(\tau)\text{sinc}(\tilde{\beta}_{j,m}T)\text{e}^{-\text{j}\pi\beta_{j,m}\tau}\right]\times\left(\sum_{m=1}^{M} a_{j,m}^{*}\right)\boldsymbol{a}_j^{\text{H}}\right\} + \\ &\text{sinc}[(\alpha+\Delta\alpha)T]\otimes\{\boldsymbol{R}_m[(\alpha+\Delta\alpha),\tau]\text{e}^{-\text{j}\pi(\alpha+\Delta\alpha)\tau}\}\times\boldsymbol{G}\end{aligned} \tag{7.31}$$

当$\tau=0$时，对CAB算法进行分析，有

（1）当$\Delta\alpha=0$时，依据矩形窗函数的特征，可以忽略期望信号和噪声在循环频率$\alpha_n(n\neq1)$处的强度，此时$\boldsymbol{w}_{\text{CAB}}\approx d_1(\tau)\left(\sum_{m=1}^{M}\alpha_{dm}^*\right)\boldsymbol{\alpha}_d^{\text{H}}$就为导向矢量的良好估计。

（2）当$\Delta\alpha\neq0$时，矩形窗函数在$T=\pm N/\Delta\alpha$（$N=1,2,\cdots$）处，期望信号的导向矢量均接近零，会引起CAB算法的性能下降或失效。

7.5.2 遗忘因子CAB算法

将遗忘因子λ引入对循环相关矩阵$\hat{\boldsymbol{R}}_{xu}$的计算中，有

$$\hat{\boldsymbol{R}}_{xu}=\frac{1}{M}\sum_{m=1}^{M}\lambda\boldsymbol{x}(k)\boldsymbol{x}^{\text{H}}(k-k_0)\text{e}^{-\text{j}2\pi\alpha_m} \tag{7.32}$$

式中，$\lambda<1$，令$\lambda=\text{e}^{-bT}$，T为采样周期。

使用式（7.32）中的循环相关矩阵改进CAB算法（F-CAB算法）。当CFE存在时，分析F-CAB算法的性能。

$$\hat{\boldsymbol{R}}_{xu}=\lambda\frac{k-1}{k}\boldsymbol{R}_{xu}(k-1)+\frac{1}{k}\boldsymbol{x}(k)\boldsymbol{u}^{\text{H}}(k) \tag{7.33}$$

相应的加权矢量迭代表达式为

$$\boldsymbol{w}_{\text{CAB}}(k)=\lambda\frac{m-1}{m}\boldsymbol{w}_{\text{CAB}}(k-1)+\frac{1}{m}\sum_{i=1}^{M}\boldsymbol{u}_i^*(k)\boldsymbol{x}(k) \tag{7.34}$$

当CFE存在时，对F-CAB算法的性能进行分析如下。

在F-CAB算法中，用单边上升指数窗代替矩形窗作为采样时间窗，其傅里叶变换为

$$\begin{aligned}f_{\text{WIN}}(fT)&=\frac{\text{e}^{-bT/2}}{T(b-\text{j}2\pi f)}(\text{e}^{bT/2}\text{e}^{-\text{j}\pi fT}-\text{e}^{bT/2}\text{e}^{-\text{j}\pi ft})\\&=\text{e}^{-bT/2}\,\text{sinc}(fT+\text{j}bT/2\pi)\end{aligned} \tag{7.35}$$

其幅度频谱为

$$|f_{\text{WIN}}(fT)|=\left\{\frac{1-2\text{e}^{-bT}\cos(2\pi fT)+\text{e}^{-2bT}}{T^2\left[b^2+(2\pi f)^2\right]}\right\}^{1/2} \tag{7.36}$$

式（7.36）中的零点为：① $f \to \infty$；② $T \to \infty$；③ $T = \pm m/(f + \mathrm{j}b/2\pi)$。由于 f 和 T 在这 3 种情况下都不可能存在，因此在引入 λ 后可以有效地避免矩形窗函数 sinc 产生的零点，将得到的有限个快拍数下 CAB 的加权矢量写为[12]

$$\begin{aligned}\boldsymbol{w}_{\mathrm{CAB}}(\alpha+\Delta\alpha)=&\left\{d_1(\tau)f_{\mathrm{WIN}}(\Delta\alpha T)\mathrm{e}^{-\mathrm{j}\alpha\tau}+\sum_{m\neq1}d_m(\tau)f_{\mathrm{WIN}}(\tilde{\alpha}_m T)\mathrm{e}^{-\mathrm{j}\pi\alpha_m\tau}\right\}\times\left(\sum_{m=1}^{M}a_{d,m}^{*}\right)\boldsymbol{a}_d+\\&\sum_j\left\{\left[\sum_m\rho_{j,m}(\tau)f_{\mathrm{WIN}}(\tilde{\beta}_{j,m}T)\mathrm{e}^{-\mathrm{j}\pi\beta_{j,m}\tau}\right]\times\left(\sum_{m=1}^{M}a_{j,m}^{*}\right)\boldsymbol{a}_j\right\}+\\&f_{\mathrm{WIN}}\left[(\alpha+\Delta\alpha)T\right]\otimes\left\{\boldsymbol{R}_n\left[(\alpha+\Delta\alpha),\tau\right]\mathrm{e}^{-\mathrm{j}\pi(\alpha+\Delta\alpha)\tau}\right\}\times\boldsymbol{G}\end{aligned}\tag{7.37}$$

当 $\tau = 0$ 时，对 F-CAB 算法进行分析如下。

（1）当 $\Delta\alpha = 0$ 时，根据式（7.35）和式（7.36）所分析的指数窗函数的幅度频谱可知，在式（7.37）中无论是期望信号还是干扰信号与噪声，其在循环频率 $\alpha_m(m \neq 1)$ 处的强度都可以忽略不计，此时有

$$\boldsymbol{w}_{\mathrm{CAB}} \approx \left[\left(1-\mathrm{e}^{-bT}\right)/bT\right]d_1(\tau)\left(\sum_{m=1}^{M}a_{d,m}^{*}\right)\boldsymbol{a}_d \tag{7.38}$$

式中，$\boldsymbol{w}_{\mathrm{CAB}}$ 正比于期望信号的导向矢量。

（2）当 $\Delta\alpha \neq 0$，以及采样周期 T 有限时，由于 $\left|f_{\mathrm{WIN}}(\Delta\alpha T)\right|$ 没有零点，则 F-CAB 算法的性能没有明显下降。当 $T = \pm m/\Delta\alpha\,(m = 1,2,\cdots)$ 时，$f_{\mathrm{WIN}}(\Delta\alpha T) = \left(\mp 1 \pm \mathrm{e}^{-bT}\right)/\left(bT \mp \mathrm{j}2n\pi\right) \neq 0$，由此可知，在引入 λ 后，可以有效地避免矩形窗 sinc 函数产生的零点。

（3）当采样周期 $T \to \infty$ 时，式（7.37）中期望信号的导向矢量分量基本为零，此刻干扰信号与噪声不能被忽略，从而导致 F-CAB 算法性能下降或失效。在实际应用环境下，采样周期 T 是有限的，同时令 $f_{\mathrm{WIN}}(0) = \left(1-\mathrm{e}^{-bT}\right)/bT \geqslant g_0$，其中 g_0 为预先设定的阈值，以此可以保证期望信号导向矢量分量大于一定的阈值，从而使 F-CAB 算法的性能不下降。

（4）当 CFE 较小时，F-CAB 算法的性能很好；当 CFE 较大时，结合（3）的分析和式（7.37）可知，期望信号的导向矢量分量基本为零，在干扰信号和噪声不能被忽略时，F-CAB 算法失效。由此可见，F-CAB 算法在一定程度上降低了对 CFE 的敏感性，这是克服 CFE 影响的一种好方法，但其自身也存在一定的不足。

综合以上分析可知，F-CAB 算法的使用范围受到设置参数值的约束比较大，导致其应用范围较小，即当 CFE 较大时，F-CAB 算法性能严重下降甚至失效。为改善这个问题，本书提出了 AF-CAB 算法[10]。

7.5.3　自适应遗忘因子 CAB 算法

F-CAB 算法中遗忘因子 λ 的值是固定常数，只对一定范围内的 CFE 起到改善的作用，而本节将提出的 AF-CAB 算法，λ 的值是根据循环频率误差的大小自动调节的。自适应调整 λ 的值可以让 AF-CAB 算法适应各种环境，改善由 CFE 导致抗干扰性能变差的问题。下面详细分析 AF-CAB 算法的计算过程[10]。

建立估计误差代价函数，有

$$\varepsilon(k)=y(k)-z(k) \tag{7.39}$$

式中，$y(k)=\boldsymbol{w}^{\mathrm{H}}\boldsymbol{x}(k)$，$z(k)=\lambda\boldsymbol{c}^{\mathrm{H}}\boldsymbol{x}(k-k_0)\mathrm{e}^{\mathrm{j}2\pi\alpha}$，$\boldsymbol{w}$和 $\boldsymbol{c}$ 分别为 $\boldsymbol{R}_{xu}$ 的左奇异值和右奇异值，α 为期望信号的循环频率。

基于 MMSE 准则的代价函数为

$$\xi(\boldsymbol{w})=\mathrm{E}\left\{\left|\varepsilon(k)\right|^2\right\} \tag{7.40}$$

式中，$\mathrm{E}\{\cdot\}$ 表示取统计平均。将式（7.40）转换为求取无约束最佳值的问题，即

$$\max\ \xi(\boldsymbol{w})=\mathrm{E}\left\{\left|\varepsilon(k)\right|^2\right\} \tag{7.41}$$

由式（7.39）、式（7.40）、式（7.41），有

$$\begin{aligned}\xi(\boldsymbol{w})&=\mathrm{E}\left\{\left|\varepsilon(k)\right|^2\right\}=\mathrm{E}\left\{\varepsilon(k)\varepsilon^*(k)\right\}\\&=\boldsymbol{w}^{\mathrm{H}}\boldsymbol{R}_{xx}\boldsymbol{w}-2\mathrm{Re}\left[\lambda\boldsymbol{w}^{\mathrm{H}}\boldsymbol{x}(k)\boldsymbol{x}^*(k-k_0)\mathrm{e}^{-\mathrm{j}2\pi\alpha_m}\boldsymbol{c}\right]+\lambda^2\boldsymbol{c}^{\mathrm{H}}\boldsymbol{R}_{x(k-k_0)x(k-k_0)}\boldsymbol{c}\end{aligned} \tag{7.42}$$

由于 $\xi(\boldsymbol{w})$ 为 λ 的二次函数，通过使 $\xi(\boldsymbol{w})$ 对 λ 的梯度为零，一定可以求出其最小值。使 $\xi(\boldsymbol{w})$ 取最小值应满足方程

$$\nabla_\lambda\xi(\boldsymbol{w})=\nabla_\lambda\mathrm{E}\left\{\varepsilon^2(k)\right\}=0 \tag{7.43}$$

对式（7.43）进行化解运算，可得

$$\nabla_\lambda\xi(\boldsymbol{w})=-2\mathrm{Re}\left[\boldsymbol{w}^{\mathrm{H}}\boldsymbol{x}(k)\boldsymbol{x}^*(k-k_0)\mathrm{e}^{-\mathrm{j}2\pi\alpha_m}\boldsymbol{c}\right]+2\lambda\boldsymbol{c}^{\mathrm{H}}\boldsymbol{R}_{x(k-k_0)x(k-k_0)}\boldsymbol{c} \tag{7.44}$$

从而可得到 λ 满足的代价方程为

$$\lambda = \frac{\mathrm{Re}\left[\boldsymbol{w}^{\mathrm{H}}\boldsymbol{x}(k)\boldsymbol{x}^{*}(k-k_0)\mathrm{e}^{-\mathrm{j}2\pi\alpha k}\boldsymbol{c}\right]}{\boldsymbol{c}^{\mathrm{H}}\boldsymbol{R}_{x(k-k_0)x(k-k_0)}\boldsymbol{c}} \tag{7.45}$$

将 λ 代入式（7.32）中得到新的估计矩阵 $\hat{\boldsymbol{R}}_{xu}$，即

$$\hat{\boldsymbol{R}}_{xu} = \frac{1}{N}\sum_{k=1}^{N}\frac{\mathrm{Re}\left[\boldsymbol{w}^{\mathrm{H}}(k-1)\boldsymbol{x}(k)\boldsymbol{x}^{*}(k-k_0)\mathrm{e}^{-\mathrm{j}2\pi\alpha_m}\boldsymbol{c}(k-1)\right]}{\boldsymbol{c}^{\mathrm{H}}(k-1)\boldsymbol{R}_{x(k-k_0)x(k-k_0)}\boldsymbol{c}(k-1)}\boldsymbol{x}(k)\boldsymbol{x}^{\mathrm{H}}(k-k_0)\mathrm{e}^{-\mathrm{j}2\pi\alpha_m} \tag{7.46}$$

利用快速迭代的方法求出加权矢量，即

$$\begin{aligned}\boldsymbol{w}_{\mathrm{CAB}}(k) = & \frac{m-1}{m}\boldsymbol{w}_{\mathrm{CAB}}(k-1) + \\ & \frac{1}{m}\frac{\mathrm{Re}\left[\boldsymbol{w}^{\mathrm{H}}(k-1)\boldsymbol{x}(k)\boldsymbol{x}^{*}(k-k_0)\mathrm{e}^{-\mathrm{j}2\pi\alpha_m}\boldsymbol{c}(k-1)\right]}{\boldsymbol{c}^{\mathrm{H}}(k-1)\boldsymbol{R}_{x(k-n_0)x(k-k_0)}\boldsymbol{c}(k-1)}\boldsymbol{x}(k)\boldsymbol{x}(k-k_0)\mathrm{e}^{-\mathrm{j}2\pi\alpha_m}\end{aligned} \tag{7.47}$$

7.5.4 算法的抗干扰性能分析

在此性能分析中，我们采用具有 16 个阵元、间距为半波长的均匀直线阵列。设有 2 个 BPSK 窄带信号入射到阵列，噪声为高斯白噪声。其中，入射角度为 20° 的是期望信号，信噪比 SNR 为 10dB；另一个是入射角度为 60° 的干扰信号，干噪比 INR 为 5dB。定义 $\hat{\alpha}$ 为估计得到的循环频率，$\Delta\alpha$ 为估计误差。假设在分析过程中不存在 CFE 时，$\hat{\alpha}=2f_{\mathrm{c}}$，其中，$f_{\mathrm{c}}$ 为期望信号的载波频率。CAB 类算法在不同的快拍数、信噪比、干噪比下，其输出的 SINR 有较大差别，同时形成的波束方向图也有所不同[10]。

实验 1　CFE 对输出 SINR 的影响，以及在最大 SINR 下形成的波束方向图。

由图 7.8 中输出的 SINR 和波束方向图仿真结果可知，当 CFE 存在时，输出的 SINR 严重抖动，极其不稳定，形成的波束方向图主瓣也没有正确指向期望信号方向，从而导致 CAB 类算法失效。仿真结果表明，CFE 的存在对 CAB 类算法的性能有较大影响。

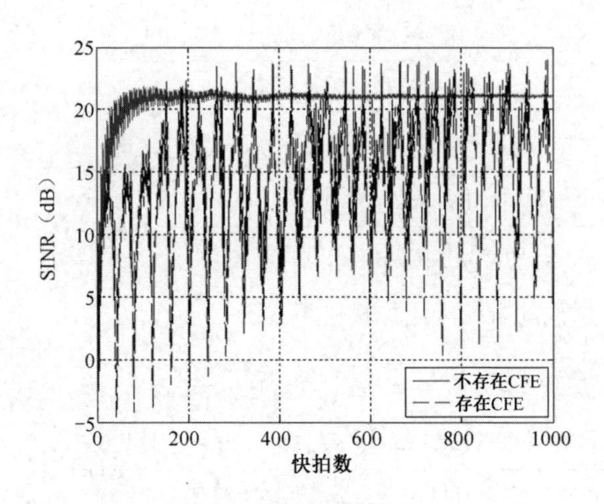

（a）SINR 随快拍数的变化

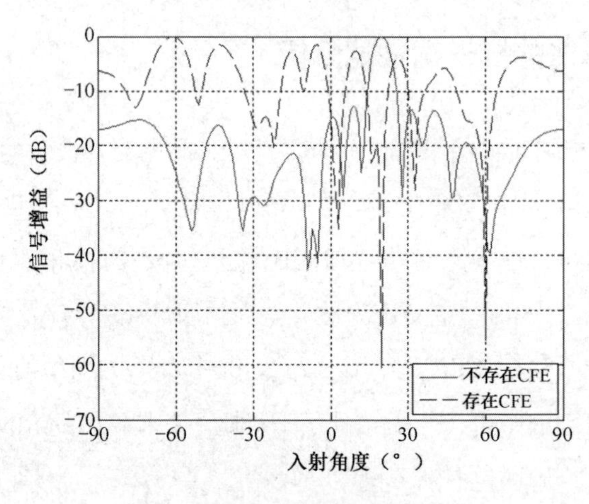

（b）自适应波束方向图

图 7.8　CFE 对干扰抑制性能的影响

实验 2　当存在 CFE 时，CAB 算法、F-CAB 算法和 AF-CAB 算法的性能。

实验 2.1 当循环频率估计 $\hat{\alpha}=2f_{\rm c}$、误差 $\Delta\alpha=0$ 时，SINR 随快拍数的变化，以及在最大 SINR 情况下的自适应波束方向图如图 7.9 所示。

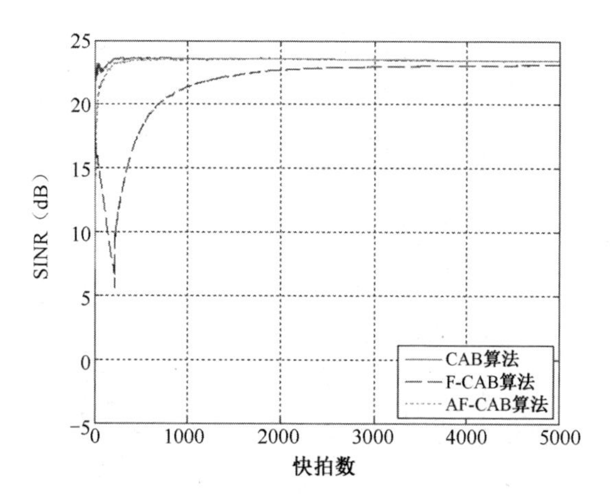

（a）SINR 随快拍数的变化

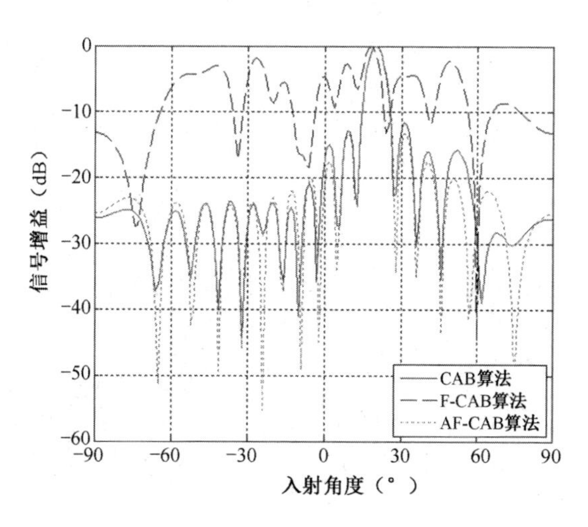

（b）自适应波束方向图

图 7.9 循环频率估计为 $\hat{\alpha}=2f_{\mathrm{c}}$

实验 2.2 当循环频率估计 $\hat{\alpha}=1.980f_{\mathrm{c}}$、误差 $\Delta\alpha=-0.02f_{\mathrm{c}}$ 时，SINR 随快拍数的变化，以及在最大 SINR 情况下的自适应波束方向图如图 7.10 所示。

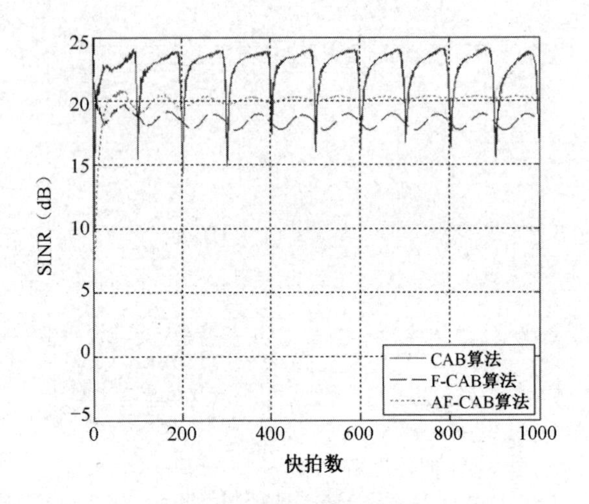

（a）SINR 随快拍数的变化

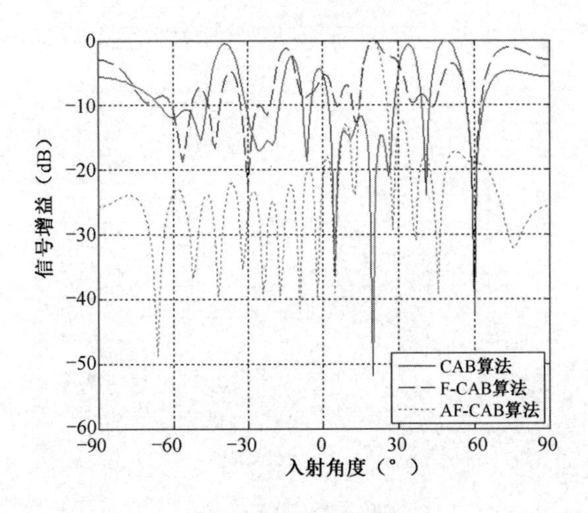

（b）自适应波束方向图

图 7.10　循环频率估计为 $\hat{\alpha}=1.980f_c$

实验 2.3　当循环频率估计 $\hat{\alpha}=2.020f_c$、误差 $\Delta\alpha=0.02f_c$ 时，SINR 随快拍数的变化，以及在最大 SINR 情况下的自适应波束方向图如图 7.11 所示。

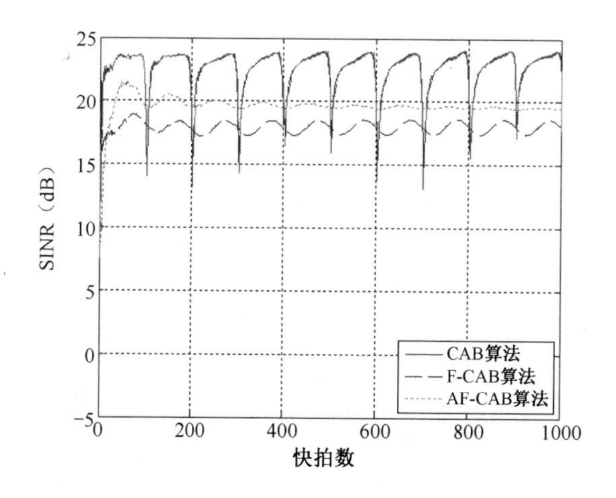

（a）SINR 随快拍数的变化

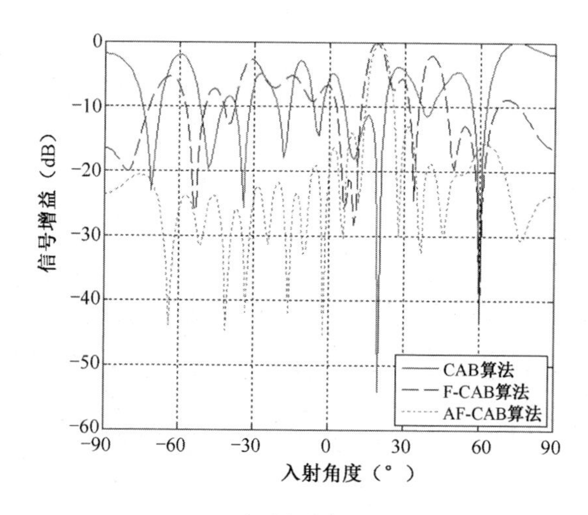

（b）自适应波束方向图

图 7.11 循环频率估计为 $\hat{\alpha}=2.020f_{\mathrm{c}}$

实验 2.4 当循环频率估计 $\hat{\alpha}=1.950f_{\mathrm{c}}$、误差 $\Delta\alpha=-0.05f_{\mathrm{c}}$ 时，SINR 随快拍数的变化，以及在最大 SINR 情况下的自适应波束方向图如图 7.12 所示。

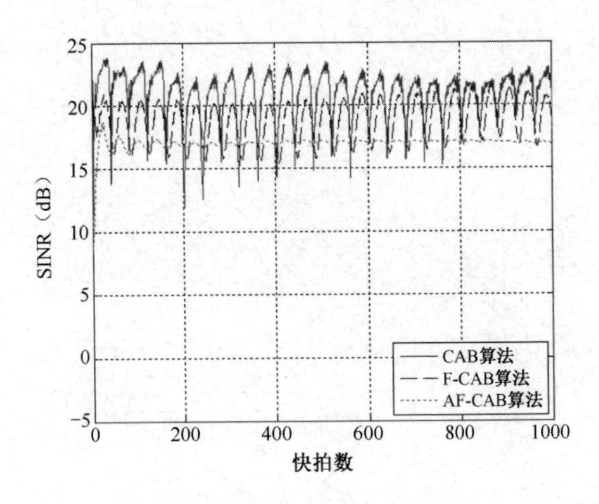

（a）SINR 随快拍数的变化

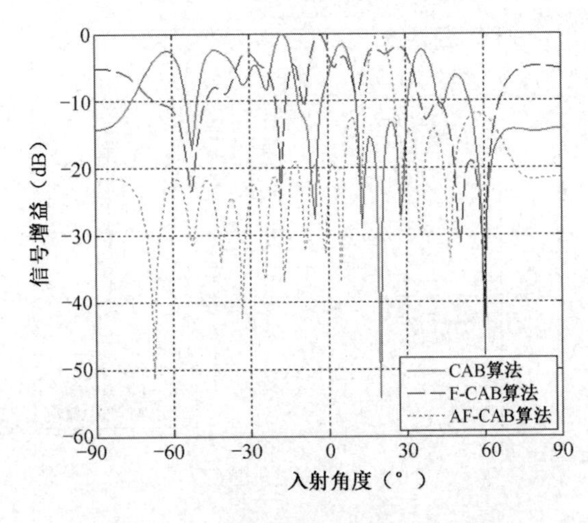

（b）自适应波束方向图

图 7.12　循环频率估计为 $\hat{\alpha}=1.950f_{\rm c}$

实验 2.5　当循环频率估计 $\hat{\alpha}=2.050f_{\rm c}$、误差 $\Delta\alpha=0.05f_{\rm c}$ 时，SINR 随快拍数的变化，以及在最大 SINR 情况下的自适应波束方向图如图 7.13 所示。

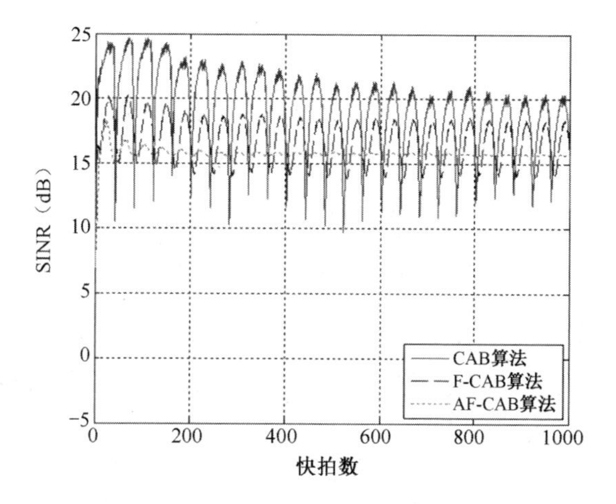

（a）SINR 随快拍数的变化

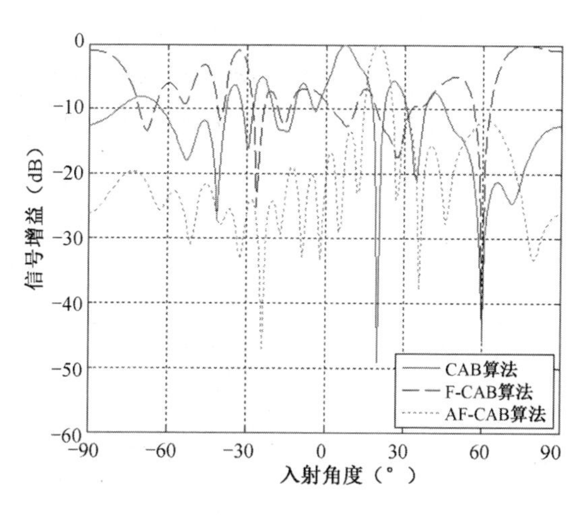

（b）自适应波束方向图

图 7.13　循环频率估计为 $\hat{\alpha}=2.050f_c$

在实验 2 中，设置估计的循环频率 $\hat{\alpha}$ 分别为 $2f_c$、$1.980f_c$、$2.020f_c$、$1.950f_c$、$2.050f_c$，对应的 $\Delta\alpha$ 分别为 $0f_c$、$-0.02f_c$、$0.02f_c$、$-0.05f_c$、$0.05f_c$，并分析仿真得到的实验结果。由图 7.9 可知，若 CFE 为 0，即实验 2.1 中当 $\hat{\alpha}=2f_c$ 时 CAB 算法、F-CAB 算法和 AF-CAB 算法输出的最大 SINR 基本相同，收敛速度也基本一样，都能形成良好的波束方向图，此时这 3 种算法的性能基本相当。由图 7.10 和图 7.11 可知，当 CFE 比较小时，即当实验 2.2 和实验 2.3 中 $\hat{\alpha}=1.980f_c$ 和 $\hat{\alpha}=2.020f_c$ 时，CAB 算法已经处于失效状态，F-CAB 算法和

AF-CAB 算法仍具有比较好的性能。从图 7.10 和图 7.11 中也可以看出，AF-CAB 算法输出的最大 SINR 明显高于 F-CAB 算法，形成的波束方向图对副瓣增益的压制效果更好。由图 7.12 和图 7.13 可知，当 CFE 比较大时，即当实验 2.4 和实验 2.5 中 $\hat{\alpha}=1.950f_{\mathrm{c}}$ 和 $\hat{\alpha}=2.050f_{\mathrm{c}}$ 时，CAB 算法和 F-CAB 算法都已经处于失效状态，AF-CAB 算法依然具有较快的收敛速度，并具有输出最大 SINR 的能力，同时形成了良好的波束方向图，实现了抗干扰的目的。仿真结果表明，AF-CAB 算法在抗干扰领域相对于 CAB 算法、F-CAB 算法具有最佳的性能[10]。

实验 3 误差 ε 随快拍数的变化。

式（7.39）为判断 AF-CAB 算法的性能提供了理论基础，通过误差 ε 可以判断所求出的自适应遗忘因子是否为最佳。如图 7.14 所示为误差 ε 随快拍数的变化。由图 7.14 可知，随着快拍数的增大，误差 ε 逐渐减小，直至接近 0。误差接近 0 的过程，也是所求出的自适应遗忘因子接近最佳值的过程，由此验证了 AF-CAB 算法的理论正确性。

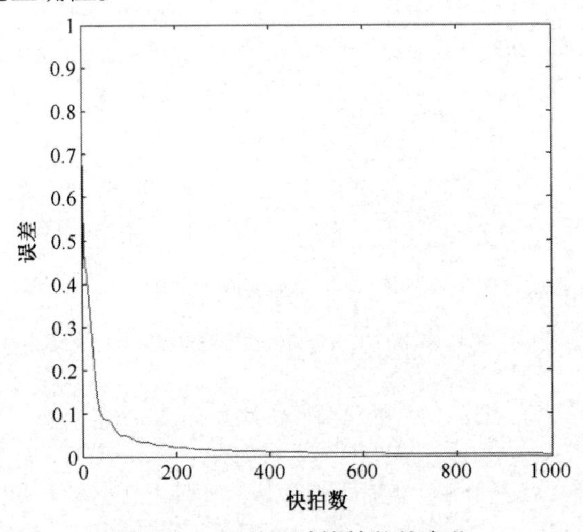

图 7.14 误差 ε 随快拍数的变化

以上 3 个实验分析了 CFE 对 CAB 算法的影响，对比了 CAB 算法、F-CAB 算法、AF-CAB 算法在不同循环频率误差下输出 SINR，以及形成的波束方向图，最后说明了 AF-CAB 算法的理论正确性，验证了其优秀的抗干扰性能。

以上实验结果的分析说明，本书提出的 AF-CAB 算法性能优异，具有良好的稳健性，可以适应更加复杂的应用环境[10]。

参考文献

[1] 肖红霞. 基于多域融合处理的卫星天线抗干扰技术研究[D]. 哈尔滨：哈尔滨工程大学，2013.

[2] 董春蕾. 基于空频多波束处理的自适应抗干扰天线技术研究[D]. 哈尔滨：哈尔滨工程大学，2014.

[3] 王永良，彭应宁. 空时自适应信号处理[M]. 北京：清华大学出版社，2008.

[4] Ferrara E R. Fast Implementation of Digital Filters[J]. IEEE Trans on Circuits Acoust. Speech. Sig. Proc, 1980, 24(4): 474-475.

[5] 滕红. 部分自适应阵波束形成技术[D]. 成都：电子科技大学，2004.

[6] 安毅，吕昕，高本庆. CAB 盲自适应波束形成性能分析及改进算法[J]. 北京理工大学学报，2001，21（6）：737-741.

[7] Lee J H, Lee Y T, Wenhao Shi. Efficient robust adaptive beamforming for cyclostationary signals[J]. IEEE Transactions on Signal Process, 2000, 48(7): 1893-1901.

[8] Zhang J, Liao G S, Wang J. Robust direction finding for cyclostationary signals with cycle frequency error[J]. Signal Processing, 2005, 85: 2386-2393.

[9] Lee Y T, and Lee J H. Robust adaptive array beamforming with random error in cycle frequency[J]. IEE Proceedings-Radar Sonar and Navigation, 2001, 148(4): 193-199.

[10] 郭昊. 基于信号循环平稳性的多波束抗干扰技术研究及 FPGA 实现[D]. 哈尔滨：哈尔滨工程大学，2017.

[11] 熊超. 基于信号循环平稳性的智能天线数字波束形成技术研究[D]. 成都：西南交通大学，2005.

[12] 范达. 基于信号循环平稳性的盲算法研究[D]. 郑州：信息工程大学，2003.

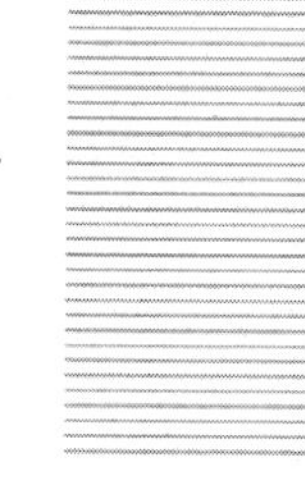

第 8 章

虚拟天线抗干扰技术

8.1 虚拟天线技术概述

虚拟天线技术是在阵列天线技术的基础上发展而来的，它是对阵列天线接收信号的预处理[1,2]，其主要变换方法有内插变换法[3,4]、基于高阶累积量的阵列扩展法[5-7]、外推法[8,9]、基于线性预测和最小二乘法[10,11]等。

基于高阶累积量的阵列扩展法对实际阵列天线接收的信号数据信息进行处理，通过计算得到它们的高阶累积量，而这些高阶累积量相当于一个实际阵元与一个或多个虚拟拓展阵元的互相关[5]。Dogan M C 和 Mendel J M 提出了基于高阶累积量的 MUSIC-LIKE[5]算法，假设阵列天线的阵元个数为 M，那么高阶累积量共有 M^4 种可能，将这些高阶累积量排成 $M^4 \times M^4$ 的矩阵 $\boldsymbol{R}_4$，那么可以将 $\boldsymbol{R}_4$ 当作阵元虚拟拓展后的协方差矩阵，以进行后续的计算处理[12]。基于高阶累积量的阵列扩展法解决了二阶子空间类算法入射信号个数限制的问题。随后，Chevalier、Gone 和 Ferreol 等国外众多学者进一步研究明确了四阶累积量扩展阵列孔径的能力[7]。Pascal C 提出了基于任意偶数阶累积量应用于任意形状阵列的虚拟阵列扩展技术[4,13]。国内学者陈建、王树勋提出了一种基于四阶累积量虚拟阵列扩展的 DOA 估计方法[14,15]；魏平、丁齐、刘学斌等学者也相继对基于高阶累积量的阵元虚拟拓展方法展开进一步研究[16-18]，包括结合应用于波束形成、基于高阶累积量的空间谱估计、基于高阶累积量的相干信号检测、基于高阶累积量的矩阵去冗等方面的研究[19]。1993 年，Friedlander B 提出基于内插变换法的虚拟天线方法[20]，其具体方法是在空间划分若干个区域，在特定区域内进行均匀插值，然后求出区域内实际阵列导向矢量与希望变换后的阵元虚拟拓展的导向矢量之间的映射关系，从而实现实际阵元到虚拟阵元的变换[12]。由于这种方法具有极高的应用价值和多元化的发展前景[12]，随后 Friedlander B、Weiss A J 和 Gavish 等众多学者对这种方法进行了更加广泛、深入的研究，使得内插变换方法的应用范围和研究深度得到了极大的提高，其结合了各种波束形成和空间谱估计技术，取得了较多优良成果。外推法的虚拟天线技术主要应用于频谱估计，其主要依据时空域的对偶性，在空域中采用时域频谱分辨率的提高方法，提高空域的角度分辨率。Sacchi M D 等学者提出了关于迭代的信号外推方法[8]，并在相关应用领域取得了很好的研究成果。2017 年，李文兴等学者提出了基于二次虚拟扩展的高分辨率波达方向估计方法[12]。

上述各种方法均可达到阵元虚拟拓展的目的，并且最终可以得到较好的效果，但是它们均存在不足。基于高阶累积量的阵列扩展方法的计算量比较大、实现的硬件要求比较高、计算时间比较长，在对实时性要求较高的场合应用难以得到满意的效果。基于内插变换法的阵列扩展方法虽然计算量相对较小，但是由于其空间内划分区域的思想，在特定插值变换区域外的其他区域误差较大，并且其要达到最佳性能，需要实际阵列与虚拟阵列孔径大小一致。外推法需要先验知识，并且在信噪比较高时性能较差[12]。所以，需要进一步探索和研究更加优秀的虚拟天线技术。

8.2 基于四阶累积量的虚拟天线技术

四阶累积量的 LCMV 算法的自适应形成波束，通过四阶累积量中所含的冗余成分构建虚拟阵元，避免了相关高斯噪声的影响，保证了波束方向图能在期望信号方向增益最大，在干扰信号方向形成零陷[21]。

如果$x(k)$是零均值实随机过程，那么四阶累积量为

$$\begin{aligned}\operatorname{cum}\left(x_1,x_2,x_3,x_4\right)=&\mathrm{E}\left\{x_1,x_2,x_3,x_4\right\}-\mathrm{E}\left\{x_1,x_2\right\}\mathrm{E}\left\{x_3,x_4\right\}-\\&\mathrm{E}\left\{x_1,x_3\right\}\mathrm{E}\left\{x_2,x_4\right\}-\mathrm{E}\left\{x_1,x_4\right\}\mathrm{E}\left\{x_3,x_2\right\}\end{aligned} \tag{8.1}$$

若存在M维空间随机信号序列$\boldsymbol{x}(k)=\left[x_1(k),x_2(k),\cdots,x_M(k)\right]^{\mathrm{T}}$，那么它的四阶累积量为

$$\begin{aligned}\operatorname{cum}\left(m_1,m_2,m_3,m_4\right)=&\mu_4\left\{m_1,m_2,m_3,m_4\right\}-\mu_2\left\{m_1,m_2\right\}\mu_2\left\{m_3,m_4\right\}-\\&\mu_2\left\{m_1,m_3\right\}\mu_2\left\{m_2,m_4\right\}-\mu_2\left\{m_2,m_3\right\}\mu_2\left\{m_1,m_4\right\}\end{aligned} \tag{8.2}$$

式中，$\left\{m_1,m_2,m_3,m_4\right\}\in\left\{1,2,\cdots,M\right\}$，$\mu_2\left\{m_1,m_2\right\}=\mathrm{E}\left\{x_{m_1}(k),x_{m_2}(k)\right\}$是互相关矩阵，$\mu_4\left\{m_1,m_2,m_3,m_4\right\}=\mathrm{E}\left\{x_{m_1}(k),x_{m_2}(k),x_{m_3}(k),x_{m_4}(k)\right\}$是空间四阶矩阵。

因为对于组成M维序列的M个空间解析信号，它的空间四阶矩阵中任意两个量存在共轭关系，其空间四阶矩阵为$\mu_4\left\{m_1,m_2,m_3,m_4\right\}=\mathrm{E}\left\{x_{m_1}(k),x_{m_2}(k),x_{m_3}^*(k),x_{m_4}^*(k)\right\}$ [12]。对于充分对称分布随机序列，式（8.2）中的第2项$\mu_2\left\{m_1,m_2\right\}=\mathrm{E}\left\{x_{m_1}(k),x_{m_2}(k)\right\}$为0，那么有

$$\begin{aligned}\operatorname{cum}\left(m_1,m_2,m_3^*,m_4^*\right)=&\mu_4\left\{m_1,m_2,m_3,m_4\right\}-\mu_2\left\{m_1,m_3\right\}\mu_2\left\{m_2,m_4\right\}-\\&\mu_2\left\{m_2,m_3\right\}\mu_2\left\{m_1,m_4\right\}\end{aligned} \tag{8.3}$$

式中，$\mu_2\left\{m_1,m_3\right\}=\mathrm{E}\left\{x_{m_1}(n),x_{m_3}^*(n)\right\}$。

根据前面介绍的信号数学模型，在理想情况下阵列天线接收的信号为

$$\boldsymbol{x}(k)=\boldsymbol{A}\boldsymbol{s}(k)+\boldsymbol{n}(k)=\boldsymbol{a}(\theta_d)d(k)+\sum_{l=1}^{L}\boldsymbol{a}(\theta_l)J_l(k)+\boldsymbol{N}(k) \tag{8.4}$$

第m个阵元接收的信号为

$$\begin{aligned}x_m(k)&=a_m(\theta_0)d(k)+\sum_{l=1}^{L}a_m(\theta_l)J_l(k)+n_m(k)\\&=\sum_{l=0}^{L}a_m(\theta_l)s_l(k)+n_m(k)\end{aligned}$$

式中，$\boldsymbol{s}(k)=\left[d(k),J_1(k),\cdots,J_L(k)\right]^{\mathrm{T}}$，$d(k)$为期望信号，$J_l(k)$为干扰信号，$n_m(k)$为噪声信号。

由前文所述高阶累积量性质可知，两个独立随机变量和的高阶累积量等于它们各自高阶累积量的和。由于阵列天线接收非高斯过程信号与高斯过程噪声，其中，高斯过程噪声的高阶累积量为零[12]，阵列天线接收数据的四阶累积量为

$$\begin{aligned} R_{4x} &= \operatorname{cum}\left(x_{m_1}, x_{m_2}, x_{m_3}, x_{m_4}\right) \\ &= \operatorname{cum}\left[\sum_{m_1=1}^{M} a_{m_1}(k)\boldsymbol{s}(k), \sum_{m_2=1}^{M} a_{m_2}(k)\boldsymbol{s}(k), \sum_{m_3=1}^{M} a_{m_3}(k)\boldsymbol{s}(k), \sum_{m_4=1}^{M} a_{m_4}(k)\boldsymbol{s}(k)\right] + \\ &\quad \operatorname{cum}\left[n_{m_1}(k), n_{m_2}(k), n_{m_3}(k), n_{m_4}(k)\right] \\ &= \sum_{m_1=1}^{M}\sum_{m_2=1}^{M}\sum_{m_3=1}^{M}\sum_{m_4=1}^{M} a_{m_1}(k)a_{m_2}(k)a_{m_3}(k)a_{m_4}(k)\operatorname{cum}\left(\boldsymbol{s}(k), \boldsymbol{s}(k), \boldsymbol{s}(k), \boldsymbol{s}(k)\right) \end{aligned} \tag{8.5}$$

式中，$1 \leqslant m_1, m_2, m_3, m_4 \leqslant M$，$M$ 是阵元数，$\boldsymbol{s}_l(k)$ 是信号源，$\boldsymbol{a}_m(k)$ 是第 m 个阵元的方向矢量的第 k 次采样信号，$\operatorname{cum}\left(\boldsymbol{s}(k), \boldsymbol{s}(k), \boldsymbol{s}(k), \boldsymbol{s}(k)\right)$ 是阵列天线接收的第 k 快拍采样信号的四阶累积量。

如果信号符合零均值平稳随机过程，那么它的四阶累积量为

$$\begin{aligned} R_{4x} &= \operatorname{cum}\left(x_{m_1}, x_{m_2}^*, x_{m_3}^*, x_{m_4}\right) \\ &= \mathrm{E}\left\{x_{m_1}(k), x_{m_2}^*(k), x_{m_3}^*(k), x_{m_4}(k)\right\} - \\ &\quad \mathrm{E}\left\{x_{m_1}(k), x_{m_2}^*(k)\right\}\mathrm{E}\left\{x_{m_3}^*(k), x_{m_4}(k)\right\} - \\ &\quad \mathrm{E}\left\{x_{m_1}(k), x_{m_3}^*(k)\right\}\mathrm{E}\left\{x_{m_2}^*(k), x_{m_4}(k)\right\} \end{aligned} \tag{8.6}$$

可见，R_{4x} 为 M^4 个数据，将其放入 $M^2 \times M^2$ 矩阵 $\boldsymbol{C}_{4x}$ 中，则 $\boldsymbol{C}_{4x}$ 为

$$\begin{aligned} \boldsymbol{C}_{4x} &= \mathrm{E}\left\{\left(\boldsymbol{X}\otimes\boldsymbol{X}^*\right)\left(\boldsymbol{X}\otimes\boldsymbol{X}^*\right)^{\mathrm{H}}\right\} - \mathrm{E}\left\{\boldsymbol{X}\otimes\boldsymbol{X}^*\right\}\mathrm{E}\left\{\left(\boldsymbol{X}\otimes\boldsymbol{X}^*\right)^{\mathrm{H}}\right\} - \\ &\quad \mathrm{E}\left\{\boldsymbol{X}\boldsymbol{X}^{\mathrm{H}}\right\}\otimes\mathrm{E}\left\{\left(\boldsymbol{X}\boldsymbol{X}^{\mathrm{H}}\right)^*\right\} \end{aligned} \tag{8.7}$$

式中，$\otimes$ 为克罗内克积。

如果信号源相互独立，根据魏平等学者的推导，可以得出

$$\boldsymbol{C}_{4x} = \boldsymbol{B}(\theta)\boldsymbol{C}_s\boldsymbol{B}^{\mathrm{H}}(\theta) \tag{8.8}$$

式中，$\boldsymbol{C}_s$ 是信号的四阶累积量，即

$$\begin{aligned} \boldsymbol{C}_s &= \mathrm{E}\left\{\left(\boldsymbol{S}\otimes\boldsymbol{S}^*\right)\left(\boldsymbol{S}\otimes\boldsymbol{S}^*\right)^{\mathrm{H}}\right\} - \mathrm{E}\left\{\boldsymbol{S}\otimes\boldsymbol{S}^*\right\}\mathrm{E}\left\{\left(\boldsymbol{S}\otimes\boldsymbol{S}^*\right)^{\mathrm{H}}\right\} - \\ &\quad \mathrm{E}\left\{\boldsymbol{S}\boldsymbol{S}^{\mathrm{H}}\right\}\otimes\mathrm{E}\left\{\left(\boldsymbol{S}\boldsymbol{S}^{\mathrm{H}}\right)^*\right\} \end{aligned} \tag{8.9}$$

另外，有

$$\boldsymbol{B}(\theta)=[\boldsymbol{b}_1(\theta)\boldsymbol{b}_2(\theta)\cdots\boldsymbol{b}_M(\theta)]=[\boldsymbol{a}_1(\theta)\otimes\boldsymbol{a}_1^*(\theta)\boldsymbol{a}_2(\theta)\otimes\boldsymbol{a}_2^*(\theta)\cdots\boldsymbol{a}_M(\theta)\otimes\boldsymbol{a}_M^*(\theta)] \quad (8.10)$$

从式（8.9）和式（8.10）可以看出，其阵列流型已由原本的二阶转变为四阶，而阵列流型数量的增加说明，在相应位置有虚拟阵元产生，它有本身或者和实际阵元的互相重复项，但是，那些非重复导向矢量表示虚拟拓展阵元的相对位置[12]。

假设空间存在实际阵元 r、x 和 y，另有一个虚拟拓展阵元 v，设 r 为原点，并且其分布如图 8.1 所示。

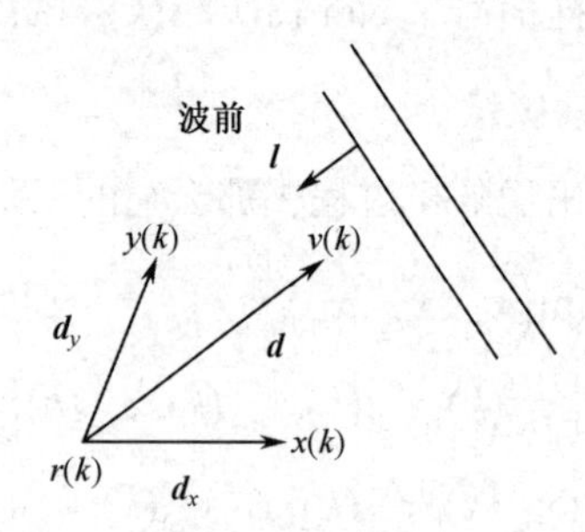

图 8.1　空间阵列天线阵元分布

若以实际阵元 r 作为参考阵元，它的接收信号为 $s(k)$，那么有 $r(k)=s(k)$，因此实际阵元 x、y 与虚拟拓展阵元 v 的接收信号分别为

$$x(k)=s(k)\exp(-\mathrm{j}\boldsymbol{l}\cdot\boldsymbol{d}_x) \quad (8.11)$$

$$y(k)=s(k)\exp(-\mathrm{j}\boldsymbol{l}\cdot\boldsymbol{d}_y) \quad (8.12)$$

$$v(k)=s(k)\exp(-\mathrm{j}\boldsymbol{l}\cdot\boldsymbol{d}) \quad (8.13)$$

在式（8.11）～式（8.13）中，$\boldsymbol{l}$ 为信号传播矢量，$\boldsymbol{d}_x$、$\boldsymbol{d}_y$、$\boldsymbol{d}$ 分别是阵元 x、y、v 相对于 r 的位置矢量，并且有 $\boldsymbol{d}=\boldsymbol{d}_x+\boldsymbol{d}_y$。

将上述阵列天线的接收信号代入式（8.7）中，可得其四阶累积量矩阵，那么虚拟拓展后其导向矢量为

$$\begin{aligned}\boldsymbol{b}(\theta)&=\boldsymbol{a}_1(\theta)\otimes\boldsymbol{a}_1^*(\theta)\\&=[1\exp(-\mathrm{j}\boldsymbol{l}\cdot\boldsymbol{d}_x)\exp(-\mathrm{j}\boldsymbol{l}\cdot\boldsymbol{d}_y)]^{\mathrm{T}}\otimes[1\exp(\mathrm{j}\boldsymbol{l}\cdot\boldsymbol{d}_x)\exp(\mathrm{j}\boldsymbol{l}\cdot\boldsymbol{d}_y)]^{\mathrm{T}}\\&=[1\exp(\mathrm{j}\boldsymbol{l}\cdot\boldsymbol{d}_x)\exp(\mathrm{j}\boldsymbol{l}\cdot\boldsymbol{d}_y)]^{\mathrm{T}}\otimes[1\exp(-\mathrm{j}\boldsymbol{l}\cdot\boldsymbol{d}_x)\exp(-\mathrm{j}\boldsymbol{l}\cdot(\boldsymbol{d}_x-\boldsymbol{d}_y))\\&\quad\exp(-\mathrm{j}\boldsymbol{l}\cdot\boldsymbol{d}_x)\exp(-\mathrm{j}\boldsymbol{l}\cdot(\boldsymbol{d}_y-\boldsymbol{d}_x))1]^{\mathrm{T}}\end{aligned} \quad (8.14)$$

式中，$\exp(\mathrm{j}\boldsymbol{l}\cdot\boldsymbol{d}_x)$、$\exp(\mathrm{j}\boldsymbol{l}\cdot\boldsymbol{d}_y)$、$\exp(-\mathrm{j}\boldsymbol{l}\cdot(\boldsymbol{d}_x-\boldsymbol{d}_y))$、$\exp(-\mathrm{j}\boldsymbol{l}\cdot(\boldsymbol{d}_y-\boldsymbol{d}_x))$ 为通过实际阵元虚拟拓展的虚拟阵元的导向矢量，实际阵元与虚拟拓展阵元的空间相对位置关系如图 8.2 所示。

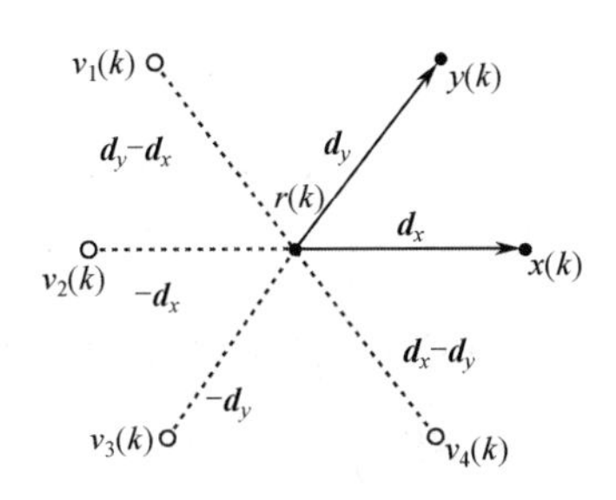

图 8.2　实际阵元与虚拟拓展阵元的空间相对位置

在图 8.2 中，∘表示虚拟阵元，•表示实际阵元。可以看出，实际阵元相对于原点位移矢量 $\boldsymbol{d}$ 会虚拟拓展出一个相对于原点位移矢量为 $-\boldsymbol{d}$ 的虚拟阵元，扩大阵列孔径。另外，图中 3 个实际阵元虚拟拓展了 4 个虚拟阵元，四阶累积量法的阵元虚拟拓展能力是有限的。由式（8.14）也可以看出，通过四阶累积量的方法，其生成的导向矢量个数是有限的，并且有重复项，即包含 M 个阵元的阵列天线，利用四阶累积量法虚拟拓展后，可以产生 M^2 维的阵列流型矩阵。但是，里面至少有 M 个阵元是重复的，所以，通过四阶累积量法进行阵元虚拟拓展之后至多能够得到 M^2-M+1 个天线阵元。

四阶累积量矩阵不只有式（8.7）这种形式，在使用不同形式的四阶累积量矩阵进行阵元虚拟拓展时，会得到不同形状的最终阵元分布图。下面介绍另一种方法进行四阶累积量矩阵构造。

如果有四阶累积量矩阵 $\boldsymbol{C}'_{4x}$，那么其第 $(m_1-1)L+m_2$ 行和第 $(m_3-1)L+m_4$ 列为

$$\begin{aligned}R'_{4x}&=\mathrm{cum}\left(x_{m_1},x_{m_2},x^*_{m_3},x^*_{m_4}\right)\\&=\mathrm{E}\left\{x_{m_1}(k),x_{m_2}(k),x^*_{m_3}(k),x^*_{m_4}(k)\right\}-\mathrm{E}\left\{x_{m_1}(k),x^*_{m_3}(k)\right\}\\&\quad\mathrm{E}\left\{x_{m_2}(k),x^*_{m_4}(k)\right\}-\mathrm{E}\left\{x_{m_1}(k),x^*_{m_4}(k)\right\}\mathrm{E}\left\{x^*_{m_3}(k),x_{m_2}(k)\right\}\end{aligned}\tag{8.15}$$

进而有

$$\begin{aligned} \boldsymbol{C}'_{4x} = & \mathrm{E}\left\{\left(\boldsymbol{X} \otimes \boldsymbol{X}\right)\left(\boldsymbol{X} \otimes \boldsymbol{X}\right)^{\mathrm{H}}\right\} - \mathrm{E}\left\{\left(\boldsymbol{X} \otimes \boldsymbol{X}\right)\left(\boldsymbol{X} \otimes \boldsymbol{X}\right)^{\mathrm{H}}\right\} - \\ & \mathrm{E}\left\{\boldsymbol{X}\boldsymbol{X}^{\mathrm{H}}\right\} \otimes \mathrm{E}\left\{\left(\boldsymbol{X}\boldsymbol{X}^{\mathrm{H}}\right)\right\} \end{aligned} \tag{8.16}$$

各信号源互相独立，类似前一种方法，有

$$\boldsymbol{C}'_{4x} = \boldsymbol{B}'(\theta)\boldsymbol{C}'_s\boldsymbol{B}'^{\mathrm{H}}(\theta) \tag{8.17}$$

式中

$$\begin{aligned} \boldsymbol{C}'_s = & \mathrm{E}\left\{\left(\boldsymbol{S} \otimes \boldsymbol{S}\right)\left(\boldsymbol{S} \otimes \boldsymbol{S}\right)^{\mathrm{H}}\right\} - \mathrm{E}\left\{\boldsymbol{S} \otimes \boldsymbol{S}\right\} E\left\{\left(\boldsymbol{S} \otimes \boldsymbol{S}\right)^{\mathrm{H}}\right\} - \\ & \mathrm{E}\left\{\boldsymbol{S}\boldsymbol{S}^{\mathrm{H}}\right\} \otimes \mathrm{E}\left\{\boldsymbol{S}\boldsymbol{S}^{\mathrm{H}}\right\} \end{aligned} \tag{8.18}$$

并且有

$$\boldsymbol{B}'(\theta) = [\boldsymbol{b}'_1(\theta)\boldsymbol{b}'_2(\theta)\cdots\boldsymbol{b}'_M(\theta)] = [\boldsymbol{a}_1(\theta) \otimes \boldsymbol{a}_1(\theta)\cdots\boldsymbol{a}_M(\theta) \otimes \boldsymbol{a}_M(\theta)] \tag{8.19}$$

式中，导向矢量为

$$\begin{aligned} \boldsymbol{b}'(\theta) &= \boldsymbol{a}_1(\theta) \otimes \boldsymbol{a}_1(\theta) \\ &= [1\exp(-\mathrm{j}\boldsymbol{l}\cdot\boldsymbol{d}_x)\exp(-\mathrm{j}\boldsymbol{l}\cdot\boldsymbol{d}_y)]^{\mathrm{T}} \otimes [1\exp(\mathrm{j}\boldsymbol{l}\cdot\boldsymbol{d}_x)\exp(\mathrm{j}\boldsymbol{l}\cdot\boldsymbol{d}_y)]^{\mathrm{T}} \\ &= [1\exp(-\mathrm{j}\boldsymbol{l}\cdot\boldsymbol{d}_x)\exp(-\mathrm{j}\boldsymbol{l}\cdot\boldsymbol{d}_y)]^{\mathrm{T}} \otimes [1\exp(-\mathrm{j}\boldsymbol{l}\cdot\boldsymbol{d}_x)\exp(-\mathrm{j}\boldsymbol{l}\cdot 2\boldsymbol{d}_x) \\ &\quad \exp(-\mathrm{j}\boldsymbol{l}\cdot(\boldsymbol{d}_x+\boldsymbol{d}_y))\exp(-\mathrm{j}\boldsymbol{l}\cdot\boldsymbol{d}_y)\exp(-\mathrm{j}\boldsymbol{l}\cdot(\boldsymbol{d}_y+\boldsymbol{d}_x))\exp(-\mathrm{j}\boldsymbol{l}\cdot 2\boldsymbol{d}_y)]^{\mathrm{T}} \end{aligned} \tag{8.20}$$

可见，实际阵列天线经过四阶累积量法进行阵元虚拟拓展后，产生的虚拟阵元方向矢量有 $\exp(-\mathrm{j}\boldsymbol{l}\cdot 2\boldsymbol{d}_x)$ 、 $\exp(-\mathrm{j}\boldsymbol{l}\cdot(\boldsymbol{d}_x+\boldsymbol{d}_y))$ 、 $\exp(-\mathrm{j}\boldsymbol{l}\cdot(\boldsymbol{d}_y+\boldsymbol{d}_x))$ 、 $\exp(-\mathrm{j}\boldsymbol{l}\cdot 2\boldsymbol{d}_y)$ 。实际阵元相对于原点位移矢量 $\boldsymbol{d}$ ，会虚拟拓展出一个相对于原点位移矢量 $2\boldsymbol{d}$ 的虚拟阵元，扩大阵列孔径。

另外，此种四阶累积量法进行阵元虚拟拓展产生的导向矢量个数有限，即可以虚拟拓展出的阵元数量有限，其导向矢量 $\boldsymbol{b}'(\theta)$ 有 M^2 个参数，去掉其中 $M(M-1)/2$ 个相同项后，通过此方法进行阵元虚拟拓展后得到的虚拟阵列天线至多有 $M^2 - M(M-1)/2 = M(M+1)/2$ 个阵元[12]。

另外，由四阶累积矩阵 $\boldsymbol{C}'_{4x}$ 进行阵元虚拟拓展后的导向矢量表达式可以得出，实际阵元与虚拟拓展阵元的空间相对位置关系如图 8.3 所示。

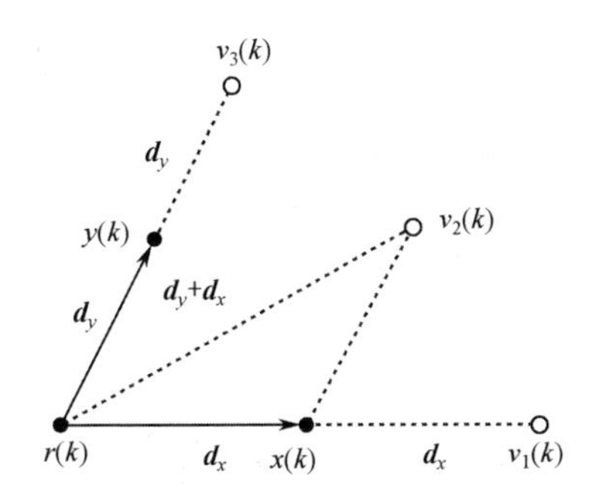

图 8.3　实际阵元与虚拟拓展阵元的空间相对位置关系

由图 8.3 可见，通过高阶累积量的方法进行阵元虚拟拓展可以使阵列天线孔径扩大，并且可以虚拟拓展阵元数量，以用于后续的阵列信号数据处理。

8.3　基于内插变换法的虚拟天线技术

基于内插变换法的虚拟天线技术的主要思路是，将空间划分为若干个区域，再将某个区域进行细分，对这些细分区域进行插值，求出这些细分区域内原始阵列的导向矢量和需要虚拟拓展阵列的导向矢量[19]，求出它们之间的映射关系，进而得到虚拟拓展阵列，并将任意形状的阵列变换成直线阵列或同形阵列[22]。这种将任意形状的阵列变换成均匀直线阵列或圆阵的方法在 DOA 估计和波束形成中得到了非常广泛的应用[12]。

内插变换法首先进行空间区域划分，假设信号落于区域 Θ 内，那么将区域 Θ 均分为

$$\Theta=\left[\theta_1,\theta_1+\Delta\theta,\theta_1+2\Delta\theta,\cdots,\theta_{\mathrm{r}}-\Delta\theta,\theta_{\mathrm{r}}\right] \tag{8.21}$$

式中，$\Delta\theta$ 为步长，θ_1 和 θ_{r} 为区域 Θ 的左边界和右边界，则区域 Θ 内的实际阵列的方向矢量为

$$\boldsymbol{A}=\left[\boldsymbol{a}(\theta_1),\boldsymbol{a}(\theta_1+\Delta\theta),\boldsymbol{a}(\theta_1+2\Delta\theta),\cdots,\boldsymbol{a}(\theta_{\mathrm{r}}-\Delta\theta),\boldsymbol{a}(\theta_{\mathrm{r}})\right] \tag{8.22}$$

式中，$\boldsymbol{a}(\theta_1)$ 为实际阵列在 θ_1 方向的方向矢量，则区域 Θ 内虚拟拓展阵列的阵列流型 $\overline{\boldsymbol{A}}$ 为

$$\overline{\boldsymbol{A}}=\left[\overline{\boldsymbol{a}}(\theta_1),\overline{\boldsymbol{a}}(\theta_1+\Delta\theta),\overline{\boldsymbol{a}}(\theta_1+2\Delta\theta),\cdots,\overline{\boldsymbol{a}}(\theta_{\mathrm{r}}-\Delta\theta),\overline{\boldsymbol{a}}(\theta_{\mathrm{r}})\right] \tag{8.23}$$

式中，$\bar{\boldsymbol{a}}(\theta_1)$为虚拟拓展阵列在$\theta_1$方向的方向矢量。那么，实际阵列和虚拟拓展阵列的阵列流型之间必然存在固定的变换关系，可得

$$\min_{\boldsymbol{B}}\left\|\boldsymbol{B}\boldsymbol{A}-\bar{\boldsymbol{A}}\right\|_{\mathrm{F}}^{2} \tag{8.24}$$

式中，$\|\cdot\|_{\mathrm{F}}$为 Frobenius 模。因此，实际阵列天线方向矢量矩阵$\boldsymbol{A}$和虚拟拓展阵列天线方向矢量矩阵$\bar{\boldsymbol{A}}$之间有如下关系

$$\boldsymbol{B}^{\mathrm{H}}\boldsymbol{A}(\theta)=\bar{\boldsymbol{A}}(\theta)\quad（\theta\in\Theta） \tag{8.25}$$

则实际阵列天线与虚拟拓展阵列天线的导向矢量之间有如下关系

$$\boldsymbol{B}^{\mathrm{H}}\boldsymbol{a}(\theta)=\bar{\boldsymbol{a}}(\theta)\quad（\theta\in\Theta） \tag{8.26}$$

当变换点数大于实际阵列天线阵元数量，且虚拟拓展阵列天线方向矢量矩阵$\bar{\boldsymbol{A}}$满秩时，求解式（8.25）可得虚拟变换矩阵$\boldsymbol{B}$为

$$\boldsymbol{B}=\bar{\boldsymbol{A}}\boldsymbol{A}^{\mathrm{H}}(\boldsymbol{A}\boldsymbol{A}^{\mathrm{H}})^{-1} \tag{8.27}$$

定义变换误差为

$$\mathrm{E}(\boldsymbol{B})=\frac{\min\limits_{\boldsymbol{B}}\left\|\boldsymbol{B}\boldsymbol{A}-\bar{\boldsymbol{A}}\right\|_{\mathrm{F}}}{\left\|\bar{\boldsymbol{A}}\right\|_{\mathrm{F}}} \tag{8.28}$$

在理想环境下，$\mathrm{E}(\boldsymbol{B})=0$，此时虚拟变换没有误差，但是，在进行虚拟变换时变换区域内的内插点数有限，那么肯定会导致一定的变换误差。在实际计算时，当变换误差控制在10^{-3}以下时，便足以确保虚拟变换精度；否则，可以对变换区域进行二次划分，并重新进行变换矩阵的计算。在内插点不断增多的同时，会得到精确度更高的变换矩阵，但是其计算量也会相应增加。另外，对变换矩阵的计算，有对$\boldsymbol{Q}=\boldsymbol{A}\boldsymbol{A}^{\mathrm{H}}$的求逆步骤，而矩阵求逆的值在矩阵接近奇异后会不准确，所以可能导致较大误差。因此，我们通过加载极小量$\bar{\boldsymbol{Q}}=\boldsymbol{Q}+\eta\boldsymbol{I}$来解决这个问题，式中$|\eta|\leqslant 1$[12]。

这里，我们设实际阵列天线的二阶协方差矩阵为$\boldsymbol{R}$，噪声数据协方差矩阵为$\boldsymbol{R}_N$，那么在虚拟变换后，虚拟拓展阵列的协方差矩阵为

$$\bar{\boldsymbol{R}}=\boldsymbol{B}\boldsymbol{R}\boldsymbol{B}^{\mathrm{H}}=\boldsymbol{B}(\boldsymbol{A}\boldsymbol{R}_s\boldsymbol{A}^{\mathrm{H}}+\boldsymbol{R}_N)\boldsymbol{B}^{\mathrm{H}}=\boldsymbol{B}\boldsymbol{A}\boldsymbol{R}_s\boldsymbol{A}^{\mathrm{H}}\boldsymbol{B}^{\mathrm{H}}+\boldsymbol{B}\boldsymbol{R}_N\boldsymbol{B}^{\mathrm{H}} \tag{8.29}$$

式中，$\boldsymbol{R}_s$为阵列信号的自相关矩阵。对于高斯白噪声，可知它的功率为$\delta_n^2\boldsymbol{I}$，即$\boldsymbol{R}_N=\delta_n^2\boldsymbol{I}$，代入式（8.29）有

$$\bar{\boldsymbol{R}}=\boldsymbol{B}\boldsymbol{A}\boldsymbol{R}_s\boldsymbol{A}^{\mathrm{H}}\boldsymbol{B}^{\mathrm{H}}+\boldsymbol{B}(\delta_n^2\boldsymbol{I})\boldsymbol{B}^{\mathrm{H}}=\boldsymbol{B}\boldsymbol{A}\boldsymbol{R}_s\boldsymbol{A}^{\mathrm{H}}\boldsymbol{B}^{\mathrm{H}}+\delta_n^2\boldsymbol{B}\boldsymbol{B}^{\mathrm{H}} \tag{8.30}$$

可见，$\boldsymbol{B}\boldsymbol{B}^{\mathrm{H}}\neq\boldsymbol{I}$，即经过虚拟变换后，环境白噪声变为色噪声。色噪声不利于众多波束形成，以及 DOA 估计算法的应用，因此，要对色噪声进行白化处理[12]。令变换矩阵为

$$\boldsymbol{T}=(\boldsymbol{B}^{\mathrm{H}}\boldsymbol{B})^{-1/2}\boldsymbol{B}^{\mathrm{H}} \tag{8.31}$$

则 $\boldsymbol{T}\boldsymbol{T}^{\mathrm{H}}=\boldsymbol{I}$ 成立。那么，实际阵列天线的方向矢量矩阵 $\boldsymbol{A}$ 和虚拟拓展阵列的方向矢量矩阵 $\bar{\boldsymbol{A}}$ 的关系变为

$$\boldsymbol{T}\boldsymbol{A}(\theta)=(\boldsymbol{B}^{\mathrm{H}}\boldsymbol{B})^{-1/2}\bar{\boldsymbol{A}}(\theta)=\hat{\bar{\boldsymbol{A}}}(\theta)\ (\theta\in\Theta) \tag{8.32}$$

实际阵列天线方向矢量 $\boldsymbol{a}(\theta)$ 和虚拟拓展阵列天线方向矢量 $\bar{\boldsymbol{a}}(\theta)$ 的关系变为

$$\boldsymbol{T}\boldsymbol{a}(\theta)=(\boldsymbol{B}^{\mathrm{H}}\boldsymbol{B})^{-1/2}\bar{\boldsymbol{a}}(\theta)=\hat{\bar{\boldsymbol{a}}}(\theta)\ (\theta\in\Theta) \tag{8.33}$$

则虚拟拓展阵列的协方差矩阵为

$$\hat{\bar{\boldsymbol{R}}}=\boldsymbol{T}\boldsymbol{R}\boldsymbol{T}^{\mathrm{H}}=\hat{\bar{\boldsymbol{A}}}\boldsymbol{R}_s\hat{\bar{\boldsymbol{A}}}^{\mathrm{H}}+\delta_n^2\boldsymbol{I} \tag{8.34}$$

由此得到利用内插变换法的虚拟拓展阵列天线的协方差矩阵，并可用于后续波束形成或 DOA 估计中。

估计噪声功率，由快拍数估计得到

$$\hat{\sigma}_n^2=\frac{1}{\bar{M}-L}\sum_{i=1}^{\bar{M}-L}\sigma_i^2 \tag{8.35}$$

式中，$\sigma_i^2\ (i=1,2,\cdots,\bar{M}-L)$ 为 $\bar{\boldsymbol{R}}$ 的 $\bar{M}-L$ 个小特征值，$\bar{M}$ 为虚拟拓展阵列的阵元数目，L 为信号源数目，则白化处理后虚拟拓展阵列天线的协方差矩阵为

$$\hat{\bar{\boldsymbol{R}}}=\boldsymbol{B}\boldsymbol{A}\boldsymbol{R}_s\boldsymbol{A}^{\mathrm{H}}\boldsymbol{B}^{\mathrm{H}}-\hat{\sigma}_n^2\boldsymbol{B}\boldsymbol{B}^{\mathrm{H}}+\hat{\sigma}_n^2\boldsymbol{I} \tag{8.36}$$

由上述变换过程可见，基于内插变换法的虚拟拓展阵列自适应波束形成流程大致如图 8.4 所示。

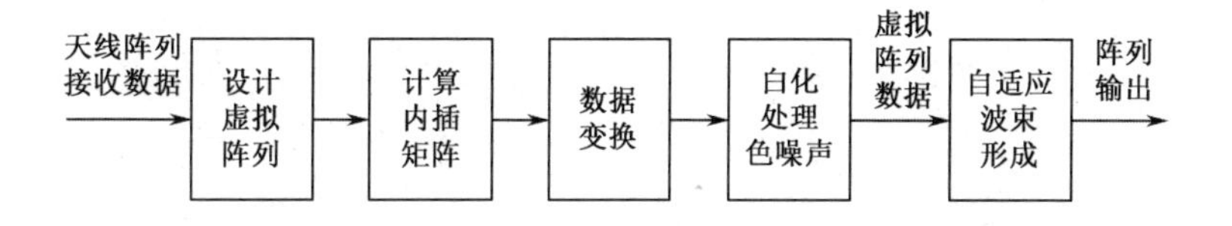

图 8.4 基于内插变换法的虚拟拓展阵列自适应波束形成流程

由上述变换过程可以看出，基于内插变换法的阵元虚拟变换有以下特点。

（1）内插变换法能把任意形状的阵列天线变换为均匀直线阵列或同结构的阵列天线，可直接用于各种空间谱估计算法。

（2）内插变换法需要确保阵列孔径变换前后相同，才能使变换效果最佳，随着阵列孔径的差异变大，其变换性能急剧降低。

（3）变换区域外误差很大，使阵列天线性能降低。如果变换区域的角度较大，那么区域内的阵列天线性能同时会降低。将内插变换法用于空间谱估计，当来波信号在变换区域外时，可能导致较大测向误差。将内插变换法用于自适应波束形成，当干扰信号在变换区域外时，将无法抑制干扰，或者当变换区域角度过大时，变换误差较大，会造成主瓣偏移或零点漂移，我们称此问题为角度敏感问题。

（4）内插变换法将区域划分为若干个子区域，且每个子区域细分成许多离散点，那么，需要平衡计算量和计算精度。

另外，阵列虚拟拓展的虚拟阵元数量并不是越多越好。当阵元数量增多时，会导致计算量的加大，有时还会造成 DOA 估计或波束形成性能的降低[12]。

8.4　基于外推法的虚拟天线技术

基于外推法的虚拟天线技术利用一个圆心处的实际阵元及至少 3 个圆弧上的等距实际阵元，便可递进地、逐个地外推出虚拟阵元处的数据信息[23]。阵列虚拟拓展法示意如图 8.5 所示。

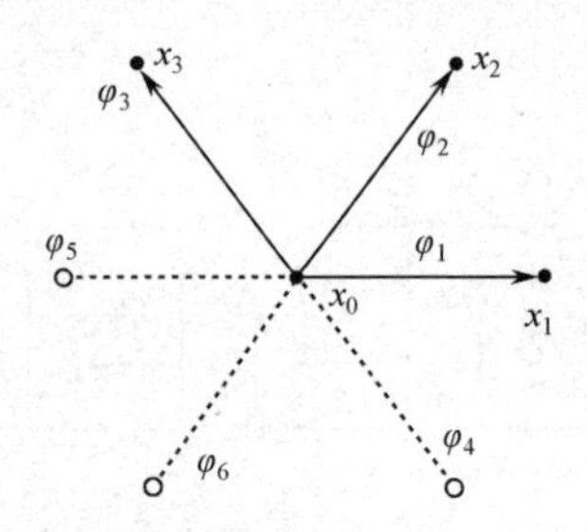

图 8.5　阵列虚拟拓展法示意

如果已知有 M 个实际阵元，那么虚拟拓展出的第 M+1 个阵元，从方向矢量上来看就是得到 φ_{M+1} 处的方向矢量 $\boldsymbol{A}_{S(M+1)}$，我们对方向矢量的公式进行分析推导，得出以下结论。

已知 φ_1、φ_2、φ_3 处的方向矢量 $\boldsymbol{A}_{S1}$、$\boldsymbol{A}_{S2}$、$\boldsymbol{A}_{S3}$，则有

$$\boldsymbol{A}_{S4}=\frac{\boldsymbol{A}_{S3}}{\left(\boldsymbol{A}_{S1}/\boldsymbol{A}_{S2}\right)^{\frac{q_1}{p_1}}} \tag{8.37}$$

$$\boldsymbol{A}_{S5}=\boldsymbol{A}_{S4}\left(\boldsymbol{A}_{S1}/\boldsymbol{A}_{S3}\right)^{\frac{q_2}{p_2}} \tag{8.38}$$

$$\boldsymbol{A}_{S6}=\boldsymbol{A}_{S4}\left(\boldsymbol{A}_{S1}/\boldsymbol{A}_{S5}\right)^{\frac{q_3}{p_3}} \tag{8.39}$$

以此类推，得

$$\boldsymbol{A}_{Si}=\boldsymbol{A}_{S4}\left(\boldsymbol{A}_{S1}/\boldsymbol{A}_{S_{(i-1)}}\right)^{\frac{q_{i-3}}{p_{i-3}}} \tag{8.40}$$

在式（8.37）～式（8.40）中，$q_i=\sin m_i$，$p_i=\sin n_i$，m_i 和 n_i 为阵元角度决定的量，并且 $m_{i+1}=m_i+\dfrac{\varphi_2-\varphi_1}{2}$（$i=1,2,3,\cdots,N$），$n_{i+1}=n_i+\dfrac{\varphi_1-\varphi_2}{2}$（$i=1,2,3,\cdots,N$），初始值为 $m_1=\dfrac{\varphi_3-\varphi_4}{2}$、$n_1=\dfrac{\varphi_1-\varphi_2}{2}$，且初始角度必须满足 $\varphi_1+\varphi_2=\varphi_3+\varphi_4$ [12]。对于更大半径圆环上的虚拟阵元的方向矢量 $\boldsymbol{A}_{2Sn}$（$n=1,2,3,\cdots,\dfrac{\pi}{\varphi_2-\varphi_1}$），如图 8.6 所示。

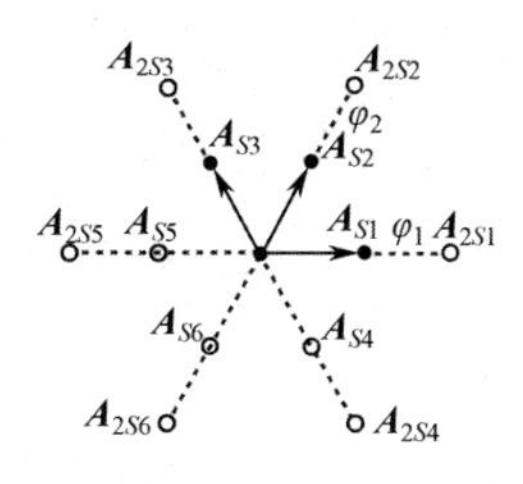

图 8.6　阵列虚拟拓展示意

当半径增大时，$\boldsymbol{A}_{2Sn}=(\boldsymbol{A}_{Sn})^{\frac{r2}{r1}}\left(n=1,2,3,\cdots,\dfrac{\pi}{\varphi_2-\varphi_1}\right)$，那么由式（8.37）～式（8.40）便可逐个外推出虚拟拓展阵元处的方向矢量 $\boldsymbol{A}_{SN}$。

而我们由均匀圆阵的信号模型可知，阵元在某个采样时刻 k 的输出信号为

$$x_m(k) = \boldsymbol{A}_m \boldsymbol{S}(k) + n_m(k) \tag{8.41}$$

式中，$\boldsymbol{S}(k)$ 表示信号复包络矩阵，$\boldsymbol{A}_m$ 为方向矢量矩阵，$n_m(k)$ 为热噪声。

由前文方向矢量公式可知，阵列原点处的方向矢量为 1，所以拓展阵元处的输出信号可以由拓展所得的方向矢量乘以原点处的信号得到。由此，我们达到了阵列天线拓展虚拟阵元的目的。

由以上阵列天线虚拟拓展过程可以看出，外推法有以下特点。

（1）阵列圆心处要有 1 个实际阵元，圆环上最少要有 3 个实际阵元。

（2）阵元虚拟拓展的初始角度需满足 $\varphi_1 + \varphi_2 = \varphi_3 + \varphi_4$。

（3）同一个圆环上可以虚拟拓展出的阵元个数与实际阵元之间的夹角（如 $\varphi_2 - \varphi_1$）有关。夹角越大，可以虚拟拓展出的阵元数越少；夹角越小，可以虚拟拓展出的阵元数越多。

（4）外推法可以在拥有相同圆心、半径不同的多个圆环上虚拟拓展出阵元，但外层圆环上的虚拟拓展阵元个数不能超过最小半径圆环上的最大虚拟拓展阵元个数[12,23]。

8.5　虚拟天线技术抗干扰性能分析

在设备的带宽范围内，干扰信号带宽小于期望信号（C 频段 20MHz）带宽 10%为窄带干扰，干扰信号带宽大于导航信号带宽 50%为宽带干扰[12]。如图 8.7 所示为在窄带干扰情况下抗干扰调零天线各阵元虚拟拓展方法波束方向图对比。假设仿真条件为：信噪比为-20dB，干噪比为 80dB，真实阵列为 4 元阵，如图 8.5 所示。本节在窄带干扰情况下对由高阶累积量法、外推法、内插变换法进行阵元虚拟拓展后的阵列与真实阵列的抗干扰情况进行了比较。在基于内插变换法的虚拟阵列天线孔径与真实阵列天线孔径大致相当时，天线性能最佳[3]，并且为保证阵元间距不小于 0.5λ，所以将内插变换法虚拟拓展成 7 元圆形阵列，其区域划分为（20°～30°，130°～140°），步长为 0.1°。基于外推法的虚拟天线同样拓展为 7 元阵[15]。

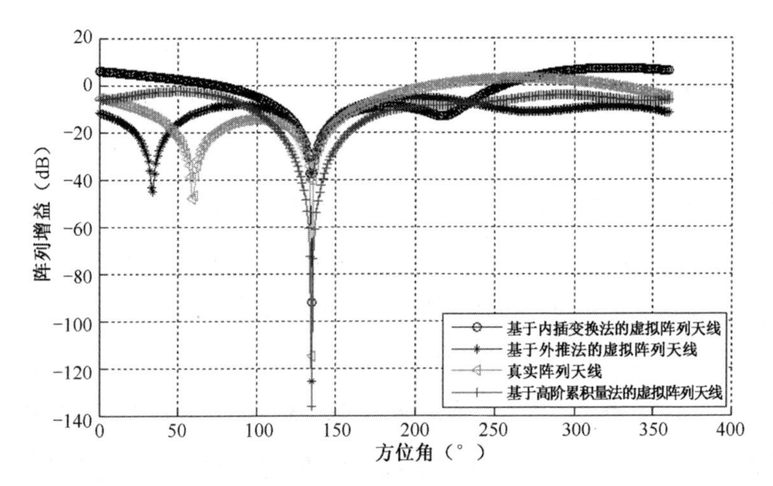

（a）各阵元虚拟拓展方法波束方向图

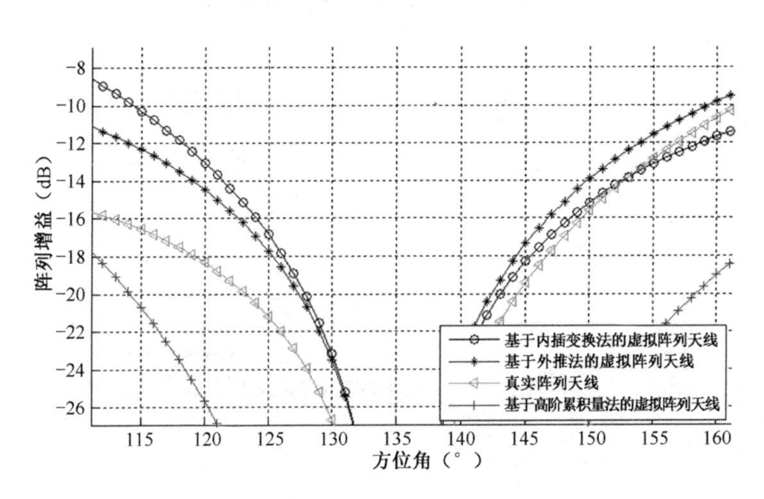

（b）各阵元虚拟拓展方法波束方向图局部放大图

图 8.7　在窄带干扰情况下各阵元虚拟拓展方法波束方向图对比

从图 8.7（a）中可以看出，几种阵列天线都可以准确地形成干扰抑制零陷，但经过阵元虚拟拓展后，基于内插变换法的阵元虚拟拓展阵列天线形成的零陷深度较真实阵列天线形成的零陷深度浅，主要原因是内插变换法的变换误差导致虚拟阵列天线协方差矩阵分解得到的特征值和特征矢量出现扰动，进而使干扰抑制增益变小；而外推法的虚拟拓展阵列天线形成的零陷深度较真实阵列天线形成的零陷深度更深；基于高阶累积量法的虚拟拓展阵列天线形成的零陷深度最深；圆阵天线存在抗干扰零陷深度较其他类型阵列天线浅的缺点，而基于外推法、高阶累积量法的虚拟阵列天线对于这个问题有更好的改善[12,23]。如图 8.7（b）所示为图 8.7（a）的局部放大图，内插变换法与外推法阵元虚拟拓展后形成的阵列天线的干扰零陷较真实阵列天线形成的干扰零陷上段有更小的开口角度。当期望信号来波方向与干扰信号较近时，干扰零陷上段开口角较大可能造成在抑制干扰的同时抑制期望信号，而期望信号极其微弱，严重时有可能完全抑制掉期望信号。所以，在此情况下，干扰零陷上段开口角更小更有利于期望信号和干扰信号的分离，具有更好的抗干扰效果。而基于高阶累积量法的虚拟阵列天线有非常大的干扰零陷上段开口角，期望信号来波方向较近时将会产生较严重的影响[12,23]。综合可见，在窄带干扰情况下本节提出的方法具有更加优秀的波束形成性能。

在宽带干扰情况下对抗干扰调零天线各阵元虚拟拓展方法波束方向图进行对比。假设仿真条件为：信噪比为-20dB，干噪比为 80dB。在宽带干扰情况下，高阶累积量法、外推法、内插变换法阵元虚拟拓展阵列天线与真实阵列天线的抗干扰情况比较如图 8.8 所示。

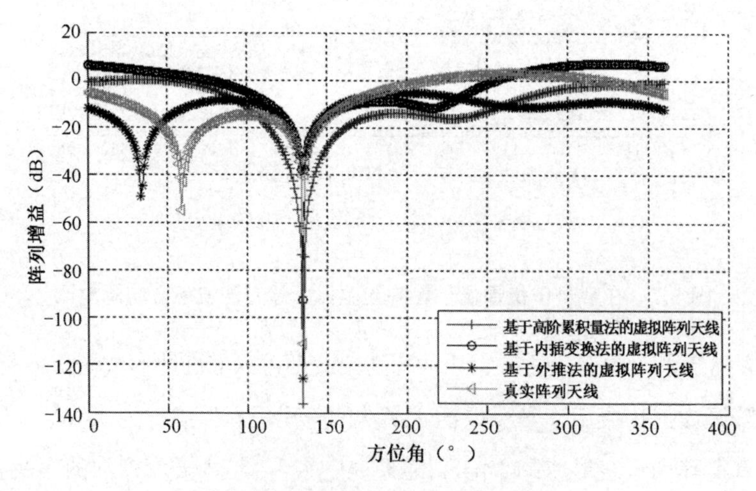

（a）各阵元虚拟拓展方法波束方向图

图 8.8 在宽带干扰情况下各阵元虚拟拓展方法波束方向图对比

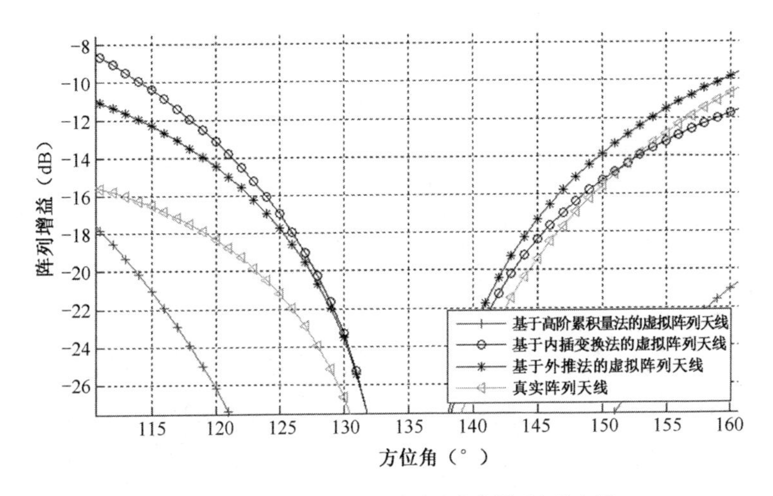

（b）各阵元虚拟拓展方法波束方向图局部放大图

图 8.8 在宽带干扰情况下各阵元虚拟拓展方法波束方向图对比（续）

从图 8.8（a）中可以看出，在宽带干扰情况下各阵元虚拟拓展方法波束方向图与窄带干扰结果类似。基于内插变换法的虚拟阵列天线形成的零陷深度较真实阵列天线形成的零陷深度浅，而基于外推法与高阶累积量法的虚拟拓展阵列天线形成的零陷深度较真实阵列天线形成的零陷深度更深。从如图 8.8（b）所示的局部放大图可以看出，基于内插变换法与外推法的虚拟拓展阵列天线形成的干扰零陷上段较真实阵列天线有更小的开口角，而基于高阶累积量法的虚拟拓展阵列天线形成的干扰零陷上段开口角过大。综合可见，在宽带干扰情况下，外推法具有较好的干扰零陷性质，其抗干扰效果较好。

8.6 外推法虚拟拓展多同心圆形阵列抗干扰性能分析

8.6.1 外推法虚拟拓展多同心圆形阵列抗干扰波束方向图对比分析

假设仿真条件为：信噪比为-20dB，干噪比为 80dB。为便于比较抗干扰收敛快拍数和稳态误差等性能，外推法虚拟拓展不同圆形阵列性能对比采用 LMS 算法。如图 8.9 所示为在窄带干扰情况下基于外推法虚拟拓展出的单个圆形阵列天线与多个圆形阵列天线的抗干扰性能比较。

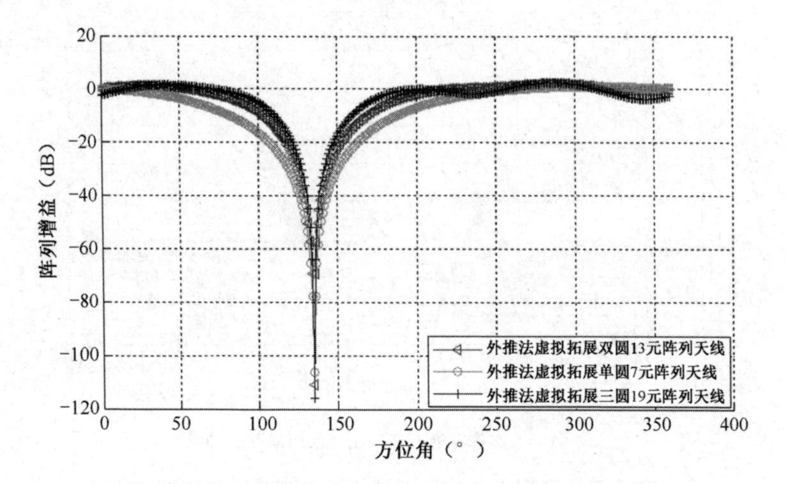

（a）基于外推法多个圆形虚拟拓展阵列天线波束方向图

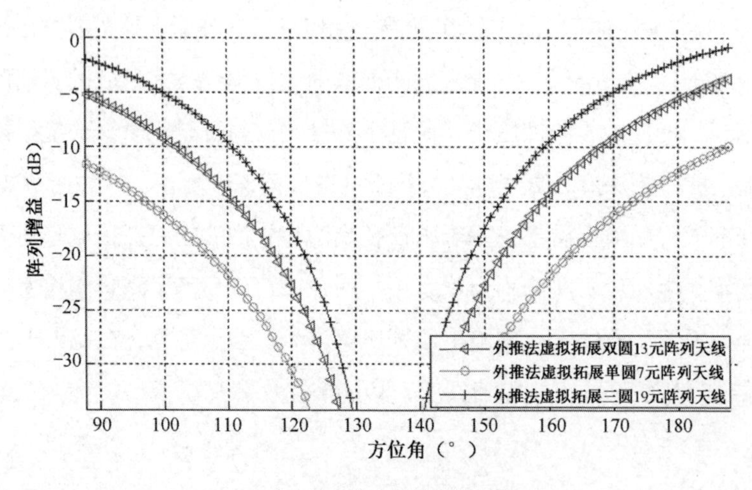

（b）波束方向图局部放大图

图 8.9　在窄带干扰情况下基于外推法多个圆形虚拟拓展阵列天线波束方向图对比

从图 8.9（a）中可以看出，几种虚拟拓展阵列天线都可以准确地形成干扰抑制零陷，但是当向外虚拟拓展圆形阵列时，虚拟拓展阵列天线形成的零陷深度逐渐加深。另外，由其局部放大图［见图 8.9（b）］可以看出，形成的干扰零陷上段开口角逐渐变小。由此可见，基于外推法虚拟拓展的圆形阵列越多，其干扰零陷性能越好。

如图 8.10 所示为在宽带干扰情况下基于外推法多个圆形虚拟拓展阵列天线波束方向图对比。假设仿真条件为：信噪比为-20dB，干噪比为 80dB。在宽带干扰情况下，对基于外推法虚拟拓展出的单个圆形与多个圆形阵列天线的抗干扰性能进行比较分析。

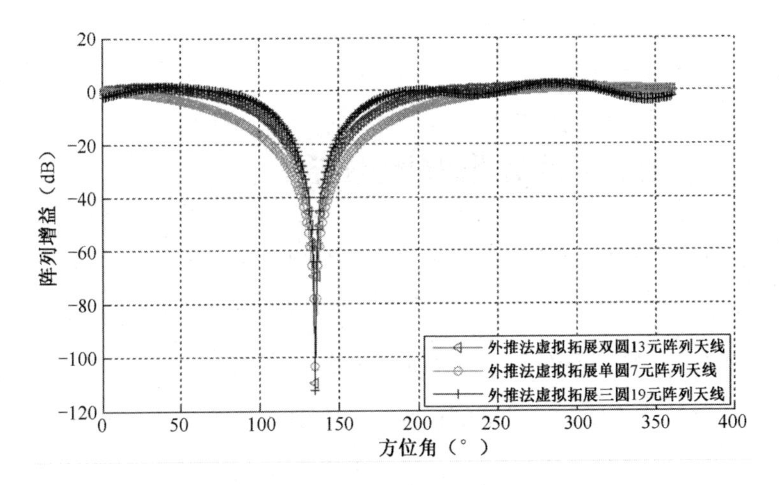

（a）基于外推法多个圆形虚拟拓展阵列天线波束方向图

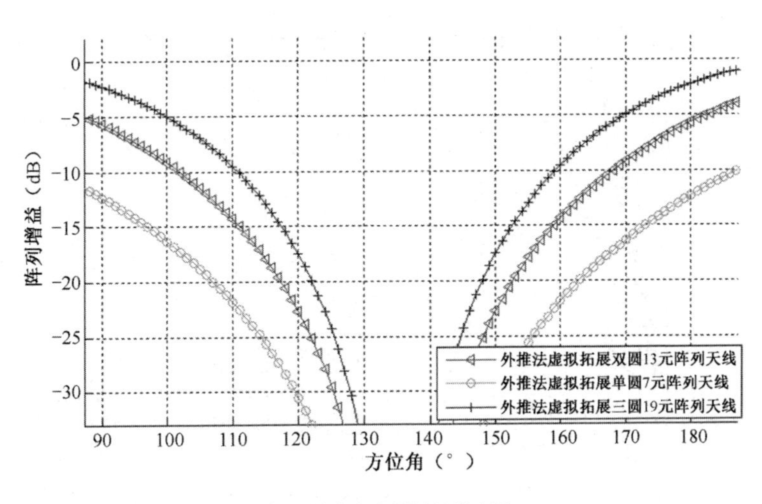

（b）波束方向图局部放大图

图 8.10　在宽带干扰情况下基于外推法多个圆形虚拟拓展阵列天线波束方向图对比

从图 8.10 中可以看出，在宽带干扰情况下基于外推法多个圆形虚拟拓展阵列天线波束方向图与窄带干扰结果类似，几种虚拟拓展阵列天线都可以准确地形成干扰抑制零陷，但是当向外虚拟拓展圆形阵列时，虚拟拓展阵列天线形成的零陷深度逐渐加深，加深的深度逐渐变小，并且其干扰零陷上段开口角逐渐变小。由此可见，在宽带干扰情况下，基于外推法虚拟拓展出的圆形阵列越多，其干扰零陷性能仍然更佳。

8.6.2 输出信号的信噪比对比分析

如图 8.11 所示为在窄带干扰情况下基于外推法进行阵元虚拟拓展前后阵列天线抗干扰输出信号的信噪比对比。从图中可以看出，基于外推法进行阵元虚拟拓展后，抗干扰调零天线输出信号的信噪比稍有提升，与真实阵列天线输出信号的信噪比基本相同，但其达到信噪比最大值的速度更快，即抗干扰收敛速度更快。另外，虚拟阵元个数越多，其抗干扰收敛速度越快。

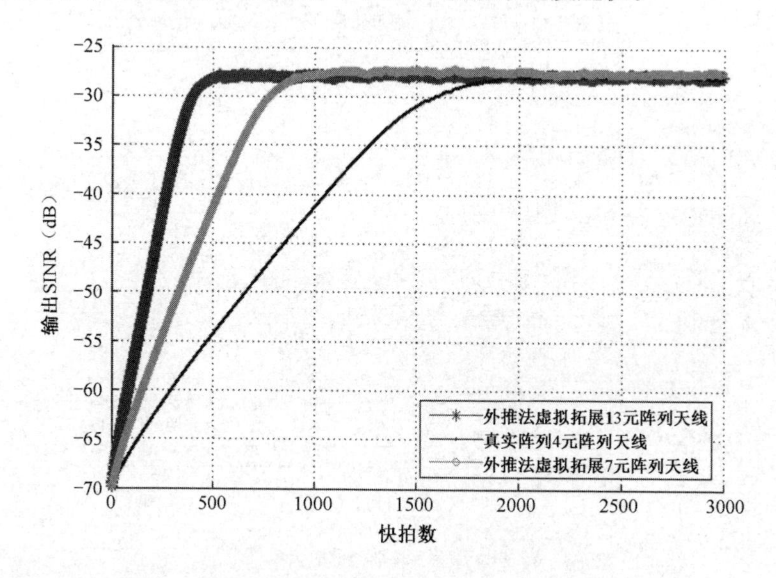

图 8.11　在窄带干扰情况下阵元虚拟拓展前后抗干扰输出信号的信噪比对比

如图 8.12 所示为在宽带干扰情况下基于外推法进行阵元虚拟拓展前后阵列天线抗干扰输出信号的信噪比对比。从图 8.12 中可以看出，与在窄带干扰情况下类似，阵元虚拟拓展后抗干扰调零天线输出信号的信噪比与真实阵列天线基本相同，但其达到信噪比最大值的速度更快。另外，虚拟阵元拓展个数越多，达到稳态的速度越快。由此可见，抗干扰收敛速度随虚拟拓展阵元个数的增多而变快。

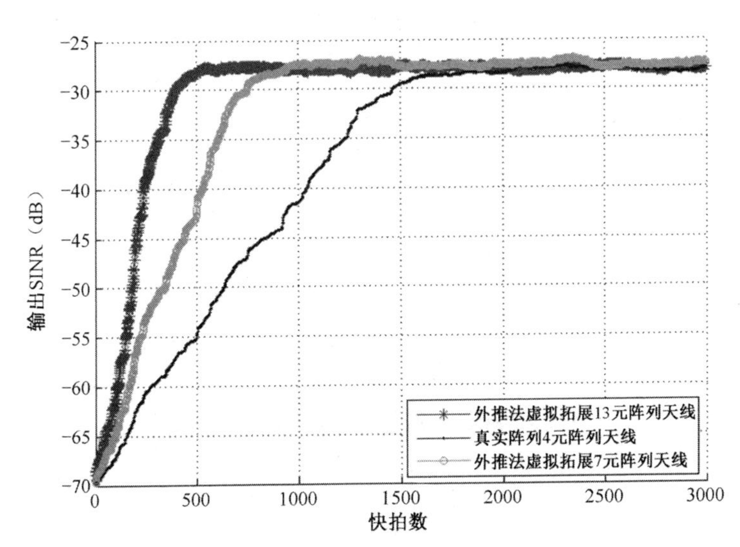

图 8.12　在宽带干扰情况下阵元虚拟拓展前后抗干扰输出信号的信噪比对比

表 8.1 所示为图 8.11 和图 8.12 基于外推法进行阵元虚拟拓展前后抗干扰输出信号的信噪比达到稳态时的二阶中心距。

表 8.1　输出信号的信噪比达到稳态时的二阶中心距

干扰类型	真实阵列 4 元阵列天线	外推法虚拟拓展 7 元阵列天线	外推法虚拟拓展 13 元阵列天线
窄带干扰	0.035074	0.024161	0.007207
宽带干扰	0.243173	0.034669	0.018836

从表 8.1 中可以看出，抗干扰调零天线进行虚拟拓展后，输出信号的信噪比达到稳态的二阶中心距更小。由此可见，虚拟拓展阵列具有更加稳定的抗干扰性能。

8.6.3 抗干扰前后功率谱图对比分析

如图 8.13 所示为在窄带干扰情况下基于外推法的虚拟拓展阵列天线抗干扰前后功率谱图，如图 8.14 所示为在宽带干扰情况下基于外推法的虚拟拓展阵列天线抗干扰前后功率谱图。从图 8.13 和图 8.14 中可以看出，无论是在窄带干扰情况下，还是在宽带干扰情况下，阵元虚拟拓展后的阵列天线进行自适应波束形成都可以成功地将干扰信号抑制到噪声限（-40dBm 左右）。由此可见，基于外推法的虚拟拓展阵列天线实现了干扰抑制，并且可以达到较满意的干扰抑制效果。

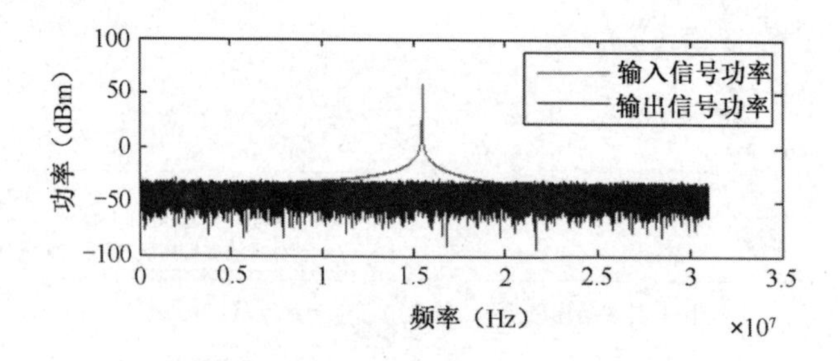

图 8.13　在窄带干扰情况下基于外推法的虚拟拓展阵列天线抗干扰前后功率谱图

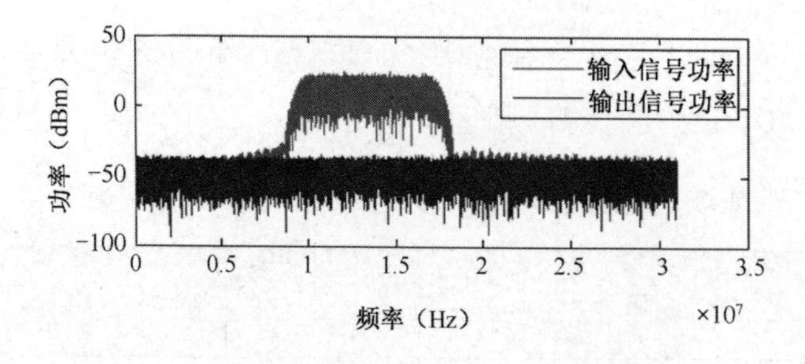

图 8.14　在宽带干扰情况下基于外推法的虚拟拓展阵列天线抗干扰前后功率谱图

参考文献

[1] 黄金城. 虚拟阵列扩展研究[D]. 哈尔滨：哈尔滨工程大学，2010.

[2] 胡鹏. 虚拟阵元波束形成方法研究[D]. 西安：西北工业大学，2006.

[3] 李弋鹏. 基于内插变换的虚拟天线波束形成技术研究[D]. 哈尔滨：哈尔滨工程大学，2012.

[4] Friedlander B, and Weiss A J. Direction finding using spatial smoothing with interpolated arrays[J]. IEEE Transactions on Aerospace and Electronic Systems, 1992, 28(2): 574-587.

[5] Dogan M C, and Mendel J M. Applications of cumulants to array processing. I. aperture extension and array calibration[J]. IEEE Transactions on Signal Processing, 1995, 43(5): 1200-1216.

[6] 丁齐，肖先赐. 一种多径环境下基于四阶累积量的阵列扩展测向方法[J]. 信号处理，1998，14（4）：325-330.

[7] Chevalier P, and Ferréol A. On the virtual array concept for fourth-order direction finding problem[J]. IEEE Transactions on Signal Processing, 1999, 47(9): 2592-2595.

[8] Sacchi M D, Ulrych T J, Walker C J. Interpolation and extrapolation using a high-resolution discrete fourier Transform[J]. IEEE Transactions on Signal Processing, 1998, 46(1): 31-38.

[9] Jain A K, and Surendra R. Extrapolation algorithms for discrete signals with application in spectral estimation[J]. IEEE Transactions on Acoustics, Speech and Signal Processing, 1981, ASSP-29(4): 830-845.

[10] Grosicki E, Abed-Meraim K, Hua Y. A weighted linear prediction method for near-field source localization[J]. IEEE Transactions on Signal Processing, 2005, 53(10): 3651-3660.

[11] 胡鹏，杨士莪，杨益新. 基于最小二乘估计的虚拟阵元波束形成仿真[J]. 计算机仿真，2007，24（1）：323-325.

[12] 项建弘，刘利国，李爽. 基于虚拟天线的自适应波束形成零陷改善方法[J]. 无线电工程，2018，48（11）：7.

[13] Chen Y H, and Lin Y S. A modified cumulant matrix for DOA estimation[J]. IEEE Transactions on Signal Processing, 1994, 42(11): 3281-3291.

[14] 陈建，王树勋. 基于四阶累积量虚拟阵列扩展的 DOA 估计[J]. 吉林大学学报：信息科学版，2006，24（4）：345-350.

[15] 武思军，张锦中，张曙. 基于四阶累积量进行阵列扩展的算法研究[J]. 哈尔滨工程大学学报，2005，26（3）：394-397.

[16] 丁齐，肖先赐. 一种稳健的四阶累积量 ESPRIT 测向方法研究[J]. 电子科学学刊，1998，20（6）：750-755.

[17] 丁齐，魏平，肖先赐. 基于四阶累积量的 DOA 估计方法及其分析[J]. 电子科学学刊，1999，27（3）：25-28.

[18] 刘学斌，季飞，韦岗. 基于微小频偏的新的四阶累积量 DOA 子空间估计法[J]. 电子与信息学报，2005，27（5）：745-748.

[19] 韩亚男. 虚拟天线互耦校正技术的研究[D]. 哈尔滨：哈尔滨工程大学，2013.

[20] Friedlander B. The root-MUSIC algorithm for direction finding with interpolated arrays[J]. Signal Processing, 1993, 30(1): 15-29.

[21] 任培林. 基于四阶累积量的 LCMV 自适应波束形成算法[J]. 电子技术与软件工程，2018，138（16）：109-109.

[22] 王永良，陈辉，彭应宁，万群. 空间谱估计理论与算法[M]. 北京：清华大学出版社，2005.

[23] 刘利国. 基于虚拟天线及耦合自校正技术的抗干扰天线应用研究[D]. 哈尔滨：哈尔滨工程大学，2018.

反侵权盗版声明

举报电话：（010）88254396；（010）88258888

传　　真：（010）88254397

E-mail：　dbqq@phei.com.cn

通信地址：北京市万寿路 173 信箱

电子工业出版社总编办公室

邮　　编：100036